U0058877

# 風險管理之預警機制

韓孝君——著

# 致謝辭

　　太史公司馬遷〈報任少卿書〉:「蓋西伯拘而演周易;仲尼
厄而作春秋;屈原放逐,乃賦離騷;左丘失明,厥有國語;孫
子臏腳,兵法脩列;不韋遷蜀,世傳呂覽;韓非囚秦,說難孤
憤;詩三百篇,大底聖賢發憤之所為也」。中國自古就有「士大
夫經世濟民」的觀念,遭逢大難時更要著書立志、利益眾生;
辛辛苦苦研究學問而不求回報,是為了追求理想,成就功德。

　　這本書可以順利出版,除了感謝老天爺,更要謝謝周遭促
成此事的善緣。首先要感謝大長官劉宏基副總。就金融業風險
管理而言,人格品德比能力重要,難得劉宏基副總為人開明正
直、言行合一,且極積進取、勇於任事,帶領由台灣各金融機
構組成的團隊遠赴國外向國際頂尖銀行提起訴訟,為台灣討回
公道贏得勝利,更訓練出眾多優秀傑出的部屬,實為台灣金融
業的棟梁之材,中流砥柱。

　　其次要感謝我的長官廖怡惠組長,以及陳夢茹襄理、許國
隆襄理,感謝他們身為台灣金融業作業風險管理的先驅,卻是
如此的謙讓、包容、體諒。更感謝王董事長榮周、林副董事長
明成、劉總經理茂賢、鄭副總永春、熊副總臺勇、以及諸位長
官與同仁的寬大為懷,正所謂:「山不讓寸土,始能成其大;海

不舍涓滴，始能成其深」，連基層員工都能出書成就理想，更顯得整個機構人才濟濟，臥虎藏龍。

也要感謝我之前任職全球人壽的長官蔣前董事總稽核乃敏、我過去的部屬黃愉景先生，以及全球人壽劉董事長先覺、于總經理恩琳、陳營運長汝亮、劉資深副總靖珊、李投資長敬嵐、鄭資深副總祥人、莫副總大斌、陳前財務長淑美、亞太全球證投顧莊董事長介博、以及林總稽核鼎鈞、陳技術長俊廷、施苑玉、林意展、黃秋惠、沈玫君、黃淑惠、劉漪竹、梁源昌、鄭子文、施孟秀、薛冰芸、高安玲、黃中人、邵之美、黃禹、張慶英、張麗卿、翁志祥、康振昌、吳維仁、李依等主管。人一生在職場中只要打過美好的一仗，就一輩子受用無窮。

再來要感謝政治大學鄭前校長丁旺、蘇前院長瓜藤、金所長成隆、諶家蘭老師、吳安妮老師、林良楓老師、俞洪昭老師、許崇源老師、馬秀如老師、林美花老師、郭弘卿老師、周玲臺老師、陳明進老師、戚務君老師、王文英老師、梁嘉紋老師、林宛瑩老師、張清福老師、詹凌菁老師，感謝師長們的照顧與支持。

特別感謝我的妻子黃苡甄。我只顧著寫書，這段時間苦了她，對她感到很愧疚。

最後要感謝彭思舟先生、秀威資訊以及鄭伊庭小姐的鼎力相助，願意出版這本書為台灣金融業盡一份心力。

韓孝君

于 台北土城

# 隨風飛舞序

　　隱於山水海匯聚之地而久觀天下勢，戊子年（2008）六月見黑氣沖霄，鋪天蓋地而來，時至十月，初迎冬風，若有所感，一日踏山，於大屯山巴拉卡見風舞殘葉，飆狂凜冽，作詩云：「殘陽穿樹若無力，寒風吹葉捲漫天」，舞劍於落葉之中，劍隨風走，創十三法門，名為「隨風飛舞十三式」，自此，劍行天下錄恩仇。

戊子年　于　淡水沙崙

# 目次

## 第二章　揹黑鍋的風險　　　　　　　　　　73

## 第三章　美國追稅（私人銀行業務最大風險）　　93

# 老祖宗的風險智慧

風險，是一種意識、一種觀念、一種態度。

古時候某個朝代有一位朝中宰相有一次微服出巡探查民情，走著走著，遇到一大群人在鬥毆，宰相指示隨從：「不用理他們，繼續走。」走了一大段路之後，對面迎來一位老農夫牽著一頭牛車，牛車上載了莊稼；太陽很大，老農夫一邊走一邊揮汗如雨。

宰相看到老農夫辛苦的樣子，命隨從停下轎子，走到老農夫身邊，仔細詢問老農夫是那裡人，車上載的是何莊稼？家裡是否平安？今年收成如何？為何趕著一車的莊稼，要去哪裡等等。老農夫一一回答後，宰相才坐回轎子繼續前進。其中有一位隨從十分疑惑，趁中途休息時間找到機會詢問宰相：「今兒遇到一大群人械鬥，您不理會，反倒是一位老農夫引起您的關心，這是為何？」宰相回答：「群眾鬥毆，這是治安問題，交由地方官員處理即可，老農夫在大太陽下載著莊稼趕路，可能另有隱情；如果是因家鄉農作豐收，穀賤傷農，必須將莊稼運送到遠地販售，此時官府應收購農作以平衡物價，減輕農民損失；萬

一老農夫是因為家鄉乾旱，必須遠走他鄉，那就可能是饑荒，必須開倉賑災，否則發生動亂將會動搖國本。平衡物價與開倉賑災，這些都不是地方官能處理的，我當然要仔細詢問以瞭解民情。」

這，就是風險管理。

在前一本書「打通風管任督二脈」作者強調風險辨識執行方法很重要；在本書作者要強調的是風險管理的本質，其實與巴塞爾協定（BASEL）規範裡所描述表相有很大的差異。

巴塞爾協定對於風險的規範，強調：要有獨立的組織、要有風管單位權責，最好設立風險長；這些只是表相。次貸風暴中出事的大銀行，哪家不是照這些規範來做，成效如何大家心知肚明。

北宋神宗年間王安石為了增強國力，抵抗北方契丹入侵，推動青苗法、保甲法等新政；王安石用各種方法，讓地方官呈報民情時歌功頌德，宋神宗誤以為新政成效卓著，其實是民不聊生。後來有一個守城門的小官鄭俠，看到經過城門口的大批老百姓因新政流離失所、拖兒帶女、逃荒要飯的情形，畫了一張「流民圖」，透過內線呈給宋神宗，才讓皇帝驚覺原來新政是動搖國本的禍害。

從領導統御角度來看，皇帝只能通過周圍官員來瞭解所謂民情，然而這些民情到了皇帝手上通常都已失真，不再是原來的資訊了。為了避免被官員蒙蔽，在傳統戲劇裡所演的好皇帝會微服出巡，探訪民情，這就是風險辨識。

去年美國 CBS 電視台推出一檔實境秀「臥底老闆」，讓企業大老闆在沒人知覺的情況下擔任公司最基層的員工，藉此重新認識公司。美國的共和航空控股公司董事長兼執行長白德福就參與這樣的電視實境秀，紆尊降貴在自家飛機上洗手間倒垃圾。共和航空不久前才與另外兩家航空公司合併，白德福希望藉臥底方式了解合併對公司和員工的影響。透過臥底，他看到公司內部運作的第一手情況。

白德福在拍攝過程中體驗公司內部不同角色：清理飛機、確認行李、打掃機上廁所、負責櫃台票務。他發現員工對工作流程雖有微詞，卻不願向上級反映，當他問起原因時總得到一樣的答案：「不用麻煩了，早就反映過，從沒人理會。」這讓白德福十分震驚、甚至有點受傷，卻也促使他訂定因應措施，例如讓其他主管到前線和部屬一起工作，或責成主管小組與員工分批會面。白德福說，參與臥底老闆後發現管理團隊和前線員工溝通不佳，讓他認清自己身為老闆做錯了什麼。

微服出巡、臥底基層，這些才是有效的風險管理，也是風管精髓之一；反觀巴塞爾協定打著國際規範名號，儘規定一些：公司治理、獨立組織權責、風險自評（RSA）、關鍵風險指標（KRI）等等，除了創造就業機會，很少看到有什麼具體成效。可見中國老祖宗的智慧有很多可以採納的地方，而且遠比所謂現代西方管理方法有用。

現代資訊雖然發達，並不表示高階主管能獲得決策所需的必要資訊，特別是台灣金融機構，組織大，層級多，重要資訊

傳遞困難,甚至會被掩蓋扭曲;連決策資訊都不充份,更何況是監控及辨識風險。

## 美軍與降落傘

據聞這是二戰時代真實故事。

戰爭中為了能對各種情況快速反應,擊敗敵人,會建立能達成特殊任務的兵種,空降部隊就屬於特殊兵種。空降部隊的重要性在二次大戰中看得最明顯,決定聯盟獲勝關鍵的諾曼第戰役中空降部隊扮演很重要角色,佔領重要橋樑及據點以遲緩德軍支援,讓兩棲部隊得以攻下灘頭陣地,十年前 HBO 拍攝了一系列的影集「諾曼第大空降」描述美軍 101 空降師的英勇事蹟。

二戰時,空降部隊除了訓練之外也陸續參戰,並不限於諾曼第戰役。當時美軍空降部隊面臨一個問題,那就是降落傘品質不佳。空降師在跳傘時,部份士兵會因為降落傘打不開而摔死。其實,美國廠商一開始提供的降落傘良率為 95%,這已經是一個很高的品質數字,但也意味著每一百個士兵中會有五個人摔死,而且是每跳一次就死五個,等於是兵力以 5% 比率不斷折損,這不但影響部隊戰力,同時影響士氣;任誰都會擔心因身上降落傘打不開而冤枉摔死。

為此,美軍特別要求供應商要加強品管,降低降落傘不良率;供應商也很努力,把不良率從 5% 降到 3%,等於是改善了

40%。供應商向美軍反映，已經盡了最大努力了，不良率改善已到極限，實在無法再降了。即便如此一百個士兵中還是有 3 個會摔死，軍方的態度是希望可以把不良率降到 0。

從現代風險管理角度來看這個問題應如何解決呢？首先，美國政府責無旁貸的成立「降落傘品質風險監督暨提升委員會」為主管機關，然後頒佈「降落傘品質風險管理規範」，其中指出提升降落傘品質，降低不良率為供應商最高管理階層（例如董事會等）的責任，要成立獨立的品質風險部門、設置品質風險長、並落實公司治理，同時應執行風險自我評估（RSA）找出品質風險，並設置指標予監控及改善……諸如此類的內容有好幾十頁。各供應商也都依主管機關要求，成立董事會層級的「品質風險管理委員會」，高薪聘請「品質風險長」，設置「品質風險管理部門」，訂定品質風險管理政策、程序，由「品質風險管理部門」召集各部門主管來辨識各作業流程裡的「品質風險」，並找出「關鍵品質風險指標」來監控風險，每個月都執行「品質風險自評」，編製「品質風險月報、季報、年報」並呈報「品質風險管理委員會」核備。就這樣轟轟烈烈的搞了幾年，依據現今的作業風險管理經驗來看，結果就是什麼也沒有，3%的不良率還是好端端的在那裡一動也不動。

那該怎麼辦呢？其實也不用擔心，戰爭總有打完的一天，等二次大戰結束了，空降師都解編了，沒有士兵要跳傘，自然就沒有風險啦。這樣的想法是阿 Q 了點。美國軍方是真的想把降落傘不良率降到零，那該怎麼做呢？

　　方法其實很簡單，這些降落傘在送到美軍手上時，都是要驗收的。美軍讓供應商在同一時間把降落傘送到軍事基地，將其降落傘在空地上排列整齊放好，排列時是依各供應商的貨品劃分開來。接著由驗貨軍官，從每個區塊中隨機挑選一個降落傘，要這個傘的供應商揹著，然後把所有的供應商送上軍機，載到高空，叫這些供應商揹著自己生產的降落傘往下跳。這些供應商，每供應一次貨，就要揹著自己生產的降落傘跳一次傘，從此，所有供應商的降落傘不良率就從 3%直接降到 0，再也沒有美軍因為降落傘打不開而摔死。

　　3%不良率意味著這些供應商每供應 33 次貨，跳 33 次傘，他們摔死的機率就為 100%；當使用這些降落傘的是美國士兵時，3%不良率是已經達到改善極限，是可接受的；一旦使用者變成供應商自己時 3%不良率就變成不可接受的了。這方法也不知是哪個天才想出來的，應該只有職業軍人才會有這種魄力。

　　這個故事告訴我們，金融機構要強化風險管理，方法很重要，如果沒有能辨識重大風險及監控的方法，就算是設了風管部門、做好公司治理，也不代表能改善風險。所以本書的重點，就在於介紹能有效辨識及監控重大風險的方法。

## 2010 重大風險

　　風險觀念強的人自然會想出適當方法來尋找風險，不會拘泥於已知的方法，或是權威機構頒佈的方法；試問，權威機構這

麼多年來，何時曾事先發現重大風險並示警，這幾年看到的都是已經出問題才檢討來檢討去的。作業風險管理並非作者接觸第一個風險管理領域，早先作者為高科技業提供研發管理顧問服務，後來轉型提供資訊風險顧問服務，再來是提供信用風險建模服務，這幾年才開始從事作業風險管理；由於作業風險範圍廣，作者在這個領域創造了不少方法論。

　作業風險在管理領域難度算高的，這也是為何全世界這麼多知名機構花了十幾年時間，沒看到什麼比較具體的成效。作者在過去顧問生涯中為各種企業找出的重大風險只能用多不勝數來形容，口說無憑，本書特別列出作者用「風險空中預警機」這個方法在 2010 年找出的重大風險作為佐證；這只是作者在這一年當中所找出風險的一部份，並不是全部。這些風險足以證明作者所發明的方法能有效找出重大風險，並予以監控。

　本書的另一個用意是示範風險分析的做法；不只在台灣，全世界金融業在質化風險分析領域的成就實在乏善可陳，很多風險分析不被高階管理層採納是因為分析的不夠透徹，不夠深入，不見得是金融業高層不重視重大風險。風險分析需要特殊技術、能力、經驗，需要先建立適當的分析結構，整合多種分析方法才能得到有意義的結論，不是一般人想像的那麼簡單；如果真的那麼簡單，作者也不可能在顧問業做這麼久。所以藉由這幾個案例來示範風險分析要做到什麼程度才算「堪用」。

　2010 年對作者而言是很特別的一年，就用這幾個風險來紀念那段苦難的日子。

| No. | 重大風險名稱 | 範例類型 |
|-----|------------|---------|
| 1 | 北韓核武 | BCP 風險分析 |
| 2 | 揹黑鍋的風險 | 無財務損失的潛在重大風險 |
| 3 | 美國追稅 | 國際化的遵法風險 |
| 4 | 2012 完美風暴 | 全球性金融風暴分析 |
| 5 | 雙元貨幣 | 示範如何證明無風險 |
| 6 | 入股大陸地區銀行 | 區域信用及投資風險分析 |
| 7 | 個金行銷手法 | 重大損失轉重大風險分析 |
| 8 | 員工自殺衝擊聲譽 | 人員風險分析 |

# 第一章

# 北韓核武

今年七月圓山飯店為了吸引大陸觀光客,特別推出密道之旅,開放遊客參觀地道及探訪「老蔣溜滑梯」,經媒體曝光後大部份台灣民眾才得知原來密道裡藏著一座老蔣總統「專用」溜滑梯,在危急時讓行動不便的老蔣總統可快速撤離。古代像這樣在帝王宮殿設置逃生密道是很普遍的事,中外皆然。

## 皇宮地道

世界各國主要宮殿通常是立國之初建的,偉大君王剛剛鏟除所有敵人,萬人崇服,放眼望去皆為王土,氣勢正盛,前景一片看好。有趣的是,正當帝王不可一世時,卻是宮殿建密道的時候。以當時帝王之威,自然不會認為有需要鑽地道逃走,群臣怕觸怒龍顏也不敢提醒。但居安思危,再怎麼太平都要給自己留一條後路,這就是中國人易經的觀念;風險與機會相生,不斷變化;在承平時候風險可能小到非常小,卻不會完全消失,

一旦風雲變色，時機成熟，就可能鋪天蓋地而來，襲捲天下。地道總是在蓋宮殿時就設置了，等敵人兵臨城下才來挖地道是來不及的。這個道理很值得上位者警惕。

## ■ 鸚鵡螺與大滅絕

鸚鵡螺是一種很古老的海底生物，在地球上存活超過四億年了，現今海裡還是常常看得到，長相像貝類，仰賴浮游生物為生，白堊紀時期是海裡大型掠食者的食物。由於體型小，外形不討好，又處食物鏈底層，較不受人青睞。會吸引一般人目光的是像暴龍這樣威猛的掠食動物，所以市面上看不到鸚鵡螺的公仔。暴龍、迅猛龍等雖然威風，六千五百萬年前大滅絕時卻是第一個消失的恐龍族群。對照今日，次貸風暴下來，倒的都是知名金融業，愈威風的倒得愈快。反而是鸚鵡螺這種不起眼的小生物，在經歷過災難後，還曾一度爭霸海洋；這有點像次貸風暴期間，某些名不見經傳的區域性銀行，趁著眾人恐慌之際，吃下比自己規模大得多的國際銀行。古有云：「人法地、地法天、天法道、道法自然」，風管不用跟西方學，作業風險特別是，看看周遭萬物就能學得真理。

## ■ 不要只是運氣好

半導體是台灣重要產業，其產值佔科學園區全部廠商產值的 56.8%。看到今日成就，想想過往艱辛。早年台灣半導體發展

的並不順利，那時整體產業主要由美、日等科技大廠佔據，代工數量也少。那時台灣在 IC 設計領域尚無競爭力，沒幾家公司。一開始台積電就想走代工路線，然而大廠分出來的訂單有限，就算有，也被日廠瓜分掉。

　　有這麼一說，台灣半導體能走出一片天，是老天爺的意思，是上天的恩惠。就在台灣半導體舉步維艱的時刻，發生了阪神大地震。上世紀 90 年代初期大阪神戶一帶是日本半導體重鎮，大部份半導體大廠都設在當地，大地震時受到重創，只好把單子轉到台灣作代工，從此台灣半導體業快速成長，不但撐起一片天，也拉拔了 IC 設計的崛起。

　　手機大廠諾基亞也是類似的故事。早期品牌手機主要由易利信與諾基亞兩雄相爭。易利信同時是電信設備大廠，藉由提供設備給電信公司的合作關係，易利信一直讓諾基亞居於下風；就在兩邊相爭不下時，某個手機重要零組件供應商發生大火，廠房全部被焚毀。這個零組件廠同時供貨給易利信與諾基亞，差別在於易利信全部依賴此廠商，而諾基亞則在事前就已分散來源，由另外一家供應一半的需求。發生大火後該零組件奇缺，諾基亞順勢把另一家供應商的貨全吃下，趁易利信無料可生產的時機搶佔市場，從此易利信的手機事業一路敗退，最後跟索尼合併。

　　科技業腳步是快的，那金融業呢？台灣金融業向來不以應變能力聞名，但實際上有多慢？

　　天威難測，上天的力量當然不是凡人可以利用的，古有云：「挾泰山以超北海，非不為也，是不能也。」，然而兵法上講求

制敵先機,企業可以靠老天爺的保佑逃過災難,也能洞燭先機藉由預先準備而在危機發生時超越對手,所謂「危機就是轉機」、「風險與機會相生」就是這個道理。

在前一本書「打通風管任督二脈」作者曾提過台灣金融業的先天風險之一是由於市場小且飽和,發展受到限制;在現今全球環境劇烈變化,各種災難接連發生下,先看清自己所處位置,確保無後顧之憂,再用上天的力量消滅對手,或許也是個值得思考的競爭策略。為此作者曾研擬五個以風險管理為核心的金融業競爭策略:引蛇出洞、守株待兔、皇宮地道、制敵先機、出奇制勝,本章所談的是第三個策略。

## 一個全面性的風險:營運中斷

作業風險之所以困難,原因之一是範圍太廣,所涵蓋的風險種類太多,而且很多風險具高度專業性,像是人員風險、資訊風險、營運中斷風險等等。其中資訊風險已有 ISO27001 等國際標準方法可供參考,人員風險及營運中斷風險則是屬於認知差、難度高、又缺乏分析方法的高難度風險議題。

在認知差的部份,大部份管理者把營運中斷當成資訊安全問題,將此風險與資訊系統備援劃上等號,未考量非系統面因素的影響。其實,非系統面的持續營運計劃,才是企業經營策略裡很重要的一環,是最高主管在思考大政方針時非常重要的課題,卻常常因為缺乏有效分析方法難以檢討問題核心而一直被忽略。人員安全議題更是企業建立文化及核心價值的重要課

題，也是因同樣理由而未獲重視。如果說人才是企業獲勝關鍵，未能建立良好文化來吸引及留住人才，又如何能從眾多競爭者中脫穎而出？

在台灣，經歷了 921 大地震、911 恐怖攻擊事件、及納莉風災後，企業管理者對營運中斷風險有了比較深刻的體會，然而由於缺乏風險分析方法，大部份都是在重大突發事件發生時才緊張一下，問問底下的人情況如何；相關部門或幕僚單位花了點時間整理公司目前概況，找個時間報告完就結束了，行禮如儀，船過水無痕。本章的目的是藉由核電廠輻射外洩來示範非系統面營運中斷的風險分析，要做到什麼程度才算「堪用」。營運中斷議題類型多，分析方法複雜，完整的方法論還有待各界共同努力。

由於很多企業高層會把輻射外洩等重大災禍當成「無可避免也無法管理的議題」，本章目的在提醒，即使這種議題也有分析及管理的價值及空間。特別是對台灣的集團大家族，生意是要一代一代傳下去的，要傳好幾百年，很多時候災難反而是興衰的轉捩點。


## ■「初階」營運中斷風險分析架構

本章旨在示範何為「堪用」的營運中斷風險分析，意思是風險分析至少要做到這種程度才有使用價值，所以方法架構的名稱暫定為：「初階」營運中斷風險分析架構。

## 初階營運中斷風險分析架構

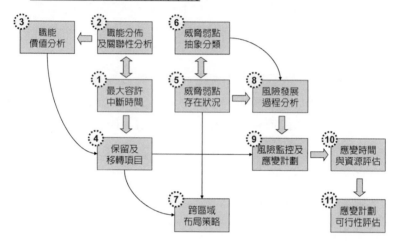

　　整個架構粗略可區分為 11 個部份。首先是「最大容許中斷時間」，這個是最基本的分析項目，企業即使只有執行「資訊系統中斷分析」也會碰到這一塊，但此部份其實分成好幾個等級。另一個大家比較熟悉的是「保留及移轉項目」，是指企業在災變發生時，要設法保留及移轉的（資產）項目；在「資訊系統中斷分析」通常是指備援所需的備份資料及相關軟硬體設備，在非系統面領域，資產項目的範圍會大很多。

　　從各項業務「最大容許中斷時間」到「保留及移轉項目」兩個步驟間有些地方可能需要進一步分析，例如各項資產的實體、地理、網路位置分佈情形，以及資產間彼此的關聯性，此為第二項「職能分佈及關聯性分析」；此外也要評估各資產的價值，此為第三項「資產價值分析」。可能有人會說資產價值分析他們也有做，差別在於納入評估的資產項目及價值分析的角

度，這是判斷問題，即使執行的是一樣的分析，不代表判斷方式相同。這兩個步驟的成果是產出「保留及移轉項目」的重要依據。

另一個獨立的分析起點是第五項「威脅弱點存在狀況」，這是思考企業可能遭受那些外部威脅，例如水災火災地震等等，以及資產可能存在那些弱點，例如被焚毀、水浸、失去生命等等，合起來就是企業可能面臨的營運中斷風險類型；此部份與資訊風險分析有點像，會借用作者之前開發的方法論，例如「威脅與弱點完整性分析」。

第六項「威脅弱點抽象分類」是指將企業所有可能面臨的威脅與弱點，運用拓璞學的概念，進行抽象擷取與分析，以簡馭繁，提高管理效率，同時可以鑑往知來，協助防範從未發生的營運中斷風險類型，例如外星人入侵等。

在藉由威脅弱點分析以確定導致營運中斷的風險對象後，須針對較複雜風險事件，例如核子輻射外洩、政治示威等，執行「風險發展過程分析」；到這裡，屬於前半段的風險分析工作，接下來會依據「保留及移轉項目」與「營運中斷風險類型」這兩項結果，探討「跨區域佈局策略」。前面曾提及：非系統面的持續營運計劃是企業經營策略裡很重要的一環，是企業高層在思考大政方針時非常重要的課題，所謂「跨區域佈局策略」指的就是企業應依據不同等級的中斷風險，思考如何進行跨國或跨洲的營運佈局，用長遠觀點來看待重要資產的保存。也就是說，企業在進行全球佈局時，不是只看如何攻佔其他市場提升營收，也要看如何分散風險以保存命脈。讓風險管理從更積極

的角度發揮作用，使金融業不只是為了搶新市場（例如西進大陸），同時也為了分散風險來研擬全球佈局計劃。

　　儘管大部份營運中斷風險（例如地震）是突然發生的，還是有些風險是逐漸成形的，其備援要依據事件發展態勢來決定啟動時機，藉由「風險發展過程分析」可區隔風險從形成到產生衝擊的各個階段，針對每個階段設定應予監控項目，然後結合「保留及移轉項目」的成果，設定備援計劃啟動條件；這就是本結構中第九個分析項目「風險監控及應變計劃」。

　　即使已研擬「風險監控及應變計劃」，還必須針對風險發展速度，以及應變所需資源時間，來評估已研擬的應變計劃是否切實可行，如果風險分析及計劃評估不夠周嚴，等災難發生時計劃很可能派不上用場，最常看到的就是拿「計劃趕不上變化」來當藉口，如果還是抱持這種心態，營運持續計劃不做也罷，因為做了也派不上用場，白白浪費資源。架構裡的第十項「應變時間與資源評估」，以及第十一項「應變計劃可行性評估」就是為了確保營運中斷時，應變計劃真的可以執行並達成預期目標。

　　以上介紹只能算是「初階」架構，營運中斷的風險分析至少必須涵蓋以上構面才能發揮作用，才算「堪用」。國內企業大多只執行其中幾項分析工作，也常常在最不經意的地方出了點小狀況導致營運中斷，或是備援機制失效而無法恢復營運。台灣金融業營運中斷事件在過去幾年沒停止過，幾乎每年都有一兩起令人噴飯的代表作；這似乎是台灣社會的常態，前年重創南台灣的八八風災，檢討後才發現，每個偏遠村莊都已配置衛

星電話供求救用，等災難發生時卻沒人想到有這些電話，要不然就是不知道如何使用。

　　無法發揮作用的持續營運計劃，有等於無，所以才說有「堪用」與「非堪用」之別，作者苦口婆心提醒大家，持續營運計劃必須作到「堪用」才行，所以特別花大量篇幅介紹應思考的構面，供業界參考。

## 北韓核武風險誕生

　　所謂風險管理，有風險才有管理，如果連風險是什麼都不知道，便無法管理。營運中斷也一樣，必須掌握風險為何及來源，才能思考如何讓持續營運計劃發揮作用。這裡想要探討的，是台灣社會一直存在卻長期被忽略的核子武器與輻射威脅。不要認為作者在放馬後砲，此風險作者是在 2010 年五月天安艦事件時發現的，一年後才發生日本 311 大地震及福島核電廠輻射外洩。營運中斷風險並非只有一種類型，透過風險來源分析有助於瞭解不同種類風險事件的特性。

　　南北韓軍事衝突從二次大戰結束後不久就開始了，北韓試爆核子武器也有很多年了，這不是什麼新鮮事。這兩年情勢有了變化。首先北韓經濟狀況愈來愈差，糧食不足及飢荒的消息每隔一段時間就會出現在國際媒體版面（2011 年八月最新報導指出，北韓政府配給的食物，只有去年的一半，這還是官方數字），人民填不飽肚子是政治及軍事動盪的根源。幾年前北韓才因出售飛彈零組件及生產設備給伊朗、巴基斯坦、敘利亞等國

家引來國際制裁，世界各國不再提供人道援助讓北韓缺糧的情勢雪上加霜。另一個變數是北韓領導人金正日傳出健康狀況欠佳，北韓官方的澄清動作只讓人覺得金正日已日薄西山，美國甚至開始發表對其接班計劃的預測。人民飢荒、權力更迭、加上長期軍事對立，正是戰爭爆發的溫床。

　　2010 年初，南北韓爆發軍事衝突，北韓擊沈了南韓天安艦。雖然說金正日的行為模式令人難以捉摸，但他坐大位這麼久了，除非頭殼壞掉，不然就是另有目的。隔了幾天美國研究機構提出解釋，認為這是為了轉移人民注意，替接班人奠定權力基礎。接下來國際媒體陸續報導其兒子金正恩被推選為勞動黨中央軍事委員會副委員長，這項新職位將為金正恩在北韓的軍事系統中鞏固接班地位，同時北韓開始歌頌金正恩，積極進行對金正恩的偶像化工作。因而後來的發展看似緊張，軍事衝突不斷升溫，像是美國派遣航空母艦支援南韓共同軍事演習，北韓不斷放話不惜一戰等等，也確實朝著權力接班的方向在走，鬧過一陣子就平靜了。

　　很多人會說，戰爭本來就是重大風險，世界各地到處有戰爭傳出，北韓離台灣這麼遠，沒什麼好擔心的。然而重點不在戰爭，在核武。這幾年大陸經濟發達後，環境破壞及天然災害變顯學。每當春天到來時，內蒙古颳起沙塵暴，台灣天空就會灰濛濛一片。沙塵暴從幾千公里遠的內蒙吹過來不過三五天時間，那北韓如果引爆核子武器，輻射塵需要多久時間會吹到台灣來？

　　此外導致此類重大災難的因素並不是只有戰爭；從去年四月冰島火山爆發，火山灰打亂歐洲航空開始，北韓核武的風險就升高了。就引爆核彈而言，戰爭風險較小，內亂風險較大。戰爭時大權還是握在金正日手上，核武也握在他手上，美國及大陸對他的掌控程度較高，對風險的掌握度也較高。一旦發生內亂，核武不知落在誰手上，那就可怕了。所以說戰爭與核武並不算是同一個風險；戰爭是局限在某個國家的風險，核武則是區域性風險；戰爭只是核武風險發生的原因之一，主要的風險其實是內亂，或是核能電廠輻射外洩。

　　內亂大致上起因於政治問題或人民飢荒；金正日統治北韓已久，政權穩定，除非在兒子完成接班前猝死，出問題的機率不高。南北韓間軍事衝突只是權力接班過程的一部份，等完成接班衝突自然會降溫。因而北韓核武風險，主要取決於人民飢荒引發的動亂。

## ■ 冰島火山與北韓核武

　　何以說北韓核武的風險監控要從冰島火山開始？這是因為來自民間的動亂不是只看長期困境，那只是風險的溫床，突發的天災才是動亂爆發的導火線。北韓經濟困境已久，老百姓甚至軍隊長期處於挨餓狀況，主要經濟活動為農業，一旦發生重大天災，很容易變成壓跨駱駝的最後一根稻草，因而天災是觀察北韓核武的重要指標。2010 年初北韓主要河流上游鴨綠江因暴雨氾濫，由於資訊不透明，外界難以得知造成的災情有多大，

一度讓人感到憂心。2010 年七月韓國「聯合新聞通訊社」報導指出，韓國學者預測中國長白山天池火山會在 2014 到 2015 年間發生大爆發。冰島火山之所以癱瘓歐洲航空交通，主要是因為火山口長年累積的冰河被地熱溶化，與火山灰混合變成泥漿及蒸汽，噴發到高空中散佈開來遮蔽了天空。依據韓國科學家的評估，長白山天池的蓄水量是挪威冰河的十倍，萬一火山真的噴發，會比冰島嚴重許多，一旦衝擊到北韓人民賴以謀生的農業，後果會很嚴重。

## ■ 核武風險擴大到核電廠

在作者 2010 年五月辨識出北韓核武風險後不久，六月就傳出深圳大亞灣核電廠發生燃料棒輻射微量外洩，可能是核電廠一支燃料棒焊接不完善引發，此事件引起香港有關單位高度關注（因為該核電廠就在香港旁邊）；為此作者將「北韓核武」風險範圍擴大為：任何一個靠近台灣的核能電廠發生輻射外洩的風險（台灣核能電廠並非構成此風險的主要項目）。

在每年十月到隔年四月，台灣地區主要是吹東北季風，任何位於台灣北方的核電廠一旦發生事故，很容易影響台灣。運氣好的是台灣西南邊為太平洋，夏季比較不會有此問題。去年剛辨識出此風險時由於欠缺風向及洋流等氣象資料做進一步分析，作者原本以為只要是在北邊的核子輻射都會立即威脅台灣，等日本福島核災發生後才發現，由於西風帶及海洋洋流影響，台灣反而是最後才受到影響的國家之一。別高興得太早，

近年來大陸因用電量急劇升高及溫室氣體排放考量，大量興建核能發電廠，在沿海一共蓋了 16 座核電廠，鄰近台灣北方的江蘇、浙江、福建就有六座，如果發生核安事故，在東北季風吹拂下，大概兩天就能抵達台灣；當鋒面移動到台灣時，遇到南方溫暖空氣常常會下雨，這些輻射塵將會隨著雨水降落地面，進入河流等飲用水系統，並隨著水滲透到土壤，配合長達數十年的半衰期，整個台灣都會變成死域。

## 非系統面營運中斷風險類型

提到持續營運計劃，台灣地區大部份的企業經理人想到的都是資訊系統備援。由於高度資訊化與網路化，資訊系統備援確實是台灣企業在思考營運中斷風險時必然要考量的部份，但不是全部，SARS 風暴就是最典型的例子。2003 春從大陸傳來的 SARS（嚴重急性呼吸道症候群）風暴襲捲全台，一開始時有些人因感染病毒快速死亡，造成很大的恐慌，政府為此緊急推出各項隔離措施，甚至設置專區隔離部份醫護人員，導致經濟受到重創、百業蕭條。雖然死亡人數不高，但隔離政策對企業營運造成很大衝擊；一旦有員工被懷疑感染病菌，所有曾與之接觸過的員工也要隔離，逼得企業想出種種方法防範病菌入侵，包含大幅減少人員前往大陸或返台，儘量避免業務拜訪等商務活動，員工或外部人員進入辦公室後全部戴上口罩，並在出入口架設紅外線體溫偵測設備來找出已發燒而可能染病的人員，這是幾十年來台灣所發生過最重大的非系統面營運中斷風險。

　　SARS 並不是非系統面營運中斷風險的唯一類型，然而台灣企業對於這個議題卻相當陌生，講來講去也就是 SARS 這個例子。導致營運中斷的因素並不限於對企業機構所在地的直接衝擊，例如 921 大地震期間，大部份縣市倒塌的房屋數量其實很有限，主要是因輸電系統被震壞，全台大停電，才使大部份企業被迫停工，公司行號無法上班或營業。前年莫拉克風災襲擊南台灣，中北部縣市並未受到影響，但因海底土石流將電纜沖斷，造成台灣對外網路通訊一度緊張；海底電纜是台灣對外通訊主要管道，萬一斷裂導致網路中斷，與國外交易往來頻繁的公司馬上遭殃，這跟企業所在地是否位於颱風重創的南部地區並無關係。

　　地震、水災在台灣是司空見慣，火災也常發生，十幾年前汐止科學園區大火就對部份企業造成很大衝擊，當初將總部設在園區裡的宏碁也受到影響。除了這些，非系統面營運中斷風險還有其他類型：在國外常常受到關注的是恐怖炸彈攻擊，還好台灣族群對立並未演變成持續的政治恐怖攻擊；過去曾經發生的「白米詐彈客」只是單一事件，而且是對經濟民生議題進行抗爭。在大陸則有環境污染導致營運中斷的風險，例如東北黑龍江曾發生因化學工廠爆炸，大量有毒化學藥劑流入江中往下游漂去，導致下游地區民眾全部逃離，變成空城；近年來愈來愈嚴重的沙塵暴，也讓北京當局思考是否應將首都往南遷移。其實污染問題在南台灣也常見，像是台塑麥寮六輕大火，或是高雄中油煉油廠大火等等，只是台灣的工安要求比較高，不像大陸那麼嚴重。

　　與污染類似的風險是核子輻射。作者去年點出北韓核武風險時，也認為發生機率低到幾乎不可能，311 日本大地震才讓全世界驚覺原來核子威脅竟然與我們如此接近。另一種可能在台灣發生的非系統面營運中斷風險則是示威遊行，特別是台北。2006 年由前民進黨主席施明德發起的紅衫軍倒扁行動，最後演變成 150 萬人大規模示威遊行，整個台北市中心被圍得水洩不通，影響交通導致部份企業員工無法上下班；還好當時沒演變成暴力流血衝突事件，否則這些企業可能必須停工好幾天。

　　以上是台灣常見或比較有可能發生的非系統面營運中斷風險類型，其實台灣算是營運中斷高風險地區，這一點在最近獲得證實。今年八月英國風險管理顧問公司 Maplecroft 發表了一篇報告指出有四個國家被視為有「極高天災風險」，台灣是其中之一。俗話說的好，未雨綢繆，台灣企業應該對此風險多加留意，提升持續營運能力也不一定就會花很多錢，花很多錢的也不代表出事時企業就能安然渡過災難，作者一直強調方法很重要，在過去多年顧問生涯中，聽過好幾起企業花了大錢打造持續營運計劃，卻在最不經意的地方出了差錯導致備援失效。由於全球目前在此領域尚無一套比較有系統的風險分析方法，因而提出一個初階架構供大家參考，並示範風險分析要做到什麼程度才算堪用。

## 核子輻射較值得關注

本章所探討的「北韓核武」是屬於輻射污染的風險。台灣可能面臨的非系統面營運中斷風險類型其實還不少，特別拿這個來討論自然有其原因；以上幾種情形雖然都會導致營運中斷，但本質並不相同，輻射污染是最值得關注的議題。所謂「本質」至少可以從幾個角度來看，分別是：「發生的速度」、「影響範圍」、「持續時間」、「後遺症嚴重性」。

### ■ 發生速度

第一個用來比較的項目是發生速度。想要管理風險必須有時間能進行管理，如果風險發生的太突然，沒有應變時間，所謂「迅雷不及掩耳」，就無從管起。

幾個營運中斷風險類型中，發生速度最快的是「地震」及「恐怖攻擊」，這兩種事件都是瞬間發生。地震到目前為止科學界尚無比較好的預測方式，雖然說在頻繁地震後有可能發生超大地震，這也只是推測，無法斷言。恐怖份子進行炸彈攻擊不會事先公告周知，雖然世界各國大多在軍隊或警隊設置情報中心，還是很難事先預防。最近發生的挪威炸彈及掃射等恐怖攻擊事件就是範例，挪威一直認為他們是樂土，不會發生恐怖攻擊事件，最後還是發生了。

　　發生速度第二快的是火災；大部份的火災只要不是爆炸引起的，都會有起火點，從小火蔓延成大火，最後把整棟建築都燒掉，而火勢蔓延通常要幾十分鐘到幾小時，可供觀察及控制期間會比較長。水災速度又比火災慢一些，從下雨到能淹超大水的程度（只淹到膝蓋導致汽車拋錨的小水災不算），至少要幾個小時到半天或一天的時間，可觀察期更長。不過，火災還可以通知消防隊來救火，水災淹就淹了，只能打開抽水機或關閉防水閘門，無法停止下雨或讓洪水不要淹過來。

　　污染發生速度要看情況，如果是煉油廠或化學工廠爆炸大火導致空污，大概是幾分鐘到幾小時，不過要嚴重到某地區所有人皆撤離的程度，通常要花幾天時間。像黑龍江那樣的河水污染就要好幾天時間。

　　輻射污染發生速度要看從何時開始計算，以及原因類型；如果整個核電廠或核彈發生爆炸，那就快到幾乎是瞬間，不過這個不是本書關注的類型；如果是外洩導致的，可能要數小時到數天。

　　發生速度最慢的中斷風險類型，是傳染病，根據過去發生過的幾起重大事件，傳染病從有人感染，被檢驗出致命性，到整個地區必須隔離封閉，至少要幾個禮拜甚至一兩個月的時間。

　　從發生速度角度來看，像地震、恐怖攻擊、火災等這種瞬間發生或發生速度快的風險，難以在事前建立機制予以監控，風險管理就無可著力地方；而污染、核子輻射、疾病傳染等比較有可管理的空間。

## ■ 影響範圍

　　影響範圍是第二個用來比較不同風險本質的項目。就影響範圍而言，火災與恐怖攻擊的影響範圍是最小的，兩者裡恐怖攻擊則更小。火災再大（森林火災除外），最多是一整棟大樓被燒毀，以目前台灣都市建築物距離來看，在城市地區火災從某棟大樓要延伸到另一棟大樓是比較不可能；911 恐怖攻擊事件火燒得再大，也只焚毀直接被飛機撞擊的雙子星兩棟大樓，並未延燒到其他大樓。而恐怖攻擊部份，從大部份的案例來看，炸彈威力大約摧毀一個或數個樓層，好像還沒看過整棟大樓全倒的。所以火災與恐怖攻擊的影響範圍最小。

　　水災影響範圍會大一些，在地勢較低的地方會淹成一片，但通常只是影響整個城鎮的某些地區，而且大多是一樓淹水，像美國中西部那樣淹掉好幾個城市的情況在台灣不太可能發生。污染影響的範圍也比較小，通常是鄰近事故工廠的幾個地區。地震影響範圍會比較大，特別是大地震，可能會摧毀整個城市，例如唐山大地震。

　　影響範圍最大的是傳染性疾病與核子輻射。以 SARS 為例，整個東南亞包含廣東、香港、台灣、澳門都受到影響，還有其他地區的國家受到影響。輻射污染影響範圍更大。傳染病還需要媒介像是人或動物的移動才會擴大影響範圍，輻射物質可在空氣中四處漂散，原則上風吹到哪海水流到哪就影響到哪。這次福島輻射事件是因為風向有利，才使損害降低，但輻射塵隨

著西風帶繞了地球一周，往南走也到菲律賓，影響範圍應該是各類風險裡最大的。

不過，受輻射污染與傳染病影響的地區在本質上有差異，雖然傳染病影響範圍也很大，但在受影響區並不是全面毀滅，以 SARS 為例，雖然當時整個台北都是疫區，不是整個台北市都要清空或隔離，只有市區內的部份醫院，以及受感染個人才要居家隔離。輻射污染則是全面性的，如果整個台北都受到輻射污染，那就整個完蛋，直接全部劃為禁區。以車諾比及福島核電廠為例，事故發生後電廠周圍被列為禁區，只有願意接受死亡任務的人員才能進入，不像疾病那樣可以把人集中到某個地區隔離。

## ■ 衝擊程度及持續時間

另一個用來比較各類風險本質的項目是衝擊程度及持續時間。從這個項目可以突顯核子輻射的災難性。

在各類營運中斷風險中，水災的衝擊程度是比較低的，至少就台灣主要城市情況來看，最多淹掉半層樓，受損的主要是文件、機電及資訊設備、裝潢傢俱、公務車等實體資產，而且很多還能修復，損失比較小，事故發生後通常只要將辦公場所清理乾淨就可以繼續營業，部份可能要等到實體資產更換完畢，大概需要幾天的時間。台灣城市水災來得快去得快，不會發生像美國中西部大水圍困部份地區長達一個月以上的情形，像納莉風災導致台北捷運機電設施及電腦機房重大損失，以及

半年以上的修復期,為例外事件。一般而言,企業辦公處所不會設在地下室,把重要設備放在地底下又沒做好防水是不正常情形,所以不列入考量。

衝擊比水災大的是火災、地震、恐怖攻擊等,除了前面提及的文件、機電及資訊設備、裝潢傢俱、公務車等實體資產損失外(火災發生時為了救火,水柱也會噴到各樓層都是水),建築物本體也會受到損害,比較嚴重的甚至整棟建築都損毀,而且很容易發生人員傷亡,所以損失金額會比水災高,復原所需時間也更長。除了更換資產設備及裝潢外,還需修復建築物本體,如果是整棟建築損毀變危樓,那就要另外購買或租用大樓當營業處所。人員傷亡部份必須補充招募新人,也需要時間。

污染、傳染病、核子輻射主要導致人員傷亡,對實體資產影響比較小,從台灣的人權實務來看,對企業的財物損失最小,但對營運的衝擊大很多。如果只是污染,時續時間比較短,空氣污染大概半天一天,傳染病要看情況,當年 SARS 高峰約四個月到半年,政府祭出各種隔離措施,一般民眾及企業為避免自己因感染被隔離,儘量減少各類活動,持續相當長的時間,對經濟造成重大衝擊。

最可怕的是核子輻射了,前面有提到,不像疾病還可以設置隔離區將已染病的民眾隔離,如果整個城市遭輻射污染,就整個完蛋,馬上變成空城。而且部份放射性物質半衰期很長,鈷的半衰期長達 30 年,鈽的半衰期從幾十年到幾千萬年都有,遭污染的城市幾乎永遠變成廢墟,像車諾比,幾十年來宛如鬼域。

## ■ 衝擊範圍及備援難易度

各類營運中斷風險的衝擊時間與範圍有差異，這個會影響到備援難易程度。以水災為例，水往低處流，所以只要不是把重要機電資訊設備放在一樓以下大概都不用擔心。如果因交通中斷人員無法上班，那就是放假幾天。

火往高處燒，整棟建築都有可能被燒毀，所以就火災及恐怖活動角度來看，備援距離至少要到隔壁棟大樓。地震影響範圍比較廣，大型地震影響範圍可以到五十公里以上，所以如果要防大地震，備援距離最好拉到一百公里。

傳染病影響範圍更廣，原則上人走到哪就可能傳染到哪，SARS 期間幾乎籠罩整個台灣，備援距離要更長，還好疾病可以用隔離方式來阻擋，企業可將能獨立營運的功能，例如程式及系統維護或電話中心等，將人員集中在某棟安全的建築物繼續運作，或是搬到受影響範圍之外，例如南台灣的恆春當時受影響較小，企業可把部份功能搬到恆春繼續運作。輻射影響範圍更廣，隨風飄隨水流，風吹到哪就飄到哪，全部都會被影響，備援距離可能要拉到幾千公里，難度更高。

## 金融業重要持續營運資產

在前面，我們從四個角度來分析各種營運中斷風險的本質，可看出核子輻射的嚴重性。核子輻射主要造成人員傷亡，

不但影響範圍大，受影響地區會整個變空城，商業活動及價值全部消失，而且影響持續時間長，可長達幾十年甚至百千萬年，因而所有風險類型裡核子輻射最嚴重。此外，輻射災變發生速度較慢，從事發到輻射塵飄到台灣來大約有數天時間，有監控及管理的空間。

接下來我們從企業資產角度來分析，這個部份主要延用資訊風險分析的觀念與方法。在資訊風險及安全管理領域，由於其特殊性而產生具獨特定義的資產類型，大致如下：

- 人員：例如部門主管、資料庫管理員、作業系統管理員、網路管理員、網站設計人員、程式維護人員、機房管理員、電子郵件系統管理員、防毒軟體管理員、防火牆管理員、機電人員、清潔人員、代理人、行政人員等。
- 軟體：例如應用軟體、作業系統、程式開發工具等。
- 硬體：例如伺服器、個人電腦、印表機、磁帶及其他相關之週邊設備等。
- 資料：其呈現形式為電子資料，例如：使用者帳號密碼、開放查詢資料、電子報資料等。
- 文件：其呈現形式包括檔案及書面文件。例如：系統開發文件、操作手冊、門禁管制登記表、統計報表等。
- 服務：例如水、電、空調等。

在以上六種資訊資產種類中，「服務」一直是一個很奇特的項目，是否應該存在具有爭議；但對營運中斷而言，服務卻是個很重要的資產項目，因為在評估容許中斷時間時，衡量的就

是服務會否中斷，以及中斷多久。就企業營運中斷風險而言，服務的範圍比較廣，不限於水電空調，在分析容許中斷時間時，水電空調只是間接項目；直接項目應該是企業提供的各項服務，以銀行為例，是指臨櫃服務、ATM 服務等，然而這些又與銀行的業務類別很接近，所以我們也會從金融業業務類別的角度來分析。

銀行業的價值練由八大主要業務構成：

- 存款業務
- 貸款業務
- 匯兌業務
- 國際結算及貿易融資業務
- 財富管理業務
- 資產管理
- 發行鈔票與債券類等憑證業務
- 投資業務

以上所列的只是銀行可經營業務的大項，其實銀行的業務或服務的項目繁多，從經營業務角度來看並不是一個區分業務或服務類型的適當方式，因而作者依據過去顧問經驗，將銀行的服務從以下幾個角度進行抽象劃分，這些是從與客戶接觸的角度來看，另也可從內部執行業務角度來看：

- 消費大眾臨櫃洽辦各項存匯業務。
- 消費大眾臨櫃使用保管箱服務。
- 網路及資訊系統提供服務，例如自動櫃員機、網路銀行、網路下單等等。

- 銀行接受客戶委託，由其人員透過系統進行交易，例買賣外匯、股票、衍生性新金融商品等等。
- 銀行的各項管理工作，例如投資規劃、財務、會計、法務等等。

以上這幾項業務又可歸納為四類：

- 由資訊系統提供的服務。
- 由人員與客戶面對面提供服務，但需要系統支援。
- 由人員操作系統提供服務，或維持企業營運。
- 由人員及硬體設施提供服務。

經過兩次的抽象分析後，可發現絕大多數的銀行業務服務都需要資訊系統支援。萬一系統或網路中斷，像是 ATM 及網路銀行等服務將無法提供，只能透過臨櫃進行交易。目前台灣的銀行業或金融業早已將大部份作業活動及交易完成電子化，特別是跨行往來等，萬一資訊系統中斷，即使先以人工作業支援，也只能暫時受理，要等系統恢復才能完成交易；此外股票、外匯下單買賣等等也是透過系統才能進行，這也是系統的持續營運對金融業非常重要的原因。系統中斷可能源自於駭客攻擊、人為破壞、電力中斷等等，這些大多屬於資訊安全的管理範疇，在此不多做描述。

除了資訊系統，另外兩個重要的營運資產是人員以及辦公處所的建築實體，雖然後者並不難理解，然而這是以邏輯演繹方式推論檢驗過的結果，此方法是參考作者在 2004 年發明的「資訊資產完整性演繹推論架構」。簡單來說客戶臨櫃進行交易必須有櫃枱門市，交易員下單必須有辦公空間，提供服務的資

訊系統必須有機房存放實體，這些實體建築如果遭到損毀，即使建築裡的資訊系統及人員仍然完好，還是會導致營運中斷。導致建築物損壞的因素包含地震、火災、恐怖攻擊、大海嘯等。另一種情形是儘管建築物本身完好，但無法被利用，例如因裡面收容了感染病毒的人員而被隔離，或是因示威抗議而無法進出等等。

　　人員因素導致營運中斷其實分成兩個類型，一個是人員傷亡，無法提供各項服務；導致人員傷亡的因素很多，包含以上所有項目。或是人員無法抵達辦公處所而無法提供服務。例如發生水災時，雖然建築本體或人員皆無傷亡，電力及資訊系統完好，營業處所也沒被水淹，但因水災導致交通停擺，例如道路因淹水無法通行，人員無法抵達營業處所，同樣會造成營運中斷。從輻射污染角度來看，如果辦公處所的建築物遭到污染，雖然人員並未傷亡，但因安全考量無法讓人員進入遭污染區，一樣會造成營運中斷。

　　在某種情況下，文件會是重要的營運資產。某些工程顧問公司是靠過去的工程經驗提供服務收費，汐止大火時，把某家顧問公司的存檔文件全燒毀了，聽說那家公司因此關門大吉；不過這是特例。

　　從另一個角度來看，財物其實是很重要的營運資產，特別是對金融業而言。試想，如果某家金融業的大量財物遭損毀，必須認列鉅額損失，資本嚴重不足時，依法令規定是無法營運的；但這通常只有在區域性毀滅以上的災難時才需要考慮。例如卡翠娜颶風摧毀紐奧爾良市，有些還算富裕的市民將所有財

產在市區各地方購置不動產,當整個城市淹沒時,所有財產都消失。金融機構的資產,例如投資的不動產、股票、公司債、個人或企業貸款都在台灣或台北,一旦台灣或台北毀滅,這些資產就會消失。

其實台北市整個都是低窪地帶,在古代是個湖泊,大約四百年前發生大地震在關渡震開缺口湖水流出才出現在世人面前。如今隨著全球溫室效應導致海平面逐漸上升,未來總有一天台北市會被淹沒,但台灣所有的金融業都把大部份的資產放在台北,這其實是很重要的資產配置策略議題,但好像沒有人在思考這個問題。

## 重要持續資產與備援的關係

前面簡單說明了持續營運資產與風險類型的關係,現在我們來看看資產與備援距離的關係,這主要與風險的影響範圍有關。

依據前面的分析,就台灣的情況而言水災影響的範圍較小,只有地下室及一樓部份空間可能被水淹沒,所以只要將重要機電資訊設備及辦公處所放在二樓以上,大致上不會有問題。台灣城市的淹水大多半天水就退了,比較不會因交通問題導致人員無法上班而營運中斷。雖然營業櫃枱一定要設在一樓,但大部份金融機構營業櫃枱早已分散在各地,本身就有備援效果。所以原則上水災的持續營運是最容易處理的,但海嘯例外。

　　影響範圍比水災大的是火災與恐怖攻擊。恐怖攻擊通常毀掉某幾個樓層，而火災最多摧毀整棟大樓，所以只要在另一棟大樓設置備援據點就能達到持續營運的需求。營運中斷影響範圍更大一些的是地震，大型地震可能摧毀整個城鎮，安全距離至少抓五十公里，所以有不少企業向位於林口或桃園龍潭的備援中心購買服務。

　　傳染病影響範圍更廣，SARS 期間主要影響台灣中部以北，所以至少須把備援據點設在台灣最南端的屏東恆春才會有效果。傳染病可以用集中隔離與體溫偵測等方式防範，所以在大部份的情形下企業還是可以繼續營運，然而如果是從這個觀點出發，根本就不需要持續營運計劃。會思考營運中斷風險，指的一定是極端情形，如果發生非常嚴重的傳染病，整個台北被封鎖的可能性還是存在，備援距離不足時有備跟沒備是一樣的，那還不如把費用省下來。

　　輻射污染的影響範圍是最廣的，福島核子輻射物質飄了幾萬公里，幾乎整個北半球都受到影響，台灣排除自己的核能電廠不算，光是大陸沿海核電廠裡靠近台灣的就有九座，整個台灣全部被核子污染並不是不可能的事，也許到時只剩花蓮、台東因中央山脈阻隔變成最後一塊淨土。從這個觀點考量，備援據點必須設在國外，這也是本章要探討的重點。

## ■ 跨國備援之必要性

對台灣金融機構而言，是否應在國外設立備援據點，是個值得思考的問題，考量各種金融機構及不同層級風險的特性，這個問題有很多種答案；作者不會因為本身從事風險管理，就大力主張一定要做跨國備援。僅管大部份台灣金融機構可能連國內的備援機制都沒做好，談跨國備援好像太遠，然而本著追求卓越的精神，作者一向從難度最高的地方下手。

我們可以先從公營行庫角度來看國外備援據點的必要性。大部份公營行庫的營運活動及資產分佈是在台灣，前面已提過，財物也是重要營運資產，特別是對金融業這樣有資本要求的產業而言。由於公營行庫的資產、投資部位、放款對象絕大部份在台灣，如果台灣遭受核子污染，所有資產皆歸零，也不會再有人還貸款，行庫形同倒閉消失；從這個角度來看，如果公司（行庫）想繼續存活，就必須進行海外分散及備援。

在分析跨國分散的必要性時，必須從資產所有者的角度來看。公營行庫的主要所有權人是政府與投資人。先從投資人的角度來看，公營行庫只是眾多可投資標的之一，如果投資人要進行風險分散，只要購買海外基金或投資其他標的即可，公營行庫本身是否已進行跨國分散與備援，並不是投資人的決策關鍵。

如果從政府角度來看，還可以分成兩個觀點。首先，公營行庫只是政府資產的一部份，可能只是一小部份，如果政府要

分散風險，可以持有外滙、買黃金、或進行海外投資，也不會
關心行庫是否進行跨國分散與備援。

　　另外從國家存廢的角度來看，國家成立的條件較嚴格，必
須有土地、人民、主權，如果台灣整個毀掉，就算中華民國從
非洲國家購得大片土地，並把一部份的資產及人民移到非洲，
但是沒有主權，不代表國家能存續，最多只是流亡政府；也就
是說，台灣毀了，中華民國就消失了，跨國分散及備援並沒有
太大意義。

　　以日本為例，由於國土有限，日本在幾十年前即展開全球
移民以擴大無形疆界，那時大量移民中南美洲，特別是秘魯，
其影響力甚至可以推舉日裔的滕森當選好幾任秘魯總統，但依
然無法讓秘魯成為日本的一部份，或成立獨立的國家。不過日
本的深謀遠慮令人佩服，難怪日本企業曾一度襲捲全球市場。

　　另外從公營行庫員工角度來看，如果台灣毀了，即使海外
有分支機構可持續運作，絕大多數的員工還是會失去工作，能
轉移到海外任職的畢竟只是少數，所以行庫是否進行跨國備援
對員工的意義不大。

　　再來從民營金融機構角度來看跨國分散及備援的必要性。
民營金融機構的所有權人大致上可分為一般投資人及大股東兩
類。一般投資人的性質與前面相同，不再贅述。其實大股東也
分兩類，一種是在海外有龐大資產或事業經營的，在台資產只
佔其總部位的一部份，其性質與一般投資人相似。另一類是絕
大多數的資產為持有金融機構股票的大股東，一旦金融機構跟
者台灣一起毀滅，等於是所有資產瞬間消失，整個家族的生命

就中斷了，所以有必要進行跨國分散及備援。講穿了一句話，本章所談的金融業營運中斷及備援，就是針對掌有台灣金融業的大家族，這個議題對他們比較有意義。這又可分別從資產的跨國分散與營運跨國備援角度來看。

政商家族在台灣歷史已久，除了商業往來，姻親關係也使彼此熟識。雖然各家族規模有大有小，各有一片天；一但出現超大災難卻只有一個家族有逃生地道或方舟，或是早已在其他國家有備援據點或事業，馬上就會變成其他家族的救世主，所有資源都可能靠過去，藉由吸納這些資源，就有機會讓原本不起眼的據點快速壯大。在這種情形下跑得掉的就算贏，這個就是本章主打的以風險為核心的經營策略「皇宮地道」。

## 資產跨國分佈策略

接下來要談的是分析架構裡的第七項「跨區域佈局策略」。可能有讀者認為，台灣各大金控都在前進大陸，等於是跨國分散資產了。但作者認為，這種分散是從擴展業務角度出發，而不是從分散風險角度出發。去大陸是為了要賺錢，搶市場，而不是分散風險。從風險角度來看，大陸不是個好地方。大陸貪污收賄嚴重，造假盛行，求證困難，外部客戶與銀行人員勾結詐欺風險高。台灣家族與大陸中央及地方的政商關係沒有當地人強。大陸多天災，地震、乾旱、洪水、沙塵暴等，而且比台灣的颱風地震嚴重許多。斷電斷水食品污染是常態，SARS 就是從廣東開始的，又非民主法制體制，常有地方官欺壓老百姓，

萬一民怨爆發釀成動亂，所造成的破壞會更嚴重。所以金融機構去大陸，是去搶市場跟賺錢的，不是去分散風險；去了之後風險反而更高。從風險角度來看，大陸不會是好選項。

## ■ 各國天災風險調查報告

作者認為台灣金融業西進大陸對於分散營運中斷風險並無幫助，此論點獲得國外研究支持。今年八月英國風險管理顧問公司 Maplecroft 發表了一篇世界各國天災風險的調查報告，名為「2011 年自然災害風險圖譜」（Natural Hazards Risk Atlas 2011），此調查是依據各國經濟因地震、海嘯、火山、山崩、洪水、暴風雨及野火等天災曝險情況，列出 196 個國家的排名。

依據聯合國統計，亞太地區是天災發生機率最高的地區，全球 70%重大天災皆發生在亞太地區。亞太地區居民受天災衝擊機率為非洲居民的 4 倍，更是歐洲及北美居民的 25 倍以上。報告指出有四個國家被視為有「極高天災風險」，美國名列第 1，接下來分別是日本、中國及台灣。台灣金融業即使西進大陸，主要資產還是位於天災風險最高的大陸及台灣，整體風險只會更高。高風險加上管理階層漠視，台灣金融業的情形真的很令人擔憂。

## ■ 全球策略佈局裡的策略風險分析

從風險來看跨區佈局策略，有兩種角度，一個是找出策略佈局裡潛藏的風險，例如從明基併西門子走向品牌，金融業在

國外設置分支機構拓展全球業務，這個是屬於策略風險分析領域，另一個是從風險的角度來規劃策略佈局，例如從輻射災難復原的角度來思考全球佈局。

之所以會有這兩種角度，是因為企業在思考全球佈局時，有不同的著眼點，目前大多是從獲利角度出發，例如提升競爭力（從代工變成品牌），打破貿易障礙（在墨西哥設廠以享有北美關稅優惠），進入新市場（例如前進歐洲、中東、大陸市場等），或是取得必要資源（例如中油買下澳洲礦產公司等）。全球化經營必然面對更多風險，由於利字當頭加上競爭壓力，走出台灣還是有其必要性，但要看看自己的條件能否因應將來的風險，此分析就是全球佈局裡的策略風險分析。

台灣企業在某些領域很強，例如在製造部份，效率高、成本低、而且品質穩定，台積電的晶圓製造能力稱霸全球，連美國都想學，更不用說韓國及新加坡。產品設計能力也不錯，這可以從台灣設計代工囊括了大部份電子產品可看出；但研發管理能力就沒那麼理想了，即使是知名科技公司，也不代表研發管理能力比別人強，因為台灣大部份的研發是靠人員加班及嚴格要求來彌補的。所以我們在前一本書「打通風管任督二脈」，用明基併西門子失敗的經驗來看策略風險。在全球排名占前幾名的台灣科技業都有這種問題，更何況是競爭力一向不強的金融業，面對的風險會更多。

在高科技業，研發管理是個很重要的議題，也是複雜且難度最高的管理問題，各產業所面臨研發管理的問題不同，其中難度最高的是筆電、手機等消費性產品的研發管理。在作者多

年提供研發管理顧問服務經驗中，一般而言美日歐等國家科技業研發管理能力較強，台灣較差，大陸更差；所以台灣或大陸科技業如果想吃下美日歐科技品牌，可能因為研發管理能力不如人而失敗。過去發生的例子，一個是明基併西門子，一個是聯想併 IBM。前者失敗的原因，簡單來說，以明基鬆散的研發管理機制，要接手研發管理強而有紀律的西門子，這就像找個小學生來教碩士，教都教不動，基本上就是一場災難。這也好比台灣的銀行要吃下美國最知名的投資銀行（例如高盛），還要用自己的風險管理方法去要求對方的業務單位服從紀律一樣的意思；都管不好自己的業務部門了，還要去管先進國家的。

有趣的是那為什麼研發管理更弱的聯想吃下 IBM 卻沒事，這是因為聯想有自知之明，讓老美自己管自己，雖然買下來了卻連碰都沒碰。如果自己本身管理能力不強，不論是併購、策略聯盟、品牌、國際化，或是進入大陸，都可能只是踏入陷阱，讓自己陷入萬劫不復的絕境，此時成敗就要看老天爺的意思了，這也是金融業在走出台灣時應該要有的警惕。

## 金融業的策略佈局風險

金融業往國外發展，主要因為台灣市場小而且飽和，必須往外找出路，所以我們先從獲利角度來看金融業（主要是銀行）的全球佈局。要提升營收，首先可以思考的是跟著客戶走；當客戶到海外時需要各項金融服務，與客戶往來時間較長，未知風險較低，為既有客戶提供更多的服務不但可增加營收，也能

避免因客戶找了其他銀行服務而被挖走，因此銀行業跟著客戶往外走是個合情合理的選擇，但前進不同國家的風險是不同的，如果是往大陸走風險只會更高，在這種情況下必須考量成本效益，稍後還會做進一步分析。

另一個往外發展的理由是攻佔新市場，例如新興市場國家，由於比較落後，金融業較不發達，市場有很多空間，加上經濟快速成長，如能先搶進未來獲利可期，像印度、大陸等就是此類，巴西俄羅斯也是。

第三個是提升既有服務的競爭力及獲利能力。例如企業需要金流服務，跨國大型企業更需要多國貨幣的金流及清算服務，這當然也包括已經全球化的台灣大型科技業及大陸大型製造業。此服務三個關鍵，一個是金流與清算的系統平台，一個是多國貨幣的持有部位，第三個是多國據點的人員服務。台灣銀行業由於尚未國際化，在這個領域競爭力差，系統平台可以建在自己家裡，多國貨幣部位不曉得能否與其他金融機構合作持有，而人員服務就一定要在國外有據點了，所以這會是個合理的出走理由。

從以上三個角度來看全球佈局，如果是著眼於在國外有人員可服務大型跨國企業客戶，那就要在國外設據點，而且據點要不就設在生產基地（例如採購支付款項），或是設在銷售據點（例如處理商品出售收到的各國貨幣），可考量的地方包含大陸、東南亞、歐洲、北美洲、中東、東歐俄羅斯等，全球都有可能。但為服務性質，所以會是單一小據點。

　　如果是為了第一個理由，隨著客戶出走到海外設廠，以目前台商遷移方向，主要是大陸、東南亞、中南美洲這幾個地方。如果是為了搶佔新市場，思考地點是大陸、印度、巴西、俄羅斯等。所以從發展策略角度來看，台灣銀行業一窩蜂搶進大陸是合理的，既能服務已進入大陸的台商客戶、增加人民幣業務以提高營收、同時還可以搶佔正在高速成長中的市場。雖然以整個銀行業的角度來看，各銀行同時搶入有集中度風險，但從個別銀行來看，卻是必然的首選。從這裡可以看出，台灣在金融業整體發展方向上，思維是有盲點的；也就是說，台灣金融產業的發展政策有點問題，其實，這是金融業最大的風險來源。

　　從風險角度來看，台灣銀行業衝業績的競爭能力不佳，遵法及風管能力更差，這是最大的問題。作者進入這個領域也有幾年時間了，對於金融業的一些現象雖然必須適應但仍難以理解。台灣金融業的法令遵循概念與國外差很多，原則上只做與內稽內控重覆的事情，那就是遵法自評（合約審查與訴訟是法務的工作而不是遵法），真正法令遵循應該要做的事反而沒在碰，連到底有多少相關法令，以及各法令與公司那些業務、作業流程有關聯、目前各項控管措施是否真能確保不會觸法，都缺乏一套可靠的掌握方法，更不用說針對公司各項經營決策可能導致的適法性衝擊先行評估；在這種情況下，要進入其他國家市場，面對更不熟悉的當地法令、政治文化、風俗民情，實在很令人擔憂。英國對金融機構經理人的監管及處罰是很重的，出事情是會判刑坐牢的。

　　前一陣子面板業者因對美國商業環境不熟悉，無意間說出「價格是可以談的」這句話，就讓好幾個大老闆被逮捕及拘留，這事件對台灣金融業卻產生不了警惕作用，這就像是保險業業務員不當銷售早已行之多年，訴訟及抗議事件不斷，銀行業卻視若無睹的以保本為口號賣連動債，還認為不會有事。從這裡就可以看出金融業風險管理的改善空間非常大。

　　今年起開始對台灣金融業產生重大衝擊的「美國追稅法案FATCA」，其實早在兩年前，2009年年底，美國拿瑞士銀行開刀，強迫其提供美國富人的財務資料時，作者就開始思考，萬一追稅追到台灣來那該怎麼辦？作者是既沒資源也沒管道，不知道原來美國政府對於這個部份的立法工作一直在進行，而國內金融機構大部份是等法案通過，歐巴馬公佈生效，顧問公司在媒體發表評論後，才開始注意這件事。台灣金融業遵法風險管理的強弱由此可看出，平時連國外法令異動的影響掌握度都很低，對各國當地法令不熟又缺乏政商關係，現在說要走向國際化，以己之短攻敵之長，真的很令人憂心。

## 跨國經營的遵法風險

　　台灣金融業在走向國際市場時所面臨的遵法風險議題，可以從三組構面來看：

- 成文與不成文的法令規範
- 觸法被罰的重或不重
- 業務本身的風險可預測程度

　　不只是金融機構，企業在經營過程中必須遵守相關法令，這是一般常識；然而導致企業發生損失的，並不限於觸犯有形法令被罰。法令是經過一定程序由政府制定並公告而成，民眾的很多權益不一定都有法令規範，即使在法令規範以外的領域，如果讓民眾覺得權益受損，還是會衝擊到企業，例如政治文化、風俗民情、宗教信仰等領域，這些是屬於不成文的遵法議題。雖然大部份金融業在走向國際時，連成文的法令議題可能都顧不好，但本書還是從追求卓越的角度來談非成文的遵法議題。

　　雖然各地方民情不同，大致上可從幾個角度來看，分別是宗教信仰、民眾權益、民族自尊心等等。台灣社會族群類別較少，只有原住民、客家、閩南、外省等，由於閩南佔大多數，客家習俗與漢族很接近，此外傳統上對原住民不是那麼尊重（古代稱為番），所以整體社會對族群尊重這件事不太在意。新加坡的住民來自周圍國家，種族多，信仰差異大，對於不同族群的尊重做的比較好。宗教信仰是很強烈的不成文規範，觸犯了是會有生命危險的；比較為人所熟知的是伊斯蘭教徒不吃豬、印度教不吃牛，光是為了這個理由，在印度曾發生無數起宗教衝突殺人事件。

　　另一個不成文的遵法議題是民眾權益與民族自尊心。在西方先進國家比較重視人權，特別是對岐視與隱私問題，比起台灣來重視很多。台灣金融業，特別是銀行業，常常是老大心態，對員工與民眾不太公平，招募員工時常設定枱面下的條件，讓

員工在求職過程中處於弱勢，在台灣極少人會因此告上法庭，但國外剛好相反。

對待消費者時也是一樣，有些金融業利用一般民眾缺乏法律專業，要求民眾提供額外的資料或損害其權益，由於企業規模大佔有優勢，藉用訴訟來限制民眾主張其權益，迫使民眾知難而退。像之前某銀行以開設投資帳戶為由強迫民眾提供個人財務資料，被民眾告上媒體，銀行也未因此調整做法，這是看準了一般消費者不會為此興訟，上媒體不會造成實質損失。也有某些金融機構與消費者間有糾紛，法院屢次判賠還是照樣上訴，也是看準大多數消費者不曉得如何爭取自己的權益，或是沒錢上法院，或是不堪長期訴訟折磨而放棄，那就算賺到了。這是台灣司法體系與社會風氣產生對金融業有利的經營環境，連外資銀行都看準了這點，肆無忌憚的欺負台灣民眾。

到了先進國家情況剛好相反；金融機構惡意欺負消費者，在西方先進國家是會被告到倒的；之前英國銀行業只因賣的產品「未站在消費者立場考量其利益」，被判賠八十億英鎊，這對台灣金融業而言根本就是不可思議的事。今年三月高盛發行日經指數權證，由於銷售文件報錯計價方程式，誤將除號變為乘號，發行後因價格狂飆數倍而停牌；高盛原本不打算賠償，要消費者吞下去，反而引起香港政府介入要求賠償。台灣金融業在前進國外市場時如果沒改變心態，生意做愈大，風險就愈高。

較先進的國家重視民眾權益，較落後的則重視民族自尊心，特別是民粹主義興盛的地方，例如印尼與馬來西亞對華人不友善，當地族群長期處於經濟弱勢，排斥華人等外來富有族

群，衝突時有所聞；所謂衝突指的是華人被搶被殺。另一種是菲律賓警察貪污，綁票勒贖常常發生。中東則有回教戒律及恐怖份子，這可是有槍有炸彈的。

西方先進國家重視民眾權益，集體訴訟常常可見，較落後國家民族自尊心較強，常常集體報復；訴訟走的是法律程序，台灣金融業雖然必須遵守其判決，但至少可以監控事情的發展。集體報復無跡可循，等上了媒體通常已無法避免。像是十多年前的印尼排華風暴，很多華人被搶被殺，跑也跑不掉，躲也沒地方躲；連當地華人都這樣，更何況是從台灣過去的銀行，損失會很大。金融業是特許行業，是長期經營的，不像製造業，說來就來說走就走；大陸沿海缺工，三個內就移到重慶河南。跨國做生意，文化差異本來就要予以重視妥善處理，國外有顧問公司提供相關服務，如有需要可以參考。

## ■ 銀行各項業務的遵法風險性

跨國遵法議題確實是個重大挑戰，但要看各種業務的性質，各業務的遵法風險性有差異。以銀行為例，業務的性質主要可從與一般民眾的接觸程度、交易純粹性，以及可預測性來看。雖然說各地風俗民情有別，然而生意人想的是賺錢，這是有志一同的，所以與企業往來的業務受當地文化影響的程度會比較少（大陸地區內外勾結詐欺嚴重是例外），例如信用狀、應收帳款等遵法的風險會較低，而個人信貸等業務風險會較高。在中東地區，為討債而查封別人的房子是非常不道

德的,是罪大惡極的事,作者也是因杜拜主權債務問題爆發,才從新聞媒體得知此風俗習慣,金融業擁有的資源比作者多太多,可以進一步瞭解當地外資銀行後續如何處理法拍屋的問題。

屬於純粹交易性質的業務,跨國遵法風險會比較低,例如為大型跨國企業提供金流與國際貨幣清算服務,由於交易性質單純,往來的對象是金融機構及企業,只要不違反洗錢防制法,其他遵法議題會比較小。

另一方面是從業務的可預測性來看。為了獲利,國內銀行也走國外路線,藉由銷售投資型商品來賺取手續費,這其實是高風險業務,其本質是拿著銀行多年的商譽在賣錢,很多銀行踩進這一塊時並沒有想得那麼透徹。由於金融創新日新愈益,很多投資型商品是把複雜的金融交易經過多層包裝,包裝到全世界沒幾個人看得懂,無法預估會出什麼樣的事。以放空型及槓桿型 ETF 為例,美國主管機關也是在商品發行後好幾個月才發現此類商品風險過高,且與一般投資損益的觀念背道而馳,才在事後亡羊補牢發布警告。連人才濟濟的美國都無法完全掌握這些商品的風險,台灣銀行業又何德何能。之前在中東也曾發生類似馬多夫詐騙案,被騙的就有恐怖份子的資金,也是誆恐怖份子把公家的錢拿出來投資然後血本無歸,到最後不知道是如何解決的;這些都是很有價值的案例,但好像沒看到台灣有遵法部門人員在研究。

## 從風險角度看全球佈局

全球佈局可以從競爭及追求發展角度來看，也可以從風險角度來看。前面已介紹台灣金融業如何看待世界各地在全球佈局的角色與價值，也針對營運中斷風險類型進行比較分析，認為核子輻射是金融業進行全球化備援主要考量的風險議題。

在談全球化備援時，關鍵點是備援距離；影響備援距離的因素，主要是風向與洋流。以日本福島核災為例，輻射物質順著西風帶一路往西吹，先飄過太平洋抵達美國西岸、東岸，然後飄過大西洋抵達北歐，再越過西伯利亞到達中國東北及韓國，然後回到日本。原本中國東北及韓國離日本最近，反而變成最後受到影響的區域。

從洋流來看，日本福島輻射物質主要沿著西風帶洋流到加拿大及美國西岸，然後往南經過加州到赤道，沿著赤道回到太平洋東岸，再上行回到日本。專家學者估算，輻射物質從福島漂到台灣大概需要 250 天的時間。另一小部份的輻射物質則沿太平洋東岸的西側南下，邊往南邊往西偏移，靠近菲律賓後再回流，然後才到台灣來。

作者當初發現此風險時，原本預估台灣大概三至四天就會受到影響，卻因風向及洋流的關係反而變成最後才受到影響的地區，真是出乎意料之外（作者原本也想到應該找氣象及海洋專家來研究，但實在沒經費及人脈）。從這個角度來看，全球備

援不是只看距離，方向更重要，要找到屬於不同體系的風向與洋流的地區才能確保效果。

可能會有人質疑，備援拉那麼遠，有必要嗎？前車可鑑。早期日本科技業重鎮在大阪神戶，十多年前發生阪神大地震受到重創，日本科技業為降低風險，把重心移到關東。這觀念其實是不正確的。觀察以往，重大災變發生機率不但低，而且大多分散各地，百年內在同一地點重覆發生重大天災的幾乎沒看過，通常是東一個西一個，例如加州大地震、南亞大海嘯、南投大地震、汶川大地震、宮城大地震；發生大災難的地區都是跳來跳去，總是出乎大家意料之外。這就是像在戰爭中躲砲彈攻擊一樣，有經驗的老兵都知道，如果有傘兵坑跟砲彈炸出來的洞可選，一定選後者，因為同一地點被砲彈打到兩次的機率接近零。所以阪神大地震後日本高科技業除非是移到海外遠離日本地震帶，否則應原地重建而不是移到關東，果然關西震完換關東，日本科技業跑到關東又被震一遍。雖然兩地隔了幾百公里，但屬同地震帶，分散風險義意不大。因此日本產業開始思考在大陸、韓國與台灣設置備援生產基地。

## ■ 台灣輻射威脅來自大陸

台灣主要受東北及西南季風影響，對台灣比較有威脅的是大陸沿海的核電廠。由於台灣位置偏東南，夏季西南季風是從海面吹來的，可以暫時不考量，影響比較大的是冬天的東北季風可能將大陸核電廠輻射塵吹到台灣來。儘管目前大陸尚未發

生核子災難，對台灣的影響路徑可以參考沙塵暴。從每年春天大陸華北沙塵暴的影響範圍來看，台灣金融業抗輻災的備援點位置，至少要超過東南亞（其實廣西與海南島都有核電廠，離東南亞也很近），像是到印度、澳州等，印尼南端也可以考量。

大陸離南北韓、日本等國較近，加上這幾年蓋了很多核電廠，萬一出事北京與上海會第一個倒楣，所以才說台灣金融業一窩蜂搶進大陸，對分散風險並沒有幫助，反而風險更高。金融業西進是為了服務已進入大陸的台商客戶、增加人民幣業務以提高營收、同時還可以搶佔正在高速成長中的市場，這是從提升競爭力與追求發展角度來考量，不是從風險角度考量。

從風險角度來看，備援據點當然是愈遠愈好，南美及非洲不但遠，而且位處南半球，與台灣所在的北半球分屬不同氣象帶，引發地震的斷層系統也不同，從風險的角度來看是比較好的選擇，但是其他條件不佳；基礎設施較為落後，電信網路通信較不發達，水電供應也可能中斷，而且距離遠，往返維護成本高。南非與巴西的情況可能會好一些，尤其是巴西，名列金磚四國，天然資源豐富，拜原物料需求之賜這幾年經濟突飛猛進，前景看好。巴西的發展不如先進國家，對人民權益的重視及法令要求不是那麼嚴格，有形的遵法風險較低；不過主要語言是葡萄牙文，與台灣語言不通，而且風俗民情差異大，企業文化也不同，容易產生摩擦。之前便傳出巴西員工對於前進設廠的台灣科技業頗有怨言。

離赤道較近的南歐及美國南部也是核災備援的好選擇，電信網路通訊交通都發達，基礎設施健全。然而人事成本高，距

離遠交通成本也高。人民權益意識高漲，不論消費者及員工皆然，常有小民眾告倒大企業案例，加上法令要求嚴苛，當地政府強勢，美國政府找個藉口就將台灣面板業多位大老闆逮捕或拘禁，最近還加強跨國查緝富人逃漏稅，金融業大老闆們去了可能會回不來。

俄羅斯國土靠近北歐部份因為距離遠，也是核災備援可以考量的地點，加上台灣科技業這幾年積極拓展新興國家市場，不少企業前進俄羅斯，金融業也可前往服務當地台商；俄羅斯原本是共產國家，民主化與經濟發展比台灣還晚，法令較不完備，遵法風險較低。只是台灣一向缺乏俄文人才，加上天氣過於寒冷，對當地政商環境較為陌生，在人治的社會若欠缺管道建立政商關係反而不利競爭。

印度同樣是金磚四國，這幾年經濟也是大幅成長，是台灣政府及民間企業積極拉攏合作的對象，不論是服務台商或搶佔市場都是很好的地點。而且北邊有喜瑪拉雅山屏障，南邊是印度洋，風向與洋流與台灣為不同系統，獨立性較高。然而印度基礎建設差，缺水斷電是常態，本身就有核武，又與同樣有核武的巴基斯坦為世仇，常常發生衝突。種性制度導致社會階層的不公平，加上宗教信仰衝突，是恐怖份子攻擊的高風險地區，實在不是設置備援據點的好地方。

看來看去，好像只有澳洲比較理想。位處赤道及南半球，雖然同樣是太平洋南端，但風向洋流與台灣為不同系統。天然資源豐富，經濟成長穩定，前景看好。水電網路電信等基礎設施健全，雖然同屬西方先進國家，對人權及法令要求比台灣高，

但又不像歐美那麼嚴格，遵法風險不致於太高。而且台灣移民澳洲的人不少，加上每年的打工遊學人潮，多少會有些生意。

中東本身就是火藥庫，又是恐怖份子的大本營，加上王室錢太多，好大喜功亂投資，去那裡可能死得更快，杜拜就是好例子。

## 陸企前進利比亞大虧 188 億美金

我們從比較高的角度來看金融業在全球各地經營的風險，可能有人覺得很抽象，或是沒必要，來看看最近的幾個損失案例。前幾年全球景氣興旺時，杜拜大搞投資，又是世界島，又是帆船飯店，用錢堆出來的經濟成長還被推崇為「杜拜學」。中東油國錢來的太快太容易，好高騖遠加上西方掮客騙死人不償命的甜言蜜語，風險性其實很高的。早在 80 年代華爾街人士就曾鼓吹阿拉伯國家以人工造林來改變沙漠生態，結果投入鉅額資金後血本無歸，種下的樹苗不是枯死就是被貧民砍去當柴燒。造夢很誘人，然而夢畢竟只是夢，雖然有些美夢成真，但大多是惡夢一場。從人工造林這個例子就可看出中東國家投資決策的特性，怪的事，金融業常常對這種擺在眼前的事實視若無睹，匯豐等銀行竟然可以在一個剛冒起的地方投入這麼大的部位，等資金鏈一斷，杜拜房市及股市一夕崩盤，瞬間變烏有，虧最大的還是有鉅額曝險的匯豐銀行。雖然說那幾年有不少大師級的投資人鼓吹前進「邊緣市場」像是中東非洲等賺取暴利，

那畢竟是股票投資，短進短出，與金融業前進新市場的長期投資不同。

　　陸企在利比亞的投資是另一個例子。大陸企業不論是規模已大到可以跨出海外與國際企業競爭，或著眼於內部愈來愈強的資源需求而到其他地方佔地盤，跨國投資都是必然的，但地方要慎選。中東畢竟是動亂之地，在茉莉花革命前屬於獨裁高壓統制，何時會出事還不知道。企業與國家不同，從國家角度來看，美國有實力可大舉投資中東，必要時可派兵保護自己的石油利益，波斯灣及伊拉克戰爭就是例證，但企業有能力派兵嗎？沒能力派兵，那投資的地方出現動亂時該怎麼辦？中資企業從 2007 年開始大舉進入利比亞，主要集中在對外承包工程與基礎建設，特別是住房建設，總額高達數百億美元。陸企大舉投資利比亞，等於是押重注在格達費身上，他一垮台，大陸又不可能派兵，加上派系間的紛爭，等於是所有投資化為烏有。這是追逐利益的策略，而不是分散風險的策略。

　　殺頭生意有人做，賠錢生意沒人做，獲利是企業第一要務，不會有人說企業不能到高風險的地方投資做生意，既然知道危險，風管能力就要提升以避免損失。台塑前進六輕是一例。這兩年台塑在六輕的廠房大火連燒，被戲稱為台灣最大爆竹工廠，遭到政府罰款還被勒令停工，不但營收受影響，也賠上了幾十年聲譽。一開始檢討時，台塑自己認為當初不該選在海埔地蓋工廠，鹽鹼腐蝕管線等於是到處埋未爆彈；接著有人反駁，新加坡的化工廠也是蓋在海埔地，為何人家就好好的？再來有人爆料，台塑為節省成本，用的是易腐蝕的普通鋼管，而且值

夜班人員人數不足，連續工作達 20 小時導致精神狀況不佳，難以及時發現問題。

　　古有云：「居安思危」，居安都要思危了，更何況身處險地。海埔地的條件本來就比較差，應多花錢在基礎設施並加強管理，台塑卻反其道而行，決策過程令人費解。不過這是從風險的角度來批評，如果是從策略的角度看，也許台塑六輕建廠至今早已賺飽，藉由六輕的規模已取得想要的資源，即使後來廢廠也是可接受的成本。

## 風險發展過程分析與情境模擬

　　接下來要探討的是「風險的發展過程」。此分析使用的方法與情境模擬類似，差別在於情境模擬到目前為止還只是個口號，尚無較成熟的方法。其實，情境模擬的分析至少可分成兩塊，一個是情境的設定，一個是情境的發展演變；目前學術界跟實務界好像都只提到第一塊，還沒提到第二塊。演變的分析是採用事件發展分析法（順推法），此方法與因果分析的逆推法思維方式剛好相反（因果是經濟分析的基礎，但其因果分析方法在哪？）。

　　本書所介紹的幾個風險其實都與情境有關；揹黑鍋是一種情境，福島核災是一種情境，而北韓核武也是一種情境。情境設定困難的地方在於假設的合理性，是否有足夠理由支持情境存在，或是能否讓人相信情境可能會發生。就北韓核武這個風險而言，一開始只是個假設情境，等日本核子災變發生後，就

變成真實事件。輻射塵將會摧毀台灣，這是從資產的弱點層面來檢視的，此即整個架構的第五項「威脅與弱點分析」。資產威脅弱點分析是一種高度專業性，且非常獨特的風險分析工作，整個分析過程十分抽象，所以在這裡不特別說明。

企業一般採用的復原計劃比較單純，內容通常包含備援設施、復原計劃、及復原演練；之前作者在外商壽險公司曾藉由情境模擬的方式協助分析營運中斷風險，那時就發現幾個一般常會忽略的重點，像是營運所需最少人員、資產、及辦公空間底限、人員及資產的移動等；更完整復原計劃則應包含啟動點的設定、風險監控、應變計劃等。而監控、啟動都需要有依據，所以必需藉由分析風險發展過程，來設定監控項目及啟動點；此部份與前一本書「打通風險管理任督二脈」所提到的重大風險監控方法「風動」使用的方法是類似的。

## ■ 北韓核武與核電廠輻射外洩

在進行事件發展過程分析之前，要先區分事件類型，找出總共有幾種要發展的情境。不同情境會有不同的發展過程，過程中的某些步驟可以整合，所以會在個別的發展路徑產出後再思考彙整的問題。必須先呈現整個事件的演變過程，才針對每個步驟思考監控方式、啟動點、及應變計劃；這樣的方法類似軍事上使用的兵棋推演，其實軍事推演對重大災難的緊急應變是很有用的方法。此外，不同情境可能共用相同的管理措施，也可能獨立，如此才能發展成完整的持續營運計劃。

## ■ 南北韓戰爭演變路徑

　　導致台灣核子輻射災難的因素可分成兩大情境，一是北韓發生核爆，另一是台灣北方鄰近的核電廠發生嚴重輻射外洩事件。在情境分類部份，北韓核爆還可區分為南北韓戰爭及北韓內部動亂等兩個情境。從南北韓戰爭角度來看，整個風險事件概略演變過程如下：

- 南北韓情勢緊張：例如南北韓各自派間諜或特種部隊潛入而被對方逮捕。
- 小規模衝突升溫：例如北韓擊沈南韓天安艦、北韓公然砲擊南韓平民居住地區造成傷亡、美國派遣航空母艦前往支援演習等等類似 2010 年中的情形。
- 正式戰爭：南北韓正式宣戰、正規軍投入戰場、美國等其他國家提供正式與非正式的援助。
- 北韓處劣勢：北韓軍隊因失利而退卻、南韓軍隊逼近平壤、金正日揚言使用核彈報復。
- 核爆：北韓發射搭載核子彈頭的飛彈攻擊南韓首爾，引爆核彈。

　　以上只是將整個風險事件概略區分成幾個階段，以利思考啟動點及研擬監控計劃。實際情形千變萬化，應隨時監控並判斷因應方式。例如在發射核子導彈之前，金正日照例會示警叫囂，會有跡可循，此為很重要的觀察點。

## ■ 北韓內亂演變路徑

從北韓內亂角度來看，整個風險事件概略發展過程如下：

- 發生大規模天災：北韓主要河流上游鴨綠江連續暴雨，大水淹沒下游地區；或是長白山發生火山爆發，大量火山灰混合天池池水蒸發，遮蔽了天空並覆蓋大地，導致北韓大部份農作物枯死。
- 北韓飢荒：原本糧食就不夠吃的北韓因天災導致大規模飢荒，不只人民沒東西吃，部隊也挨餓。
- 衝突：部份災區人民餓死、部隊四處搶劫糧食、人民因反抗而被殺。
- 動亂：部隊間為了搶奪僅剩的食物發生衝突，互相開火，部份災民集結，除了搶奪糧食外，也襲擊小部隊以搶奪武器。
- 內戰：北韓領導人已無法掌控所有部隊，部隊間衝突擴大，部份軍隊結合災民，以建立新政府的名義發動叛變，試圖攻入平壤推翻金正日政權。
- 核爆：金正日在垮台前引爆核彈與敵偕亡，或是部份叛軍奪得核彈後，向敵方投擲核彈試圖消滅對方。

此情境演變過程中，最重要的觀察點是最後一個：金正日垮台或叛軍奪得核彈，雖然美國情報機構可能無法精確掌握核彈引爆的時點，但新聞台派駐的戰地記者應該能判斷叛軍是否已取得勝利並逼進平壤。以最近的利比亞內亂為例，國際媒體

在叛軍拿下石油工廠及進入利比亞首都時立即加以報導。因而當出現此消息時，就應啟動應變計劃。

## ■ 核能電廠爆炸演變路徑

從核能電廠事故角度來看，整個風險事件概略發展過程如下：

- 冷卻系統故障：大陸沿海核能電廠的冷卻系統發生故障，導致反應爐溫度升高，專家緊急搶救。
- 反應爐溫度升高失控：專家搶修無效，歐日等核能專家進駐協助搶修，美國亦緊急運送冷卻液協助降溫，然而反應爐溫度進一步升高。
- 核電廠發生爆炸：各方緊急搶救無效，大陸決定引入海水降溫，卻因大量水氣蒸發而導致氫氣爆炸。
- 燃料棒融解輻射外洩：燃料棒因露出水面融解，輻射物質隨反應爐掩體爆炸而外洩，核電廠外圍可偵測到放射物質。
- 核爆：剩餘的燃料棒溫度進一步升高，引發連鎖反應，導致核爆，核能電廠周圍 30 公里全被炸毀。

從福島核災的經驗來看，此情境的關鍵點是「反應爐溫度升高失控」。由於核子設施是國家機密，連東京電力公司都極力遮掩，更何況是大陸核電廠；外界很難從官方說法看出端倪，只能觀察外國核能專家趕赴支援的情形，表示核災已失控，已

不是大陸政府能掌握，此時應啟動應變計劃，因為隨時可能發生核電廠爆炸。

## ■ 輻射物質漂到台灣演變路徑

不論是南北韓戰爭、北韓動亂、或是沿海核電廠爆炸，以上情境發生後接下來就是輻射物質如何漂來台灣，從這個角度來看，風險事件後續的演變過程如下：

■ 居民逃難或撤離：大陸核電廠爆炸消息曝光，周圍居民開始逃難，或是官方展開撤離行動。

■ 氣象報導：台灣氣象局或國際媒體開始分析核電廠周圍風向及洋流，並預測輻射物質漂送的方向及時間，持續公佈國際原能會偵測到的輻射物質數量。

■ 政商撤離：台灣地區較富有或有國外關係的商界政界人士開始逃離，媒體報導旅行社湧入大量訂購機位的電話而被塞爆。

■ 國外撤僑：由於機位已滿，其他國家開始派專機撤離在台灣的僑民，雖然訂不到機位，逃難民眾還是往機場及港口湧入，希望能擠上飛機或商船，導致通往機場及港口的主要道路交通打結。

■ 台灣大亂：氣象局報導輻射物質已逼近台灣隨時降臨，無法逃離的民眾開始搶購碘片及食鹽，並囤積食物及飲水，量販店及商店被缺錢的民眾搶劫；大量民眾試圖趕

往輻射物質較晚抵達的南台灣，所有高速公路及快速道路都被擠爆，加上發生車禍而動彈不得。

■ 輻射物質籠罩：輻射物質漂到台灣上空，因冷暖氣流交會下雨，隨雨水落到地面，污染了飲用水及土壤。民眾紛紛躲在家裡希望能逃過一劫，市面一片冷清，總統亦搭乘空軍一號緊急撤往海外避難。

如同前面分析，等到氣象局報導輻射物質即將漂來台灣，轉眼就會大亂，不見得跑得掉，所以整個應變計劃必須提前啟動，會比較保險。

## 監控計劃

本書名為「風險空中預警機」講的就是風險辨識與監控，整個方法概念會在第六章介紹，這裡只是簡單說明。

作者進入金融業這幾年的時間，最無法適應的是金融業對於重大威脅的漠視。以高科技業為例，國外挾專利侵害可算是科技業最大威脅，不但要支付高額權利金，動不動就被告，輸了官司不但要賠錢，還得撤出市場。宏達電才剛打入美國市場，蘋果一感到威脅立即展開專利戰想逼退宏達電就是最好的例證。高科技業的反應也快，除了提高研發能力大量申請專利，鴻海早在十年前就開始籌設數百人的專利律師團隊，並藉由專利地圖等方法協助管理決策。宏達電也花大錢進行併購以取得專利反制蘋果。

　　與高科技業比起來，金融業的反應真的差很多。這幾年大家都看得出來，金融業最大的問題並非利差縮小，而是風險事件。之前亞洲金融風暴突顯放款不當的問題倒掉好幾家銀行，不論是雙卡風暴、二次金改、連動債，都是讓金融業既賠錢又丟了名聲。但過了這麼多年經歷了這麼多事，何曾看到那家金融業洗心革面大刀闊斧的改革。風險主要來自外部環境因素，那就應針對外部因素大力提升風險辨識及監控能力，但有那家金融業投入足夠資源在風險辨識？不要說台灣，連國外都沒有。經過這麼多災難，金融從業人員還是只會強調：「我們都已依據主管機關的要求來做」。這就是作者對金融業最無法理解也無法適應的地方。有問題卻不肯改，令人嘆息。

　　要能有效監控此風險，至少有幾個時點一定要掌握到。就南北韓戰爭及北韓動亂而言，「金正日揚言使用核彈報復」原本是最重要的監控點，然而金正日已叫囂習慣，平壤電視台動不動就是「不惜發動聖戰捍衛國家尊嚴」，這個監控點準確性不高，要用其他的來輔助。南北韓戰爭引爆核彈的主要監控點應該是：「北韓軍隊因失利而退卻、南韓軍隊逼近平壤」，北韓內亂的主要監控點則是：「部份叛軍攻入平壤，或是奪得核彈」。一旦監控到這幾個點發生，就應啟動應變計劃。致於監控的方式，我們在此不多做說明，因為演變過程中的每個步驟都應予以監控，而監控的方式可能各自不同，有太多種情況所以無法一一說明。

　　各步驟的監控方式確認後，還要研擬監控計劃，設置監控的組織權責及作業流程，以及監控報表及呈報時點，如此才能

建立有效的風險管理報告體系。在作者的作品中，重大災變監控的主要方法論為：「隨風飛舞第七式：風動」，而這裡所談的外部監控只是「風動」裡幾個監控構面其中的一塊，「風動」其實是一個涵蓋多個構面的複雜的監控體系，此監控體系又是作者方法論裡四大監控體系中的一塊，從這裡就可以想像現行金融業風險監控，或是巴塞爾協定所規範的作法，與作者方法論的實務經驗差距有多大。

## ■ 風險胃納之謬誤

就作者瞭解，台灣金融業大多經營已久，走過政府播遷來台那段動盪時代，對風險不太當一回事。基本上絕大多數的資產都在台灣，對於像這種全台遭輻射污染，或是對岸打過來的風險，都是選擇接受，不太可能將企業一半以上的資產搬到海外另起爐灶。

營運中斷風險是不是作業風險？答案是。那巴塞爾協定所規範的「風險胃納」概念及方法就有很大的邏輯問題。

台灣核災風險的最大衝擊，是整個金融機構全毀；金融機構對面對此議題只能接受，無法移轉或避免，這代表其風險胃納容許整個金融機構全毀的重大損失（相反的，如果不容許，就必須採取行動，但金融機構卻無能力採取或無改善方案），然而這不可能是合理的風險胃納。所以說巴塞爾協定裡作業風險胃納的方法及概念都有問題。或許在信用風險或市場風險，風

險胃納是可行且必要的風管機制，但在作業風險則完全行不通，訂定作業風險胃納只是毫無意義的行為。

## 風險可能性

台灣核子災變至少可區分為以上三種情境，一個風險涵蓋了多個情境，代表這是一個複合性的風險，在風險評估時，必須先針對個別情境進行評估，再彙整各項評估成果。我們先來看看風險發生可能性部份。

這三個情境發生的可能性其實不同。南韓目前經濟發達，一心想成為經濟強國取代日本，不會想和北韓開戰。另一方面美國也不願被捲入戰爭甚至變成與中國對決，北韓領導人也知道自己有多少實力，所以衝突難免，但演變成戰爭的可能性很低。大陸核電廠是這幾年才蓋的，使用的技術比較先進安全，加上日本核災教訓，對安全性會提高警覺，因而發生的機率低，但不是不可能。

發生可能性最高的是北韓內亂。北韓長期糧食產量不足，自從國際制裁後就陷入飢荒狀態，這兩年金正日數次拜訪卻無法獲得北京進一步支援，雖然也想走大陸改革開放路線，但因自身條件太差而行不通，這一點可以從之前平壤進行貨幣改革失敗將央行總裁槍殺看出。外在因素部份，這兩年由於溫室效應導致全球氣候異常，天災不斷，而且規模愈來愈大，只要在東北亞發生較大天災，很容易因農業生產中斷導致全面性的飢

荒而引發內亂。加上北韓長期封閉，外界難以得知國內情形，一旦出問題反應時間會更短，因而風險較高。

## 移動資產

對於可能發生的各種風險情境有了進一步瞭解後，可以更深入探討應變計劃的主體。所謂持續營運計劃其實只是個概略名稱，實際上的範圍比一般認知的要廣很多。在重大災變發生後，要先考慮應變的主體，這可以從三個角度來看：

### ■ 既有業務在當地的持續運作

所謂既有業務持續運作，舉個例子來說，例如某銀行主要業務活動在台北市，因為台北市發生大停電導致系統服務中斷，如何讓系統在停電時仍能持續運作，使台北業務活動能夠恢復，就是既有業務的當地持續運作；此時備援計劃僅限於當地，不涉及跨區域的議題，這個是最常見的持續營運計劃主體。

### ■ 移至其他區域以維持運作所需的資產移動

所謂跨區移動資產，舉例來說，例如台北市爆發禽流感，某銀行的總行被劃為疫區封閉，儘管中南部分行仍可營業，但因總行無法運作而受影響，須將總行暫時牽移到台中或高雄等

非疫區。在做得比較好的機構裡這會是持續營運計劃主體項目之一，通常包含預先選定備援位置、持續營運所需的辦公大樓及資訊系統等設備，以及啟動備援時必須移動的人員及其他資產等等。

## ■ 重要資產移動保存

所謂重要資產移動保存，舉個例子來說，整個台灣都被核子輻射籠罩，從北到南輻射值已高到會威脅人類及生物生存，必須逃到千里以外才有存活機會。就金融業而言，由於大部份資產，包含不動產、動產、授信、員工、資金等都在台灣，發生此類重大災難時資產全歸零，搬也搬不走，此時能移動的，只有身份重要的高階主管以及少數貴重財物等。前面已探討過，這是屬於全球性的資產策略佈局議題，在台灣只對大型政商家族或富有人士意義較大，一般金融業用不到，所以目前應該還沒有人想到這一點。

本文探討的是核子輻射的全面性災難，不再花篇幅說明一般性的持續營運計劃內容，這個到處都有範本可以抄。當災難發生時，大型家族能移動的只有人員、資金、及貴重財務，主要資產平時就要分散，不可能等災難發生時才來處理。資金移動可透過系統轉帳，即使人不在台灣也能進行。整個應變計劃的主體，就是如何將承擔家族傳承使命的重要成員及貴重財物快速送到安全地點。

## 反應時間

　　應變計劃兩大要項：須予緊急處置的主體，以及應變時間長短。前面已提到須予處置的主體為家族重要成員及貴重財物，要將這些送到安全地點的方式不外乎空運海運或陸運，之所以需要事先規劃，是因為災難發生時應變時間太短，如不事先規劃好會措手不及，還需考量臨時可能發生的突發事件。所以在研擬應變計劃時，要先評估反應時間，反應時間愈短，計劃就要愈嚴謹。

　　核子災難的反應時間會因事件類型而異。可能的事件類型為北韓核爆、大陸核電廠爆炸等等。如果是北韓發生核爆，在東北季風吹拂下，大約 3～4 天會吹到台灣，如果是離台灣較近的沿海核能發電廠發生輻射外洩，可能 1～2 天就會吹到台灣，人員撤離的反應時間其實很短，還要考慮突發變數。發生災難時，一般人的本能反應都是逃生，常常可以在電影上看到逃難人潮擠爆交通據點導致全部都被困住；從日本核災的經驗來看，發生後外國人搶著飛離東京，不但航班大亂，而且機位不足。所以針對此風險的應變時點要提早，除了事先準備之外，監控計劃也很重要。

　　另一方面，台灣國際航線少，大部份航班必須飛經其他國家，例如東京、濟州島、香港、曼谷等，這些地方與北京上海等地的航空運輸很密集。一旦出事，北京及上海會更早受到影響，要逃離的人更多，國際航班大亂之下，台灣航線也會受到

影響，部份飛機班次可能會取消，如此將導致原訂的應變計劃無法發揮功效。

## 緊急應變計劃

由於應變時間可能只有1～2天，針對大型政商家族人員的撤離，建議至少拆成兩個部份。以北韓戰爭及動亂為例，當戰爭正式開打或內戰爆發時，可以先將一部份人員撤離。如果平安渡過，就當成出國渡假，以免災難發生時亂成一團；萬一屆時第二波人員真的無法撤出，至少已經有一部份的人先出去了。此外，緊急時人少一點也比較好處理。如果是核電廠爆炸類型，當傳出核子反應爐溫持續升高，或傳出已有輻射物質外洩且無法有效控制時，就應先進行第一波撤離。

在制定撤離計劃後，第一個面臨到的問題，就是怎麼知道何時要撤離？這會需要監控計劃。監控計劃所需的方法，就是本書的主題「風險空中預警機」，我們會在後面章節介紹方法觀念，在此先說明針對這個風險的運用方式。監控計劃的核心，是監控點的設置及監控的執行。

就整個應變計劃而言，至少要設置三個監控點，第一波撤離行動，由於時間還很充裕，只需要一個監控點。第二波撤離行動由於時間緊迫，最好設置兩個監控點，一個是預備，一個是啟動。以南北韓戰爭事件為例，在引爆核子武器前，北韓領導人一定會放話威脅，但放話後不代表一定會引爆，此時會存在不確定性，所以要在「放話」這個階段設定一個監控點；當

監控到「放話」時，所有第二波撤離所需的程序要全部準備完畢，例如機票、機位、護照證件、前往機場的交通工具等。因為「放話」之後不知何時會引爆核彈，萬一在夜深人靜時引爆，等隔天早上看到新聞才開始準備撤離可能就來不及了。

　　監控點的設置需要事件發生路徑，如果所分析的路徑不適當，所設的監控點就可能是錯誤的，所以發展路徑分析的品質很重要。監控點設置後，另一個重點是監控的執行。也就是說，如何能取得監控的資訊，以及進行持續的監控。

## ■ 確保應變計劃可行性

　　長期注意國內外新聞的人不難發現，愈是看起來離譜或愚蠢的事，在重大災難時愈容易發生。台灣政府在八八風災後檢討才發現，原本每個偏遠鄉村都已配備衛星電話，災難發生時卻沒有人想到要使用這些電話來求救，即使想到也不知如何使用；夠離譜吧，但就是發生了。魔鬼總在細節裡，此類重大災難應變計劃在研擬之後，最好以其他角度來檢視是否會有任何「意外」，這個有點像兩個人下棋時，可以試著從對方角度來思考自己的棋路，以反向思考方式看看是否有盲點。

　　通常作者在進行此類分析時，會找出關鍵點，然後反覆思索任何可能發生的意外。在整個應變計劃中有幾個關鍵點，分別是：如何在緊急時取得機票機位？如何能及時趕到機場搭上飛機？飛機真否能平安抵達目的地？

　　日本發生大地震後，因害怕輻災污染，大批外籍人士及遊客搶著離開東京，由於航班不足，部份國家派遣專機前往；台灣也有派，當時航空公司還被投訴向旅客索取高額機票大賺災難財。這幾年因大陸遊客來台，提升航空運輸載客率，特別是暑假寒假等旅遊旺季期間常常是一位難求；萬一在這段期間剛好發生核子災難，加上逃亡潮，可能很難搶到機位。所以要事先想到訂不到機票或機位的可能性，並預做準備。

　　台灣設有國際航線的機場有三個，桃園、台中、高雄小港，如果怕訂不到桃園機場的航班與機位，可以考慮台中或小港機場，一般而言小港機場的航班應該會比台中多。不論想從那個機場離開，都會遇到訂機位的事，所以掌握訂票機制才算掌握關鍵。為此可以考慮結交旅行社老闆或入股，以確保在緊急時能弄到足夠的機位。

　　第二個問題是如何抵達機場。一般會以為機場離得愈近愈好，看起來離台北最近的是桃園國際機場，但近不代表安全。災難時撤離方式不外乎空運、海運、陸運，後者又分成鐵路與公路運輸。一般來說，陸運比較不安全，我們常常可以在災難電影中看到逃難車潮一起湧到公路上，加上車禍形成大塞車，所有人全部被困住哭天搶地的場景。鐵路運輸比公路好些，雖然會因人潮擠滿車站導致延遲，但至少開得動，不過現代鐵路大多依賴電力，當電力中斷時可能會停駛，所以才說空運跟海運比較佳。

　　台灣三個機場比較起來桃園國際機場離台北最近，開車約一個小時，看起來是最佳選擇，其實不一定安全。因為目前機

場捷運尚未開通，到桃園機場必須走中山高，平時就常塞車，發生災難時萬一被困在高速公路上，有機票也沒用。此時可以考慮改走 64 號道，繞道八里再到機場，這條路平常很少人走，比較不會有人想到，災難時塞車的機率比較低，而且行車時間與走中山高差不多。

　　小港機場雖然離得最遠，然而前往機場的路屬於鐵路運輸反而安全。可以先搭高鐵到左營，再換捷運到機場，全程差不多 2.5 小時。只是小港機場本身航班較少，不一定馬上有飛機可搭。台中機場的地理位置雖然比小港機場近，但離高鐵站遠，即使搭高鐵到台中還是要轉公路開一個多小時，而且航班更少，不確定性更高。

　　從以上分析看來，以走 64 號道到桃園國際機場較為便捷，搭高鐵及捷運到小港機場則更安全。從高雄離台有另一個好處，那就是有高雄港，即使沒機位，也可以搭船離開。大型商船空間大，臨時上船也可擠上很多人，不過最好事先投資航運公司，或結交航運業大老闆以確保臨時有船可搭。

　　另外也可以考慮在大稻埕碼頭放置遊艇，自己開遊艇到菲律賓，但不建議，因遊艇速度比飛機慢太多，加滿油也不一定夠開到目的地，而且小船難耐風浪，加上巴士海峽及南海常有海盜橫行，反而危險。

　　最後一個問題是如何確保飛機能安全抵達目的地。剛剛有提過，不是坐上飛機就好，還要看是怎麼飛的。離開台灣最佳的路線，是直接往南飛往澳洲紐西蘭，然而台灣由於航班較少，航線受限制，搭乘國際航班通常無法直接飛往目的地，必須經

過第三地再轉。如果是台灣北方的核電廠爆炸，撤離時所搭乘的航班必須經由東京或濟州島轉機，坐上飛機剛好去赴死。往東南亞飛也不一定安全，光是廣東、廣西、海南島等共有六個核能電廠，要是這裡的核電廠爆炸，不論是飛往香港或曼谷轉機，都會遇上輻射塵。所以直接從台北往西南方太平洋方向飛是最安全的路線，但好像沒航班是這樣飛的，要看飛往紐澳的飛行路線是怎麼走的。

## ■ 最佳方案成本高

家族如果真的夠富有，可以考慮停放一架私人飛機在松山機場，既不需要訂位，隨時可起飛，而且距離最近，還有捷運，不怕臨時大塞車，不受航線影響想怎麼飛都行，安全又便利，只是成本非常高；飛機價格、飛行員、機場、維修等費用，不是一般有錢人能供得起。

# 第二章

# 揹黑鍋的風險

　　2005 年底 2006 年初，台灣金融業爆發了雙卡風暴，引發經濟衰退，重創銀行；那幾年期間，國內銀行業在雙卡業務打銷的呆帳累計金額約三千六百億，金額相當龐大。然而對整個社會衝擊更大的，是產生了五十萬名卡奴。對這些債務纏身的人而言，一時的刷卡消費享樂，變成一場延續很多年都無法結束的夢魘。

　　時至今日雙卡風暴的影響已遠去。銀行也已深切檢討過去發卡實務，除了將客戶依風險高低分群組，也嚴控核卡。台灣民眾看了太多慘劇或是經歷過痛苦日子，大部份的人再也不敢過度消費以卡養卡。表面上來看災難已遠去，但從易經觀點來看，新的風險已在最意想不到的地方悄悄誕生。

## 大陸卡債風險

　　自從 2008 年次貸風暴發生後，大陸信用卡不良率開始上升，逾期未償金額不斷增加。依據 2009 年 9 月 17 日新聞報導指出，大陸信用卡逾期半年未償還信貸總額增加 16%至 57 億元，與前一年相比上升 131%；未償還信貸總額佔信用卡透支餘額約 3%，較 2008 年上升 0.7%，這顯示壞帳風險正在增加，中國大陸可能面臨卡債風暴這件事第一次出現在世人面前。

　　隨著風暴蔓延導致全球經濟衰退，此風險持續升高。2010 年第一季大陸信用卡逾期半年未償還信貸總額，占期末應償還信貸總額 3.5%，又比前一年上升 0.4%；許多專家估計，有八成的信用卡是未啟用的「呆卡」，認為大陸銀行浮濫發卡的結果將導致卡債風暴。

### ■ 大陸卡債風暴可能衝擊台灣銀行業

　　一旦大陸發生卡債，除了經濟上的衝擊，對台灣金融業會有何影響？就某些銀行而言，最大衝擊可能來自政治因素，而非經濟層面。

　　眾所皆知，大陸信用卡展業方式，幾乎完全複製台灣經驗；早在 2002 年，招商銀行來台與知名發卡行進行信用卡業務交流，學習發卡策略；據聞此銀行派出百人團隊為招商銀行架構信用卡發卡中心。當時招商銀行推出信用卡業務，拿人民幣

三百元的品牌手表當禮物，就是學台灣銀行業辦卡送贈品的行銷手法。

隨後大陸開始挖角台灣信用卡人才，台灣金融人才不斷西進大陸，成為內地信用卡業務蓬勃發展的幕後推手。

台灣信用卡人才把過去十年累積的信用卡設計、行銷、辦卡送禮以及紅利點數玩法，全帶進大陸，兩年內就締造跳躍式的成長。以招商銀行為例，靠著模仿台灣發卡行銷手法及發學生卡，在 2006 年發卡數突破五百萬張，市占率首度跨過三分之一，變成中國第一大信用卡銀行。

## ■ 民粹政治與觀感問題

既然大陸信用卡做法完全仿照台灣經驗，一旦出事，整體社會像台灣雙卡風暴那樣受苦受難時，大陸官方會怎麼想？他們會不會認為：「這些台灣人才除了把信用卡業務複製到大陸，也把雙卡風暴帶到大陸」；依照過往民粹政治經驗，解決民怨最佳方式就是找代罪羔羊，此時與中南海關係不深的台灣銀行業，很容易成為廉價的替死鬼。大陸大型銀行個個背景強硬，就算闖下大禍，主管機關也不見得敢動，更何況銀監會還必須承擔督導不周的責任，與其譴責大陸銀行業，還不如幫他們圓謊，設法把罪名掛在別人身上，順便減輕自己的壓力。同樣是把發卡經驗帶進來的外資銀行例如花旗等，又有外國政府撐腰，柿子挑軟的吃，國力愈來愈弱台灣被拿來祭旗也就不是那麼令人意外的事。

另一方面，這幾年台灣銀行業很積極西進大陸，希望從這個龐大的市場裡分到一杯羹；怕去晚了搶不到好位置，各自透過種種管道設法與北京拉攏關係；只想著賺錢卻沒顧到風險，明明才經歷雙卡風暴慘痛教訓，眼看著大陸銀行重蹈覆轍也沒提醒。萬一大陸官方對台灣銀行業有了「只想賺大陸的錢，卻不顧當地民眾死活」的印象，拿台灣銀行業來揹黑鍋，也是合情合理的事。萬一銀行業真的揹上了「大陸卡債風暴」的原罪，如同過街老鼠人人喊打，就可以準備收拾行理回家吃老本了。還好，就算真的發生，也只有信用卡業務做比較大的銀行會中槍，其他銀行應該不至於有太大衝擊。

## 風險評估示範

確實，要辨識出重大風險並不容易，除了要有很強的風險意識，還要有足夠的想像力，並不是有豐富產業經驗就能辦得到。其實對台灣金融業而言，產業經驗有時反而成為風險辨識的絆腳石，這與金融業人才培養方式有關。傳統上金融業，特別是銀行業，人員訓練是採師徒制，也就是一個訓練一個，一個資深人員帶領一個新進人員，然後把自己的工作知識及經驗交會給對方；所以銀行人員已習慣別人說什麼，他們就信什麼，不會去想這樣的做法是否真的正確，更不用提進一步思考潛在風險。即使有人問他為何要這樣做，獲得的答案通常是：「這是我師傅教的，一直都是這樣做，別人也都這樣做，所以就這樣。」久而久之養成循規蹈矩的習慣，資歷愈深的這種觀念愈

根深蒂固，風險意識就愈薄弱。服從性與循規蹈矩是優點也是缺點，這就是為何銀行業難以發現重大風險的原因之一。

　　另一個更困難的是風險評估。重大風險是找出來了，還要看衝擊是否真的那麼大，發生機率有多高，蒐集資訊協助判斷此風險是否應列入追蹤監控清單。評估範圍愈廣，層面愈深，誤判的機率愈低，所以每個重大風險的評估其實都可以變成一個研究計劃，風險評估功力愈深，研究計劃規模就愈大。研究要做得好，除了要有個案研究能力，還要有實證研究經驗；作者這幾年發現，管理顧問業在流程分析與企業診斷領域發展的各項分析技術（例如系統思考等），對於發展一個良好的風險評估計劃有很大的幫助。這是因為傳統上學術界在進行研究時，不論是個案研究或是實證研究，都是盡可能把一個大主題細分成多個小主題，然後找證據檢視某個小主題的結果並作成結論。對重大風險評估而言，這樣的結果是片面的，用來推論風險是否重大很容易以偏蓋全。從風險評估角度來看，學術界比較缺少聯結各項因素或主題的方法，此部份可由顧問業的方法來補強。

　　在進行風險評估前，首先要建立的是風險分析架構；這裡所指的架構並沒有一定的形式，因為每個風險本質差異大，難以界定一個單一而可適用所有風險的架構。風險分析架構可協助我們找出必須進行分析的因素項目，檢視因素分析的完整性與合理性，最後還可以協助建立要監控的指標及階段時點。雖然這個方法可能不像數學公式那樣嚴謹，但至少是個可行的方式，而且很多地方也是可以用數學來表達。

## ■ 大陸卡債風險分析架構

大陸卡債風險的分析工作大致上可分成「大陸發生卡債風險」，以及「檢討原因究責」兩個部份，從事件演變角度來看，可區分成以下幾個步驟：

- ■ 整體經濟環境惡化
- ■ 引爆卡債風暴
- ■ 催收造成衝擊
- ■ 政府究責、代罪羔羊

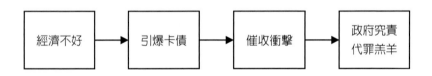

接下來的分析工作會從這幾個面向切入。

## ■ 信用卡業務本質，與卡債風暴

任何一種信用貸款違約，或多或少會與總體經濟環境有關聯，但不代表總體經濟環境惡化就一定導致卡債風暴發生，因為這並不是卡債風暴發生的直接因素。仔細檢視台灣卡債風暴的成因，可發現主要與信用卡業務本身特性有關，主要有三個：

- ■ 循環利率比一般貸款高很多，利息快速超過本金
- ■ 以卡養卡，債務愈滾愈大

■ 將信貸商品當成消費商品行銷，喚起消費者購物慾望引
　誘消費

　　信用卡一般給的額度約在 30 萬以下，並不高，欠款人之所
以會付不出來，主要是因為循環利息高，即使不欠新債，光是
利息就能讓債務愈滾愈大，加上發卡浮爛，欠款人明明已經付
不出來了，還可以辦新卡刷卡還舊債，導致債務不受單一信用
卡額度限制，倍數滾大，最後爆發大量違約，因而儘管大環境
經濟並未惡化，還是可能發生卡債風暴，以韓國和香港為例，
其卡債風暴並非經濟惡化引起，銀行盲目發卡和消費者盲目刷
卡才是兩大禍根。2000 年韓國銀行業和信用卡公司為了爭搶顧
客，紛紛降低手續費，放寬申請條件。韓國政府還實行「信用
卡發票抽獎制度」，這一招吸引了韓國絕大多數消費者，當時
連家庭主婦上街買菜都用信用卡結算。很快的在 2002 年韓國信
用卡問題浮出水面，違約率不斷上升，形成龐大信用卡債務及
卡奴。

　　從韓國、香港、台灣的經驗來看，卡債的起源之一是銀行
為了衝業績，將信貸商品當成消費商品行銷，導致消費者買了
不該買的東西而欠債。經濟學家口中的理性決策只是理想，不
能藉此假設每個人都是理性；人都有慾望，而且重視短期享受，
此為普羅大眾特性。能克制自己慾望並重視長遠利益的人，通
常是較傑出且有成就的人，所以不能只看經濟學就假設所有人
都會以理性的態度來決定消費。

　　相信大部份銀行業者瞭解消費者心態，所以能想出各種手
法吸引消費者以搶奪市場。在信用卡業績大幅成長的年代，台

灣部份發卡銀行重金聘請行銷高手針對不同消費者的屬性包裝信用卡產品，吸引消費者的認同來辦卡。包裝的廣告詞愈美麗，受害的人就愈多；代言的卡通人物愈可愛，創造出來的陷阱就愈可怕。

當然，銀行的本事不僅於此，為了衝業績，除了行銷高手外，銀行還聘請了各種專家，分析消費者的人格屬性及消費行為，推出各種優惠方案，例如紅利積點、特店折扣、刷卡現金回饋、分期零利率等等，誘使持卡人消費。一般人想消費時，如果沒錢或借不到錢通常會打消購物念頭，銀行很聰明的在各大通路的重點位置張貼「先享受、後付款」的廣告，將持卡人最後一點意志力給擊碎，這才是卡債風暴最重要的起因。

做生意為了提振業績將產品包裝的美美的來行銷並沒有錯，但包裝到產品的本質被掩蓋了，被曲解了，風險就會伴隨而來。信用卡原本是支付工具，為了賺取利息，提供刷卡額度，此時即已變成授信商品，有授信就有呆帳。但銀行在包裝及行銷信用卡時，跳過違約與呆帳這個本質，拿它當一般商品，拼命衝業績跟量，這難道是適當的？零售業賣出商品收到的是現金，銀行推銷刷卡收到的是欠債，這個怎麼能相提並論呢！次貸風暴也是這樣呀，把品質較差的房貸，用各種方法包裝，變成可投資商品，把違約這塊本質掩蓋掉，然後拼命推銷，賣給一堆搞不清楚狀況的機構投資人，最後不是也出事了。連動債也是呀，明明是有賺有賠的投資商品，綁上避險工具就打出保本口號來銷售，還拿來跟定存相提並論，扭曲成這個樣子，不出事都很困難。

綜合以上論點，其實大環境經濟狀況並非導致卡債風暴的直接因素，那為何本篇的分析工作還是從檢視經濟環境開始？一般認為當經濟環境惡化或衰退時，容易發生卡債風暴，這是因為經濟環境變差時，社會大眾容易因收入無法支應基本生活開銷而刷卡；這樣的看法很牽強，因為在景氣狀況良好時消費者同樣會因禁不住廣告誘惑而消費引發卡債。作者也不想人云亦云或流於迷信，所以分析總經環境的理由，則是：「找不到比較有力的證據來反證經濟環境並非導致卡債風暴發生的因素」。

## ■ 大陸整體經濟環境惡化

就這個風險，我們第一個留意的是大陸整體經濟環境情形，看看是否有惡化的可能。這個風險最早是在 2009 年年底發現的，當年 7 月時有新聞報導大陸信用卡債務開始惡化，警訊浮現；年底時又有新聞報導，大陸銀行再次挖角了台灣信用卡業務高階主管，作者綜合了這幾年的觀察與當時的新聞，辨識出這個風險。

2009 年年底，是全球經濟經歷次貸風暴衝擊一年多，各國政府推出各種振興方案大力救經濟，但還不確定成效為何。那時多空論戰，空方如羅比尼等持續主張全球經濟將因此萬劫不復，只差沒講出在那一天的幾點幾分世界末日就會到來（這也是作者一直瞧不起他的原因，另一個相反的例子是羅傑斯），多方則認為應該不會那麼慘，對政府作為抱持希望。總之，當時市場的氣氛是比較悲觀的。

　　一直到了 2010 年初，各項經濟數據接連報喜，才確立了經濟復甦態勢；那段時間前後，商品價格及股票指數呈現有史以來最大的快速反彈。到了 2010 年底，各方對大陸經濟的預測愈來愈樂觀，什麼 2025 年超越美國，什麼將成立亞元以取代美元。沒有人希望經濟不好，但只有智者會在危機中看到轉機，在晴空萬里時注意風險。2010 年三月，就已經有人提出二次經濟衰退的論點；其實導致二次衰退的因素，包含美國國債、大陸地方債、歐洲主權債務等問題，在 2008 年 2009 年就已浮現，那時經濟復甦尚未確立，當然無所謂二次衰退可言。隨後的 2010 年一遍歡樂氣氛當中，很少有人會深入思考這些問題。

　　時間來到 2011 年，各種不利因素紛紛浮現。歐洲主權債務問題難解，無法預測會如何收場；美國債務規模愈來愈大，導致美元不斷貶值，到後來只能跟歐元比爛；就如同某位經濟學家所言：「貨幣競貶空間有限，難道可以貶到火星去嗎？」。大陸除了「三缺」問題外，資產泡沫愈來愈大。在房屋部份，依據最近的統計資料，目前已有六千萬戶空屋、預計五年內將蓋 800 棟摩天大樓（美國只有 200 棟），地方政府債務 14 兆人民幣，而愈蓋愈多的高鐵載客量卻很低。

　　作者手上的資料尚無法評估資產泡沫的衝擊會有多大，以及這些耐久性資產是否會被未來內需成長所消化，只是大陸的經濟，雖然沒有好到讓人認為可以持續高速成長，但也不像羅比尼講的那麼悲觀。暫時我們只能說「目前還無法排除因大陸整體經濟環境惡化而導致卡債風暴發生的可能性」；當然，這是個很無能的結論，作者為此感到抱歉。作者想表達的，只是就

卡債風暴這個風險而言，還是必須持續關注整體經濟環境的發展，一直到有更好的方法來進行預測。

## ■ 引爆卡債風暴

　　卡債風險另一個觀察重點，是大陸信用卡債務到底有多大？是否真的會發生大量違約？這個要從信用卡債信相關統計數據來看。大陸卡債風暴的疑慮始於 2009 下半年。自從 2008 次貸風暴發生後，大陸信用卡不良率開始上升（其實這只是一般的猜測，要看實際資料才能確定。那幾年內地銀行大力衝刺信用卡業務，信用卡不良率上升不一定是經濟惡化造成的，很可能只是發卡浮濫所致，據統計，有八成的信用卡是未啟用的「呆卡」，由此可看出發卡有多浮濫），逾期半年未償信貸總額不斷增加。到了 2009 年年底信用卡逾期半年未償信貸總額佔信用卡透支餘額約 3.1%，壞帳風險持續增加。此風險在 2010 年上半年時達到高峰，到 2011 年二月，作者就觀察到有新聞報導指出此風險已降低。然而隨著大陸經濟結構性問題在 2011 上半年逐一浮現，信用卡大量違約的可能性仍應持續觀察。

　　俗話說得好，上一次當學一次乖，既然沒上過當，就不容易學乖；雖然大陸卡債風險已降低，不表示未來不會發生這樣的風險。2002 年韓國才發生信用卡風暴，2006 年台灣就接著爆發雙卡風暴，實在沒有理由相信大陸銀行業不會步上後塵。

## ■ 台灣卡債衝擊

我們都說卡債風暴卡債風暴，信用卡大量違約真的會對社會造成這麼大衝擊嗎？台灣是經歷雙卡風暴的，這個問題並不是要漠視台灣社會在那段期間付出的代價，而是希望能更深入思考問題的本質，作為分析大陸信用卡債風暴的重要依據。

2006 年台灣發生雙卡風暴，規模有多大？從新聞報導初步的統計數字來看，整體違約金額四年合起來大約三千億吧。三千億雖然不算少，但好像沒大到世界末日降臨的地步。舉例來說，蓋木柵捷運花了四千億，高鐵也花了五千億；假設木柵捷運線剛蓋好就因為地震或其他原因整個毀掉，台灣就損失四千億啦，比卡債風暴損失的還更多；那為何大家只擔心卡債風暴，不太擔心木柵捷運蓋了會毀掉。內湖線通車那段時間，整條文湖線不穩定到幾乎沒人敢坐，也沒引發那麼大的擔憂。卡債損失個三千億，有那麼嚴重嗎？銀行也沒倒幾間呀，再找外國人增資就是了。

當然政府必須用納稅人的錢來還債，造成預算排擠，但這好像不是什麼天崩地裂的事。台灣政府每年預算一兆多，蚊子館蓋得到處都是，沒人敢打包票一毛錢都沒被污走，大家還不是當作沒看到。最近傳出消息，高鐵營運才幾年，就可能因部份地區地層下陷嚴重而毀掉，當然這不是好事，但好像也不是什麼天崩地裂的災難。同樣是幾千億的東西，為何卡債風暴會帶來這麼大的衝擊，背後的原因是什麼？

　　我想最大的差異是人民的生活不會受到太大影響。如果是木柵捷運或高鐵毀掉，確實政府的負擔加重，但也只是國人平均分攤的債務金額增加一些而已。木柵捷運營運路段本來就有公車，對往返木柵及東區的民眾而言只是回到幾年前的公車時代，受影響的人口與全台灣比起來算很少的；高鐵沒得坐可以搭飛機，反正票價差不多。從預算排擠效應來看，高鐵如果毀掉，反而不用再承擔其虧損；而且人民繳的稅就這麼多，也不會因此增加，只是地方民代可以承包的工程減少而已。從這幾點來看一般社會大眾的生活並未受到影響。

　　卡債風暴對社會的衝擊，主要來自於對債務人生活的影響，而不是銀行打銷呆帳的損失。2006 年台灣爆發卡債風暴後，部份銀行將催收作業委外，有心人士藉此承攬業務進行不當催收，導致債務人痛苦不堪。依據新聞媒體報導，銀行將催收作業委外時把關不夠嚴謹，部份業者甚至有黑道背景，用暴力討債方式不斷騷擾債務人，使出奪命連環扣，派美女到債務人公司舉牌，讓人顏面盡失找不到容身之地。台灣實在太小了，很多資料都已電子化，透過關係花點錢，債務人各種資訊都會被挖出來，然後陷入無止境的催收夢魘。試問，持卡人無法工作賺錢正常生活，哪有能力還債？而且信用卡循環利率高，債務愈滾愈大，一輩子都還不完。催債催到公司，債務人因信用問題曝光被炒魷魚，收入沒了生活陷入困境，最後只能走上絕路。

　　站在銀行的立場當然是想保全債權，盡量把放款追回來，避免呆帳損失；上面壓力大，底下的人在績效考量下行事難免失了分寸，這就是風險。債務人也是要吃、要喝、要睡、要養

小孩，他就是還不出錢來，催收業者只顧賺錢，出了事拍拍屁股就走人，倒楣的還是銀行。透過媒體報導一則又一則的悲劇在國人面前不斷上演，再堅強的人也受不了；台灣損失勞動力，銀行債權也要不回來，整個社會陷入一片哀傷，變成全輸局面。到最後人民上街遊行發出怒吼，受傷的還是銀行聲譽。

從這幾點來思考，我們在看待大陸卡債風暴衝擊時，就不能只看違約的債務規模，持卡人的生活是否受到干擾，能否繼續工作謀生等，是風險評估過程中更重要的考量因素。

## ■ 卡債風暴對大陸社會的可能衝擊

老實說，大陸與台灣在整體環境上差異很大，卡債風暴對台灣社會的衝擊不太可能在大陸重演。

首先，大陸太大了，幅員遼闊，土地面積是台灣的幾十倍上百倍。一旦持卡人因無法繳款而被催收，如果真的不想還，那跑就好了。大陸那麼大，隨便找個城市躲起來，十幾億人口要怎麼找。如果真的需要，花點錢弄張假身份證，馬上又是一條好漢。今年七月才有新聞報導，大陸一名潛逃了十三年的殺人犯，竟然因為上電視參加相親節目而被抓！這名殺人犯十三年前替人「出頭」刺死他人，後來逃亡到異鄉謀生，可能是日子過得太舒服了都忘了自己是通緝犯，竟然上電視相親節目又唱又跳，最後還配對成功，被眼尖的觀眾認出來，遭到警方逮捕入獄。

在大陸，債務人真的要躲，銀行要上哪抓人？而且大陸資訊化程度不足，又沒有聯徵中心，走到別的城市還是可以在其他銀行開戶，生活不受影響。大陸大城市那麼多，到處都有工作機會，頂多到沿海加工區住進工廠裡，不愁吃穿，省一點的還可以存錢寄回家。債務人可順利工作賺錢生活，卡債對社會的衝擊就小，倒楣的只剩銀行。而且大陸大型銀行為國有，就算賠錢也是政府買單。依據最新的數據，大陸光是地方政府債務就高達 14 兆人民幣，比較起來，信用卡債務只能算是小兒科。台灣發生雙卡風暴時，受創比較重的銀行一家大約虧四五百億，也沒看到幾家銀行倒閉；換成是大陸，就更不會倒了，所以衝擊會更小。

## ■ 政府究責、代罪羔羊

這世界上大部份的人都是嚴以律人，寬以待己的。一旦遭到不幸，少有檢討自身犯錯，大多是認為別人害他，俗話說：「哭天搶地，怨天尤人」；出了事情總是要在其他的人或事上找到可歸責的對象，予以懲罰以舒緩自己的痛苦。民粹政治更是如此，如果出了什麼事導致民怨沸，一定要想辦法宣洩，要不然政權可能會跨台，找個替死鬼來當代罪羔羊是最常見的手段。好萊塢電影「桃色風雲搖擺狗」就是很典型的故事。

前幾年台灣發生雙卡風暴時，不少人自殺走上絕路，卡奴悲慘下場也持續由媒體報導呈現。雖然會落到這種地步主要是因為自己沒有自制力，無法克制誘惑過度刷卡消費，但當時台灣整體景氣下滑，失業率上升，不少家庭陷入經濟困境，辦卡

求現或刷卡消費有些也是為了解燃眉之急，就這樣被循環利息套住愈陷愈深。

雖然欠錢是自己不對，但當時社會上也在檢討，為何銀行發卡如此浮濫，明明申請人經濟能力不好，像是學生，為何還核卡讓他有機會購買根本負擔不起的商品；卡費都已經繳不出來了，為何還可辦新卡，讓持卡人借新還舊，以卡養卡，最後弄到無法收拾。為何未監督負責催收的委外公司，讓不當催收弄得場面難看。這也是為何在雙卡風暴發生後，銀行業除了打銷大量呆帳蒙受損失外，形象也大受損傷。

如果同樣的情形發生在大陸，也是爆發雙卡風暴，大量持卡人因無法償還卡債而陷入困境，並因不當催討走上絕路，甚至發生討債人殺死債務人的事件，引發民眾憤怒進而示威抗議；大陸主管機關在政治壓力下，除了提出改善措施，也是會檢討銀行是否有不當的地方，同樣會發現「發卡浮濫」及「不當催收」的問題；再檢討就會發現，這些導致惡果的信用卡實務都是從台灣挖角的信用卡人才帶進來的。再檢討就會發現同樣的做法在之前就引發過台灣雙卡風暴。大陸官員難免會想，明明知道這是不適當的做法，為了達成業績謀取個人利益，這些台灣人才還是教大陸銀行照著做。再檢討就會發現那些想前進大陸的台灣銀行業者，經歷雙卡風暴苦難後，明明知道大陸正在重蹈覆轍，卻沒有人提出任何警告。換成是讀者，對台灣的銀行業者會有何感想？反正政治壓力要排除，民怨必須有宣洩的出口，找個不討喜的對象來當替死鬼，也就不是那麼令人意外的事。

## 風險有效期限

　　大陸萬一真的發生雙卡風暴，雖然部份台灣銀行業者可能會被抓來祭旗，但很明顯的，大部份的人都看得出來這只是找替死鬼；畢竟出事的是大陸自己的銀行，老是找別人來當藉口不見得是光彩的事，除非這兩三年內發生國際經濟衰退，大陸房市車市泡沫化，地方政府倒債，才有可能讓大陸經濟惡化到可能發生卡債風暴，所以此風險機率很低，而且是有期限的。如果內地銀行推展信用卡業務已經很多年了，當初挖來的台灣團隊大部份都已換成當地人，銀監會等在經歷次貸風暴，甚至歐美主權國債風暴並加強風險管理後，對大陸銀行信用卡業務不適當的做法知情，也一直沒有發表任何意見，此時要把責任推給台灣銀行業會有些困難，所以只要拖過一段相當長的時間，此風險的可能性會大幅降低，作者粗略預估，此風險有效期限大約是十到十五年；等十五年之後大陸如果真的再發生雙卡風暴，實在很難責怪別人。

## 風險評估結論

　　經過了前面的分析，我們在這裡要對風險評估作出結論，依據現行風險評估主流觀念，會從「衝擊 Impact」及「發生可能性 Likelihood」兩個層面來看。

　　首先在「衝擊 Impact」方面，揹黑鍋的風險如果發生，不管是台灣哪家銀行倒楣，受到的衝擊一定很大。萬一真揹上了「卡債風暴始作俑者」的罪名，在內地等同是「民族罪人」，會有一堆人到各地分支據點示威抗議丟石塊，也可能因名聲受損而遭到擠兌，大陸官員可能會暗示結束大陸地區的業務，回台灣吧。大陸經濟還在發展階段，特別是金融業，還有很大的市場空間，如果失去這個機會，公司發展前景會受到很大限制。雖然整個過程中並無財務損失，卡債是大陸銀行的，打銷呆帳虧損的也不是台灣，但整個公司發展受到很大打擊，這就是作者所謂「無財務效果的潛在重大風險」。

　　其次在「發生可能性 Likelihood」方面，此風險發生的機率極低。首先，依據 2011 年二月發布的統計數字，大陸信用卡不良率已下降，卡債風險並無升高的跡象。其次，大陸目前經濟還在高速成長，雖然有房市泡沫及政府地方債等潛在問題，還不算是立即危險。這世界上有那個國家經濟結構是完美無缺的？與歐美相比，大陸的狀況好太多了。再來，信用卡佔整體債務規模太小，持卡人口占比低，影響很有限。如同前面提到的，就算信用卡違約，大陸地方那麼大，債務人換個城市最多換個名字，又可以開始過新生活，不像卡奴在台灣無處可去，被逼上絕路，因而卡債風暴最多只傷害到銀行，對整體社會衝擊有限。從這幾個角度來看，台灣銀行業揹黑鍋這個風險大概不會發生。

## ■ 化危機為轉機

易經的觀念認為風險與機會相生相剋，機會有可能是威脅，而威脅也有可能是機會，風險與機會是一體兩面的，就像是一枚銅板的正面反面，差別只在於是從那個角度看，這是老祖宗早就有的智慧，不像西方人，例如策略分析領域常用的工具 SWOT，硬生生的將機會與威脅切成兩塊分開看，此為智者所不取。

大陸發生卡債風暴時台灣銀行業者可能揹上黑鍋，這是個風險，這是因為台灣的銀行經歷過雙卡風暴，而大陸正在重蹈覆轍；然而危機也剛好是轉機，正因為台灣銀行業有這樣的經驗，所以能化解這個危機。在經歷次貸風暴後，世界各國主管機關都在強化自己國家金融機構的風管體系，大陸也不例外。而且次貸中出事的是一向被大陸視為學習對象的美國知名金融業者，這對內地主管機關造成很大心理衝擊，讓他們領悟到不能盲目相信西方的方法。在這個時機點，如果台灣銀行業者能將過去雙卡風暴的失敗經驗做全面性的整理，並分享給大陸監管機關及銀行業，提醒他們可能面臨的風險，不但可以塑造「重視風險管理」的企業形象，也可避免成為代罪羔羊。萬一真的發生卡債風暴，台灣銀行業者可以主張：「這個問題好幾年前就已經提醒過你們了，不能再把責任推到我們身上」

# 風險履歷

| 風險履歷 | |
|---|---|
| 名稱：揹黑鍋的風險 | 發現日期：2009 年 9 月 17 日 |
| 風險說明 | 大陸銀行發行信用卡的做法，是台灣人才帶過去的，一旦發生卡債風暴，大陸官方可能會認為是台灣銀行業將引發風暴的發卡實務帶進大陸，而遷怒台灣銀行業者，導致台灣銀行業者揹上罪名。 |
| 衝擊：極大 | 可能性：幾乎不可能發生 |
| 觀察重點 | 1.大陸卡債規模及違約情形<br>2.大陸是否持續挖角台灣人才，以及台灣人才扮演的角色<br>3.大陸信用卡行銷手法是否改變 |

| 追蹤記錄 | | | |
|---|---|---|---|
| 序號 | 追蹤時間 | 風險狀態 | 參考資料 |
| 01 | 2010_0520 | 上升 | 大陸信用卡壞帳率升至 3.5%雙卡風暴隱憂增 |
| 02 | 2010_0614 | 上升 | 呆卡八成 大陸恐掀卡債風暴 |
| 03 | 2011_0201 | 下降 | 央行：去年四季度中國信用卡壞帳減少 2.31 億元 |

# 第三章

# 美國追稅
# （私人銀行業務最大風險）

2010 年全球景氣在次貸風暴後開始復甦，國內銀行爭相發展私人銀行業務 Private Banking，試圖在既有財富管理業務以外另闢江山，然而美國追稅將會是此業務的最大風險。

## 風險是門好生意

做生意，有商機，也有危機。不論是運氣好或是天賦異稟，總是有人能早一步挖掘新的生意機會大發利市；有些人則是天生敏銳，環境剛開始起變化就先知先覺看出未來可能發生的風險，並妥善加以運用賺到大筆財富。當市場有新需求時，企業可以找出商機來賺錢，有新的問題要解決時，企業也能透過掌握風險來賺錢；危機，或者說風險事件，對別人而言是危機，對自己而言，只要運用得好，就能成為賺錢的好機會。這就是作者的第四個以風險為核心的競爭策略：「制敵先機」。

其實，這個世界上靠風險或危機來討生活的人還不少，經常性的以風險作為獲利對象的像是媒體、名嘴、防毒軟體廠商，此外還有偶發性的利用風險賺錢的像是資訊顧問與軟體業者等，他們從危機中獲益的方法很值得金融業借鏡。

新聞界主要收入來源是廣告，廣告賣得好不好，取決於能否吸引消費者注意。經驗上來看，愈重大的事件，吸引消費者目光的效果愈好，然而所謂重大事件通常不是好事，例如九一一恐怖攻擊事件，伊拉克戰爭，中東茉莉花革命，三一一日本大地震等等。所以在新聞界有一句諺語：「沒新聞，就是好新聞。」這些事件會對各國人民造成很大的衝擊，故而吸引群眾目光。新聞記者的工作就是設法找出風險事件來報導。

不論是平面或是影音媒體，新聞界早已是產出量固定的產業。報社每天都要發行報紙，該有的版面一張都不能少；電視台定時要報新聞，有些頻道甚至一天二十四小時不中斷。對新聞業及記者而言，如果找不到新聞就沒產出，就沒工作及收入，利之所趨，到後來就變成自己製造新聞。

觀眾喜歡看危機，愈慘的愈愛看，收視可能比八點檔的戲劇或綜藝節目還好，記者在報導時自然加油添醋。今年九月初南瑪都颱風造成南台灣淹水，屏東特別嚴重，各大媒體紛紛報導淹水慘狀，原本打算要到屏東旅遊的遊客為了怕淹水躲颱風紛紛退房，讓飯店及民宿業者叫苦連天。部份屏東地區民宿業者抱怨，附近農田種的是水稻，本來就有水，被記者講成淹水實在很誇張，害大家不敢來。明明水只淹到台階才十公分，記者卻於報導時刻意蹲下拍攝，製造水淹很深的假象。儘管南瑪

都颱風離去、積水已消退，仍有電視台繼續播放之前淹水畫面，導致民眾誤以為南部積水未退，旅客持續退房，對恆春及墾丁觀光產業造成很大的影響。颱風淹水害慘了民宿業者，卻讓電視台賺到收視率。

## ■ 經濟名嘴驚擾眾生

與新聞記者類似靠加油添醋討生活的，就是名嘴專家學者了，像羅比尼，為吸引大眾注意，每隔一段時間就出來散播謠言：「末日將近」，比基督教的牧師還勤快；這種行為很不好，不像是個科學家，比政客還糟糕。西方人會這樣做是因為欠缺東方人的智慧。從佛學角度來講，這種行為失了中道，叫做「驚擾眾生」，有時甚至是故意說謊，會積造惡業。

## ■ 左手寫病毒右手賣防毒

同樣靠風險事件賺錢的產業是防毒軟體公司。早在幾十年前，病毒對資訊系統的破壞力就已顯現；隨著資訊與網路科技發達，各種病毒因應而生，影響範圍愈來愈廣，破壞力愈來愈強。消費者因為上了釣魚網站導致信用卡被盜刷，銀行存款被盜領，此類問題層出不窮。為了抵抗無所不在的病毒，不論是個人或企業只能求助防毒軟體，讓軟體公司獲利大增。

為了讓防毒軟體功能更強大，能阻擋更多病毒，軟體公司投入相當人力在研究病毒，一方面熟悉病毒習性，分析未來病

毒攻擊方向，另一方面也用各種方法掌握最新病毒，以便在最短時間提供解決方案。畢竟防毒軟體是要花錢的，如果威脅減輕，銷售量就會降低。病毒是世界各地駭客寫出來的，駭客之間缺乏協調與紀律，如果有一段時間沒有新病毒或發生重大駭客攻擊事件，防毒軟體的生意就可能受影響。軟體公司有能力防毒，當然也有能力製造病毒，因而就有人懷疑防毒公司依市場狀況，定期放出新病毒，讓消費者必須不斷花錢更新軟體。反正病毒上又不會刻名字，也沒人知道是誰寫出來的；左手寫病毒右手賣防毒，生意好得不得了，而且不會有中斷的一天。真是個好生意。

## ■ 千禧蟲大騙局

隨著資訊與網路科技日益發達，軟體產業也成為專做風險生意的典型。還記得十多年前全世界鬧得轟轟烈烈的重大資訊事件，千禧年與系統更新，就是最好的例子。

從 1950 年代電腦問世開始，為了讓電腦功能更強大，能做更多的事，各種系統軟體因應而生。早期電腦是很貴的東西，與電腦有關的價格都不便宜，包含儲存空間在內。為了節省成本，軟體工程師在撰寫程式時習慣將西元的年位數節省，例如 1981 年，在電腦上只會記下 81 年，前面 19 兩個數字就省略掉了。就這樣過了幾十年，當 20 世紀快結束時，軟體業者發現，等到 2000 年 1 月 1 日時，年度資訊在系統上會變成 00，會被當成是 1900 年，這麼一來很多事都會因差了一百年而搞得一塌

塗，例如客戶到銀行匯款的日期、利息計算，企業之間交易的往來，以及各項定時作業的啟動，都會因系統錯誤而大亂；必須修改資訊系統增加年度資料欄位，這就是所謂千禧年事件。

　　這個風險是軟體業者發現的，當時資訊系統應用已非常廣泛，各國政府及所有企業都會受到影響，然而大部份的人並不瞭解此風險有多嚴重；為此軟體業者做了各種模擬來說明可能的後果，像是金融交易秩序大亂，銀行間的往來全部中斷、因交割出錯導致所有資金不再進出股票等市場，等於是所有市場全面停止交易。甚至所有公營機構的系統都因時間錯亂而當機，電話不通，電力、水力、瓦斯全面中斷，交通號誌全部錯亂交通打結，甚至核能電廠爆炸等。一時之間 2000 年 1 月 1 日成了即將來臨的世界末日，各國政府及企業動員所有人力來改系統，預算無上限，一時之間洛陽紙貴，軟體公司及程式人員身價倍數上漲，其費用是以字為基礎來計算的，不但軟體公司錢賺不完，那時只要是會 COBOL 語言的人就能移民美國拿到綠卡。

　　儘管全球總動員，這大概是世界各國及企業有史以來為了同一件事而集體動員，然而改善進度不佳，1999 年 12 月 31 日的期限就快到了，還有一大半的系統修改工作未完成。各種末日預言出爐，有人預測 2000 年一到幾小時之內問題就會爆發，連美國時差比較晚，歐洲出事時會多出八個小時做應變，可讓美國總統逃生等這種話都講出來了。作者記得那一年世界各地民眾帶著恐懼的心情熱烈迎接千禧年到來，所有人都盯著電視看即時新聞，結果，什麼事都沒發生，一小時過去了，一天過去了，一個禮拜過去了，一個月過去了，還是什麼事都沒發生。

接著有人出來指控所謂千禧蟲危機只是個大騙局，那又如何，軟體公司及程式人員早已賺飽飽，該拿的美國綠卡也已到手，還反嗆一句：「就是因為我們的努力，才阻止了這場危機」。靠風險賺大錢，沒有比這個更好的例子了。

## 金融業也靠危機賺錢

各行各業賺風險錢的方式多得很，金融業也不遑多讓。像保險產品及避險工具等太普遍的就不提了。靠風險賺錢的本事有多大，其實可彰顯金融業的競爭力有多強，高盛就是最好的例子。2008 年爆發次貸風暴，狂風亂掃，從美國吹到歐洲，多少金融業者因此倒閉，高盛不但躲過風暴甚至從中獲利。雖然說金融業是承擔風險的產業，像高盛本事這麼大的還真不多。

2008 年風暴發生前，次級房貸證券化商品市場交易如日中天。基本的道理是風險與獲利並存，風險愈高獲利愈高，反之亦然，追求獲利就要承受高風險。然而品質欠佳的房貸商品經過層層包裝，再透過信用評等加持，變成高獲利低風險商品，甚至借由搭配避險工具被包裝成保本商品，吸引全球金融業爭相投入。

### ■ 用遊艇換風險

就在世人為次貸商品痴迷時，高盛結構型商品交易員 Michael Swenson 及 Josh Birnbaum 發現次級房貸的部位及風險有

升高趨勢。高盛本身就是避險基金及銀行自營部門主要的下單券商，台灣有很多金融機構在國外的投資也是透過高盛在下單，市場有什麼風吹草動，也是高盛比較容易察覺。那時高盛交易員察覺到部分機構開始放空次級房貸相關信用衍生性商品，敏銳的感覺到市場隱隱潛伏可能會反轉的力量，於是開始跟風管人員進行溝通。就說風險辨識與管理是所有人的責任，但很多金融機構還是食古不化，反正責任往風管部門推。

高盛風管人員立即針對整個機構可能受到波及的部位進行檢視分析及壓力測試，發現一旦市場轉向，目前所持有部位可能發生的損失，遠遠超過公司能承受的範圍。因此交易員及風管人員聯手向高階主管進行報告，並決定提高避險比例。那時正是次貸商品獲利好的時候，市場一片歡樂氣氛，這一砍，不只砍掉公司獲利，同時也把主管想買的跑車、遊艇、豪宅給砍掉了。後來高盛不只避險，還放空，趁市場大跌時賺了一票，稍微彌補了在次貸商品的損失，進而有機會躲過那次風暴。

高盛執行長布蘭芬後來接受訪談時說，他把風險管理視為每天最重要工作，自認花在當風險長的時間比執行長還多，雖然這種話聽聽就好，當初他爭取 CEO 這個位置時可能不是這麼一套說法。金融業主管面臨這種砍部位的抉擇時，想到自己的遊艇的人多，想到公司會大虧的人少，高盛的高階主管能為了還不知是否會發生的風險，把自己的遊艇給砍了，成功降低次貸風暴的影響，這是人家的本事。

## ■ 十分鐘就能成為全世界最愚蠢的銀行

另一個與高盛相反的例子，就是德國重建信貸銀行（KfW）。儘管默默無聞，這是一家大銀行，在次貸風暴中損失也小，卻因為一個不經意的疏失而名聲大噪。2008 年九月十五日上午十點，美國第四大投資銀行流氓兄弟公司向法院申請破產保護，消息轉瞬間傳遍全世界各個角落；令人匪夷所思的是，在如此明朗的情況下，德國國家發展銀行在當日十點十分時居然按照外匯 SWAP 協定的交易，透過電腦自動付款系統，向流氓兄弟公司即將凍結的銀行帳戶轉入了三億歐元。毫無疑問這三億歐元是肉包子打狗有去無回。相關資訊上網都找得到，本書不再贅述。俗話說得好：「沒有常識也要常常看電視」，看電視其實是風管人員很重要的工作，由此可證。

## 制敵先機

什麼樣的人是成功的人？什麼樣的人是第一名？一個比較簡單的看法，就是永遠跑在最前面的那個人。

企業的經營，我們拿馬拉松或長途越野賽車來比喻；雖然說一時落後的人還是有可能在最後關頭勝出，但若能維持領先地位勝算總是大一些。長途越野賽與短程賽跑不一樣的地方，是維持領先的意志力。不論是落後的，或是領先的，無時無刻不在思考如何比對手快一點，落後的想盡辦法迎頭趕上，領先

的則不斷加速想拉大差距，即使大幅領先也不敢掉以輕心，沙漠上狀況那麼多，誰知道下一秒會不會陷在坑裡無法脫身而落敗。

企業經營也是，天曉得何時一個大浪打過來，從第一名變最後一名。掌握每個機會，能超前就超前，能領先就多領先一點，卓越的企業不斷自我鞭策自我超越，在過程中更重要的是搶先別人一步，勝算就多一分；所謂制敵先機，贏在起跑點，就是這個意思。

作者所研發的第四個以風險為核心的經營策略，就是制敵先機。這個策略打破了一般人對風險管理的概念，在此藉由美國追稅這個風險，說明金融業若能比對手早一點發現風險，不但能設法管理及規避，還可以當作搶占市場橫掃敵軍的利器。超越風險的風險管理，差不多就是這個意思。

## 美國追稅，瑞士遭殃

美國是個比較年青的國家，高等教育舉世聞名，過去兩百年吸納大量來自世界各地的移民。二次大戰後由於民主與法制成熟，人權有保障，國力強盛號稱世界警察，成為全球富人移居及尋求庇護的首選，不論這些財富是怎麼得來的，美國為世界各地有錢人提供很好的服務，不但保護人身安全，也保障財產安全。天下沒有白吃的午餐，這些服務不是免費的，想成為美國人就要繳美國稅；繳稅其實也不是問題，問題是美國稅法是屬人主義，不只在美國的所得要繳稅，有錢人來自世界各地

的收入都要繳美國稅，其他國家人民從美國賺走的錢也要繳稅，這對想拿美國護照當護身符的富人而言是個困擾，護身符是很好用，但價格不菲。為了減輕負擔，美國富人用各種方法來避稅，像是把資產藏在其他國家，或是透過其他國家掩飾自己是美國人的身份。在這過程中，像瑞士銀行這種以保護客戶隱私聞名的老牌銀行就成為美國籍富人藏錢的好所在。

瑞士銀行協助美國富人逃稅來發大財的行徑所有人都看在眼裡，依據美國估計，光是在 2002 至 2007 年瑞銀便幫美國客戶隱藏兩百億美元資產，令國稅局每年少收三億美元稅款，瑞銀則透過向美國客戶提供離岸金融服務，每年賺約兩億美元。據瑞銀前高層比肯飛爾德稱，瑞銀會為美國客戶在避稅天堂如香港、巴拿馬、列支敦士登等地，利用假帳戶及開設空殼公司等手法避稅。瑞士長期以永久中立國自居，2002 年才加入聯合國，對於各項國際法令一向不太理會，相當於塵世間的海外仙山。瑞士也很驕傲的四處炫耀其超然地位以吸引更多有錢人。只是海外仙山雖然飄渺安逸，也難逃人間君王暴力蹂躪。

美國國稅局追稅的狠勁與力道是有名的，缺錢時更是無處不伸毒手。自從小布希當選總統，美國財政赤字不斷擴大，舉債頻創新高，到小布希卸任時已快到十兆美金。歐巴馬上任後，一方面要擴大支出刺激經濟，另一方面又要顧及舉債上限，如何增加財務收入便成當務之急，負責幫政府創造收入的國稅局責任變得更重大。所有人都苦哈哈，日子快過不下去了，卻看著有錢人拿逃稅的錢在世界各地逍遙，叫一般美國民眾怎麼吞得下這口氣；富人海外逃漏稅，自然成為第一個被開刀的對象。

　　其實早在 2008 年七月一日美國聯邦法院即已批准美國國稅局從瑞士銀行獲得美國客戶的帳戶資訊。一直到隔年二月十八日瑞士銀行才同意支付約八億美元罰款，並繳出約二百五十名涉嫌非法逃稅的美國富豪客戶名單；不過美國對此結果並不滿意，隔天美國司法部向邁阿密聯邦法院提起訴訟，要求瑞銀集團向美方提供約五萬個擁有秘密帳戶的美國客戶名單，從此，美國與瑞士之間角力不斷。同年七月，瑞士聯邦司法部發表聲明禁止瑞士銀行按照美國法院命令向美方提供美國客戶資訊。只是神仙難敵霸王拳，2009 年八月十九日瑞士銀行以及美國、瑞士政府就該案達成最終和解，瑞士銀行同意提供四千多個帳戶資料，協助美國國稅局追查帳戶持有者是否涉及逃稅及隱匿資產。隔天此新聞也上了台灣媒體版面，作者因此得知此事。

　　不論是對瑞士銀行或其他金融業者而言，此和解並非災難的結束，而是開始。其他各國看了美國追稅手法後，紛紛起而效尤；儘管自己國家的影響力遠不如美國，還是另闢蹊徑走旁門左道；雖然無法霸王硬上弓的強迫瑞士銀行提供資料，但有錢能使鬼推磨，要不到就用買的。2010 年二月三日媒體報導，德國與法國向任職於匯豐集團旗下日內瓦私人銀行的員工購買數千個帳戶資料，並藉此在國內追查逃漏稅。另 2008 年德國曾支付五百萬歐元向鄰國列支敦士登買下 LGT 集團離職員工竊取得來的機密客戶銀行帳戶資料，發動大規模搜查。

## ■ 美國追稅法案

美國政府從瑞士銀行身上獲得好處後，為了增加稅收充實國庫、打著租稅正義旗幟，於 2010 年三月十八日簽署通過「獎勵聘僱恢復就業法案」（Hiring Incentives to Restore Employment, HIRE），其中包含了外國帳戶稅收遵從法（Foreign Accounts Tax Compliance Act. FACTA）。為了好記，作者稱之為「肥咖條款」。

## ■ 「肥咖」條款

此條款主要是授權美國國稅局可要求其他國家的金融機構（例如銀行）協助美國政府來辨識其客戶是否為美國納稅義務人，並提供其帳戶資料給美國政府以協助追索逃漏的所得稅，就像瑞士銀行提供 5 千個帳戶資料給美國查稅用。如果這些外國銀行不配合，美國國稅局將會針對這些銀行在美國進行的交易金額或賺得的所得扣取 30% 的所得稅作為懲罰。

有了肥咖條款，美國國稅局就能把這些原本是避稅天堂的外國銀行，塑造成幫他追稅的鷹犬爪牙，而美國富人將因找不到地方可以藏錢只好乖乖繳稅。

## ■ 三個公告

　　美國是個法制很成熟的國家，要通過並執行一個法案並不容易，特別是要把手伸到其他國家金融機構及有錢人身上，聰明的美國人以很嚴謹的態度加上各種巧思，編織了一張嚴密的網要網住這些「肥咖」。到目前為此，美國政府已發布三個公告向外界說明他們的態度及執行方式，分別是：201060 號公告、201134 號公告、及 201153 號公告。

## ■ 受影響的外國金融機構

　　肥咖條款目的是迫使美國以外的其他國家金融機構協助美國查稅，所以第一步是界定金融機構的範圍。此項界定並不是用一般大眾熟悉的銀行、證券等產業別來劃分，而是從服務性質來定義。基本上只要業務範圍內有提供以下性質服務的，都在其定義範圍內：

- ■ 以收受客戶存款為例行性業務者
- ■ 協助他人保管或管理金融資產者
- ■ 主要從事或受託從有價證券、合夥權益、商品或連結前述標的之衍生性商品投資、轉投資或買賣業務。

　　在以上三個項目中，第一項很明確的是指銀行相關產業，包含銀行、信用合作社、及農漁會等等，在台灣只有銀行相關產業能收受客戶存款。

　　第二項「協助他人保管或管理金融資產者」範圍比較廣，要從各產業服務性質來看。首先台灣銀行業為了賺取手續費，大多提供財富管理服務，符合此項定義（其實肥咖條款主要也是針對銀行財富管理客戶的帳戶金額）。其他產業也在範圍內，例如保險，保險公司提供的投資型保單，因為可以放客戶私人的錢，也算在範圍內，但如果是保護性質的保險商品，像是醫療險、意外險、以及正常的壽險商品則排除在外。不過肥咖條款目的在查稅，以避稅為目的的大額壽險保單基本上是跑不掉的，所以壽險業在美國定義的金融機構範圍內。

　　另一個取決於美國政府態度的應該是投信及證券業。投信發行的基金性質是協助投資人管理資金或投資資產，可能跑不掉。基金的銷售及贖回等作業是由券商負責，也很難擺脫關係。

　　最後一項定義，「有價證券、商品或衍生性商品」，從這裡可看出，保險公司的投資型保單例如連動債等，以及證券公司確定是在美國國稅局定義的金融機構範圍內。另一方面，除了銀行業，只要在美國有分行、子公司，或者投資於美國公債、有價證券之金融機構，都須遵循肥咖條款。

　　還有一種金融機構會受到影響，那就是境外的美國金融機構，例如花旗銀行在台灣的子公司，或是摩根大通、高盛在台分支機構。過去這些境外美國金融機構主要適用當地國家法律，無需對美國國稅局通報美國人的境外所得，然而肥咖條款實施後，這些境外美國金融機構亦須協助辨識美國客戶之帳戶。

## ■ 受影響的非金融機構

　　美國張開了一面大網，不只網住金融機構，其他產業也跑不掉。依據肥咖條款規範，即使是一般產業公司，只要股東裡有美國人，也需主動通報「美國來源所得」或「美國來源所得的財產交易所得」；從持股比例來看，美國規定的門檻是某公司由單一美國股東的持股占 10%以上，或是該公司所有美國股東的持股加總合計達 50%以上，就必須向美國政府報稅。這幾年台灣金融業災難頻傳，不論是亞洲金融風暴、雙卡風暴、雷曼及連動債等事件，都讓銀行賠了不少錢，為了補足資本，部份國內銀行找外國銀行注資來當幫手，只要單一美國投資人佔了10%以上，或是外資另外從股票市場收購，都可能導致國內銀行必須向美國政府報稅。

　　不要說銀行，外資持股比例偏高的台灣科技產業也必須繳美國所得稅；目前全世界投資人的資金早已國際化，國際資金在世界各地到處亂竄，天曉得債務愈來愈龐大，愈來愈缺錢的美國政府還會想出什麼挖錢的怪招。美國國內的有錢人自己不繳稅，小布希在位時簽了法案大幅降低富人稅率，低到連巴菲特都看不下去，缺錢時卻把手伸到其他國家，態度之霸道由此可見。

## ■ 除外名單

基本上不論是美國金融機構的境外分支，或是外國金融機構，或是由美國持股的一般產業，都必須向美國政府報稅或是協助追稅，但竟然也有漏網之魚。依據肥咖條款規定，世界各國的央行，性質屬於政府單位的機構，2012 年以前簽的債務協定，還有以避免損失的傳統型保單如產險公司等，是不在定義範圍內的。

會有這些除外名單，並不是美國人寬宏大量，而是他們很聰明；俗話說得好，柿子專挑軟的吃，美國人這次把手伸進外國金融業口袋裡，當然知道會遇到反彈。為了減少阻力，刻意避開政府單位，由於一般金融機構屬於民間企業，缺乏國家地位及權力向美國政府抗議，例如匯豐銀行又不是國家，無法在聯合國等場合提出抗議。美國看準世界各國政府大多抱持多一事不如少一事的心態，將政府單位排除在範圍外，不讓金融機構與各國政府聯手抗議。民間公司勢單力薄，加上賺錢考量，只能乖乖配合。就算各國政府想幫忙，美國可以宣稱這法案只是針對民間企業，與各國政府無關，沒什麼好談的，四兩撥千斤就把各國政府打發走。

## ■ 外國金融機構的責任義務

被美國點名的其他國家金融機構，如果還想在美國從事投資或有生意往來，就必須協助找出美國籍富人在海外藏匿的財產，依據肥咖條款規範，這些金融機構必須清查客戶資料，找出可能擁有美國籍的客戶，將其帳戶餘額相關資料提供給美國作為查稅之用，並協助美國政府扣繳客戶的所得稅。

## ■ 辨識客戶是否擁有美國籍

針對既有客戶部份，金融機構必須依照肥咖條款要求，審查所有帳戶的電子資料，以找出可能具美國身份之客戶，詢問這些客戶是否擁有美國籍，告知會將其帳戶資料提供美國政府查稅之用，並取得其同意。

針對新的客戶，在客戶申請開戶時就必須請客戶表明是否擁有美國籍，並取得其同意，未來將提供其帳戶資料給美國政府。

企業客戶部份可分為一般產業及金融業。金融機構必須確認其所有企業客戶是否為美國公司，這包含確認其股份裡屬於美國人持有的比例，這比目前金融機構在檢查關係人交易的作業還複雜很多。如果是金融業客戶，包含銀行同業、證券業、壽險業，必須確認這些客戶是否已與美國國稅局簽妥協議，承諾會協助找出美國納稅義務人，並取得金融同業所簽署協議的代碼。

## ■ 申報疑似美國客戶的資料

只要客戶資料符合肥咖條款所設的條件，就會被認為可能擁有美國籍，金融機構必須提供這些帳戶的資料給美國政府，應提供的資料項目包含：

- ■ 帳戶所有人的名稱
- ■ 地址
- ■ 客戶的美國稅籍號碼（TIN）
- ■ 客戶的帳戶號碼
- ■ 帳戶餘額或價值等

若此疑似帳戶為外國機構所有，則應申報其實質美國股東之姓名、住址和稅籍號碼。

如果金融機構在詢問客戶是否擁有美國籍時，客戶不願回答，將會被歸類為不配合的客戶，即使未經其同意，金融機構還是必須將帳戶號碼及其帳戶總價值等資料提供給美國政府作進一步查證。

若金融機構所在地的政府法令未允許其主動提供資料給美國政府，例如台灣有個人資料保護法，不只銀行，所有金融機構、公司行號、政府單位皆不得在未經當事人同意下將其個人資料提供給他人或作為其他用途。因而如果客戶不同意提供資料，金融機構必須請客戶離開並關閉其帳戶。

## ■ 扣繳稅款

在肥咖條款之前，台灣公司或個人（不論是否擁有美國籍）有美國來源所得者，一般以 30%扣繳完稅。當美國來源所得係透過台灣金融機構轉投資美國投資標的而產生時，台灣公司或個人須經由該金融機構提交 W-8 或 W-9 申報表證實該所得真實受益人身份，以提供美國所得支付者決定扣繳稅率所需的資訊。（例如買建國銀行的投資型保單再透過高盛進行投資）。

然而當台灣金融機構與美國國稅局簽署協定，成為可代為執行扣繳美國稅款之合格中介機構（Qualified Intermediary, QI），那麼台灣金融機構可於給付時代為扣繳其所得，無需再提交W-8 或 W-9 申報表。

肥咖條款實施後，外國金融機構與一般公司必須與美國國稅局簽署協議，並協助扣繳稅款，如果金融機構有不配合的個人客戶，或有金融業的客戶未與美國簽協議者，其源自於美國收入：包括利息、股利、租金、勞務所得等，將被強制扣繳 30%。

## ■ 行政

除了協助找出可能的美國納稅義務人，並提供資料給美國查稅外，金融機構還必須調整內部作業流程及系統功能，由美國政府派人審查，以確保各項作業將能符合肥咖條款要求。

## ■ 應扣繳款項

美國稅法規定，應向美國政府繳納稅款的所得包含以下項目：

■ 源自美國的固定、年度或定期收入（FDAP，Fixed Deternable Annual Periodical），這包含：股利、溢酬、津貼、利息、租金、報酬、年金、薪水、酬金。

■ 銷售或處份任何源自美國，能產生利息或股利的財產所獲得之總收益。

■ 美國金融業的國外分支機構所給付之款項亦被視為來自美國的收入來源。

扣繳項目的第二項範圍很廣，包含買賣有價證券部份；第三項連衍生的貢獻都要考慮。例如某個美國籍投資人買了建國銀行的股票，收到 10 元股利，因為建國銀行是台灣的金融機構，大部份的人會以為不用繳美國稅，然而依據肥咖條款的此項定義，此股利中可能有 1 塊來自建國銀行資美國部位的獲利，或者單一外資持有建國銀行股權比例超過 10%，這就算美國來源所得。所以建國銀行要先算好其獲利中來自美國的貢獻有多少，算出有多少股利是來自美國的貢獻，在發股利時必須先將此部份扣 30%作為預扣所得稅。這個很麻煩，投資人根本搞不清楚有這種美國規定，到時候一定告翻了，而且萬一扣繳時金額算錯，更麻煩，除了賠錢可能還會被罰款。

即使在稅法或其法定資格下，該項收入來源與收款人適用較低稅率或零稅率，未簽署協定的 FFI 仍適用 FATCA 的扣繳標準，唯有在符合相關規定時，該款項的收款人方可申請扣抵稅額 tax credit 或退稅。也就是說即使原本依照美國稅法有些所得是不用繳稅的，但因為外國的金融機構未依肥咖條款與美國國稅局簽署協議，其原本不用繳稅的所得同樣要被扣 30%的稅，相當於是對不肯簽協議的處罰。

這個部份引發了一個很嚴重的問題，那就是不是只有所得才會被扣繳，所有交易或往來的金額都可能被扣 30%，此時扣繳金額的認定與一般人剛看到法案時的認知不同，那就是表面上是「所得」的 30%，但其實可能是「交易金額」的 30%。一個擁有美國籍客戶如果誠實報稅，所繳的金額當然是大家熟知的「所得」的 30%，但如果美國認為金融機構或其客戶隱匿其身份及財產，由於無法判斷，可能直接認為交易的金額全部是美國來源所得，此時就會依「交易金額」的 30%來扣繳，這才真的叫虧大了。

例如當國外銀行匯款給建國銀行的客戶帳戶時，因為建國銀行未與美國國稅局簽署協議，此外國銀行在匯款之前，會就匯款金額先扣下 30%當作罰款，剩下的 70%再匯出去。客戶想把被扣的錢拿回來，必須先向美國國稅局證明這筆錢不是美國來源所得。扣繳範圍不是只限於客戶來自美國的所得，而是跟所有金融機構往來的交易都受到影響，在此情況下，沒簽協議的銀行等於是被排除在金融體系之外，無法生存。

## 肥咖條款的影響

依據美國初步估計，會受肥咖條款影響的外國金融機構應超過 20 萬家，涵蓋銀行、保險、證券、投信等產業，這些應該是世界各國較具規模的金融機構。然而美國國稅局並未公佈這些金融機構的名稱，外界無從得知那幾家已被鎖定，唯一能確定的是並非只有這 20 萬家需要遵守肥咖條款。美國國稅局是依據前面提到的定義來界定應遵守的金融機構，小型金融機構如果未遵守肥咖條款，未來與其他大型金融機構的往來將會受到很大的影響，因為大型金融機構必須協助美國確認這些小型的金融機構是否已遵守條款。如果被查獲，其在美國的投資將被扣掉 30%，而且與其他金融機構的資金往來也會被扣 30%。

### 問題一：金融機構不配合執行肥咖條款會受到什麼處罰？

台灣大型金融機構，例如大金控，如果未在期限內與美國國稅局簽定協議，清查所有美國籍客戶並報送相關資料，此金控來自美國的所得、資產、或是交易金額將會被預扣 30%。特別提醒，如同前面說明的，名義上美國是課徵 30%的所得稅，實際上是依資產或交易金額扣 30%。例如國內大型保險公司可能投資美國的股票或政府公債，如果不簽協議，這些投資在匯回國內之前將會被扣 30%；並不是投資收益扣 30%，而是投資金額扣 30%，如此將導致金融機構重大損失。

此外，如果銀行未簽協議，當銀行協助客戶將款項匯到美國金融機構，或是匯給其他已簽協議的金融機構，或是收到這些金融機構的匯入匯款時，同樣會被扣下匯款金額的 30%。如果銀行在美國已有分行子行，想將這些據點關閉將錢匯回國內，同樣會被扣 30%。也就是說，大型金融機構如果不簽協議，就無法再投資美國資產，也無法與國外金融機構往來，甚至無法與國內已簽協議的金融機構往來。

## 問題二：證券、保險、農漁會、信合社、小型地區銀行是否不受影響？

根據目前美國國稅局的定義，包含證券及保險業都會受到影響。如果證券與保險業者未與美國簽協議，取得協議編號，除了投資美國的資金會被扣 30%，當將資金存放在國內已簽協議的銀行帳戶內，同樣會被往來銀行扣 30%的帳戶餘額，相當於向保戶或客戶收取的現金將無處可放。例如證券業者招攬客戶買賣股票，如果客戶開的帳戶是有簽肥咖條款的銀行，當交割時要將客戶的錢轉到證券戶頭，就可能被扣掉 30%。保戶要繳保費時，不論是用刷卡或匯款，錢在進到保險公司帳戶時，也可能被扣 30%；這些被扣掉的錢是因為證券與保險業者未簽協議造成的，那是不是要拿錢出來賠給客戶？到時候可能會天下大亂。

農會、信合社、或小型銀行，如果未簽協議或未取得免簽協議許可，也將無法再與國內大型行庫或國外往來，這個很嚴

重。例如農會信合社將部份資金放在大型行庫，或是協助客戶將錢匯到其他銀行，或是其他銀行匯款到農會信合社的帳戶，這些交易，都會被已簽定肥咖條款的銀行扣下總金額的 30%作為處罰，除非農會信合社證明自己完全沒有美國籍的客戶，這些錢都不是美國來源所得，並取得美國國稅局的同意。

## 問題三：金融機構能否提醒或協助美國籍客戶規避稅務責任

依據今年（2011）四月八日公佈的 201134 號公告，美國除了要求各金融機構遵法主管必須確保公司遵守肥咖條款外，也要求確保其員工不得在協議生效前協助客戶規避稅責，否則視同協助逃漏稅，等於是未遵守肥咖條款，也會受到扣款 30%的處罰。

原本金融機構是可以協助客戶做稅務規劃的，特別是國外稅務規劃。然而依據肥咖條款規定，從今年四月起，金融機構最好不要再幫客戶做稅務規劃，特別是美國稅部份，以避免被當成幫客戶逃稅，美國國稅局下手又重又狠，金融機構可以多多打聽過去的處罰情形。

金融機構不是不提供稅務規劃就夠了，還必須當心掉入陷阱，至少有兩大變數，一個是員工，特別是銀行理專、保險公司業務員、證券營業員等。客戶會給這些人生意做，通常是有特殊關係或交情匪淺。金融機構為了因應肥咖條款一定會有些新規定，第一線業務人員自然會設法因應，這叫上有政策下有

對策，這可以從幾個角度來看。一個是要把客戶帳戶終結，請客戶離開，此時理專會告知原因，諸如因應美國查稅之類的。另一個是在推銷別的商品時主打「可免受美國追稅」，例如建議把原本投資在美國的錢，改買他國基金，或是改放壽險商品。經過這幾年，銀行理專及保險業務員在業績壓力下的各種行為，像是自行捏造不合法的行銷話術（保本啦，定存啦），或是自行修改 DM 等行銷資料，或是自己編製投資報酬預估表等等，大家都看得一清二楚。幾乎可肯定事後會發生糾紛，客戶如果直接向美國國稅局檢舉金融機構教導如何逃漏稅，那就麻煩了。

　　就算第一線業務人員都守規矩，也不表示安然無恙；嘴巴長在客戶臉上，誰能管得住他怎麼講。連動債爆發前，也是有老先生到銀行臨櫃要買連動債，理專不肯賣，老先生在銀行櫃枱大吵大鬧不肯罷休，理專在無奈之下只好賣他連動債，等出事賠錢後，老先生也是指控銀行欺騙他，說理專以保本為話術賣他連動債。在台灣，這種客戶有的是，金融機構除了避免犯錯，也要思考如何保護自己。

## 問題四：不配合的客戶要扣 30%，那配合的客戶呢？

　　台灣所得稅的扣繳大多由公司行號執行，除非是法院強制執行，銀行好像無須協助國稅局向客戶扣繳所得稅，所以肥咖條款的要求對銀行而言其實很困難。前面提到金融機構針對客戶的帳戶餘額或交易金額扣繳 30%，這是針對不配合的美國籍

客戶，如果是配合且合法報稅的客戶，做法又不同，金融機構不是只負責扣繳，還要幫客戶計算應稅所得。依據肥咖條款規定，例如建國銀行自己在美國有投資部位，投資收益約佔淨利10%，假設有一個美國籍客戶買了建國銀行股票，同時有戶頭及存款餘額。就算此客戶完全配合美國國稅局規定，如果此客戶今年收到建國銀行 10 元股利，建國銀行就必須協助計算十元股利裡有一元是來自美國所得，要計算此所得金額，並協助美國國稅局向客戶的戶頭扣應繳的稅款，這樣真的很麻煩。

## 問題五：扣客戶戶頭的錢，萬一被告怎麼辦？

肥咖條款是美國公佈的法令，並不是中華民國立法通過並公佈實施的法令。依據現行實務，除非收到法院強制命令，或權責主管機關直接下令，或是由客戶授權許可，否則銀行不能從客戶戶頭裡扣錢。如果銀行協助美國國稅局扣客戶帳戶裡的錢，客戶可以向法院提起訴訟要求銀行還錢，沒有理由會敗訴。如果銀行已把扣下來的錢交給美國國稅局，等於是自己要拿錢出來賠。由於銀行在扣款時並未事先取得客戶同意，除了民事訴訟，客戶還可以告銀行竊盜，銀行的負責人可能會面臨刑責。

類似的情形，如果或是保險公司幫美國國稅局處份客戶的保單價值，或是證券公司處份客戶的基金來繳稅，也會面臨同樣的法律問題。

## 問題六：如果客戶不同意，金融機構能否將資料提供給美國國稅局？

　　台灣有個資法，金融機構如果未取得客戶同意，其資料運用在集團內共同行銷都不行，除非政府相關單位正式發公文，否則銀行也不能提供客戶資料。美國國稅局並非台灣政府機關，因而即使迫於美國壓力，台灣的銀行業也不能提供資料，否則除了客戶能向法院提起訴訟求償外，銀行的負責人還會面臨兩年以下有期徒刑。

　　之前有某家美國銀行業的在台分支機構，詢問台灣主管機關，如果客戶不同意，能否將資料提供給美國國稅局？就瞭解，主管機關的態度傾向於依照台灣法令來行事，也就是說，如果無法獲得客戶同意，台灣金融機構並不能將資料提供給美國政府。

## 問題七：銀行能否藉由不接受美國籍人士開戶來迴避肥咖條款

　　既然美國籍客戶會帶來這麼多麻煩，一個很直接的想法，那就是不要讓美國籍客戶開戶了。姑且不論目前已有的美國籍客戶，有些銀行可能會決定不再接受新的美國籍客戶以免除各種可能的麻煩，原則上可以，但代價可能很高，不見得行得通。各地區小型的農會或信合社或許有機會，大一點的銀行會遇到

困難，主要卡在薪資轉存戶。銀行為了提升業績，常常爭取公司行號成為其員工的薪資轉存戶。除非這家公司完全沒有美國籍員工，否則很難接受銀行不肯為美國籍員工開立薪資戶頭，除了對薪資發放作業造成困擾，也很難找到其他銀行願意幫忙開戶。如果所有銀行都放棄薪資轉存這塊業務，那等於台灣所有的公司行號的薪資發放作業都要回到傳統的薪資袋發現金，連開支票都不行，因為美國籍員工找不到戶頭可以存。

這樣可能也無法解決問題，因為銀行的員工裡可能有人有美國籍，變成這些人必須以現金方式發放薪資，無法享有行員優惠貸款等福利，也無法以員工身份認股，因為股票也要開戶。這對高科技業影響會很大，台灣科技產業不但以員工分紅發股票聞名，外國籍的員工不在少數，這些員工在台灣薪資及股票如何發放會是大問題。近年來因放款不容易，加上政府打壓炒房資金，銀行必須衝刺企業貸款，利率砍到見血見骨只為了爭取到聯貸案。只要科技業以此要脅，銀行還是必須接受其美國籍的員工開戶，無法完全把美國籍客戶排除在外，只能依肥咖條款規定處理。

## 問題八：是否只有美國公民受影響？

答案不是，肥咖條款要找的並不只是美國人，而是「納稅義務人」，依美國稅法，就算是外國人，只要在美國待超過 180 天就有報稅義務，所以不是只有拿美國護照或是有綠卡的人會受影響。

## 問題九：客戶能否藉由放棄美國籍來逃避稅責？

依據美國稅法，美國對納稅義務人保有十年的追稅期，就算客戶立即放棄美國籍，過去十年內在全世界的所得還是要報稅，未來十年內還是可能被追稅並受罰，不是放棄國籍就能解決的；肥咖條款在辨識客戶時，也不是看是否擁有美國護照而已，還有其他條件，主要是尋找可能是美國人的跡象。

## 問題十：會不會金融機構都準備好了，美國忽然撤銷法案不執行了？

國外大型的金融機構有幾家（例如瑞士與匯豐）已完成準備工作。很多銀行皆向美國國稅局表達強烈的抗議，雖然美國國稅局願意給外國金融業者更多的準備時間，但對於法案的實施態度還是很強硬。有人認為以美國的政治體系，一個法案的研擬與訂定須耗費大量人力物力，而且已預定要透過此法案追回一千億美金的稅款，撤案機率相當低。

不過據聞此法案是歐巴馬上任後由民主黨議員所推動。早先小布希政府曾通過法案大幅減輕有錢人的稅賦負擔，加上政府債務不斷升高，歐巴馬當選後民主黨一直希望能提高富人稅賦，然而在美國國會要提案向這些提供政治獻金的有錢人課稅並不容易，才轉向以打擊逃漏稅為名追索富人藏匿在海外的所得稅。明年總統大選如果共和黨重新執政，此法案不是沒有撤

銷的可能。萬一真的撤銷，大型銀行為了遵守法令所投入的費用就算白花了。

## 問題十一：客戶死賴著不走，要如何關帳戶？

肥咖條款雖然強制金融機構必須呈報客戶資料，或關掉不配合的客戶，但依據目前銀行實務，就算客戶不配合，其帳戶應該是關不了；怎麼關？就算銀行知通請客戶把錢匯走並辦理結清帳戶，客戶如果死賴著不走，不來銀行辦理，銀行也拿他沒辦法呀。銀行如果強制把客戶的錢轉走，或是將客戶帳戶凍結，就變成偷竊或侵佔，不但銀行負責人要面臨刑責，還要承擔客戶損失。

## 問題十二：金融機構為遵守肥咖條款必須花很多人力物力，美國是否會提供補助？

答案是不會。國外金融機構已評估為了遵從肥咖法案會增加很多成本，要求美國補貼，但美國國稅局認為這是金融機構要與美國做生意時必須自行吸收的成本。如果金融機構不想花這筆錢，可以選擇不要跟美國做生意。

各金融機構代表在美國參與研討會時，曾威脅將資金撤出美國，美國國稅局則反駁說：「以前我們推出每個不利於你們的法案時，你們都這樣說，但事實上你們投資美國的資金只有增加沒有減少。」

## 問題十三：大型金控有多家子公司，請問是每一家都要單獨跟美國國稅局簽協議嗎？

答案是不用。為了減輕金融機構負擔，肥咖條款最新的公告提出 EAG 的概念，例如整個金控，只要由一個子公司來代表簽定即可。

## 問題十四：美國這種作法是否違反 WTO 自由貿易精神？

美國國稅局是稅務機關，課稅對象是個人而非法人，美國並未設關稅障礙阻礙與其他國家貿易往來，而是要求金融機構代為扣繳稅款，所以此做法並未違反 WTO。

## 問題十五：是否有干涉他國內政的嫌疑？

肥咖條款規範的是各國民間金融機構，與政府單位無關。美國政府是要求想與美國做生意的金融機構必須配合他的做法，金融機構可以選擇不與美國來往，所以跟他國內政無關。

由於美國刻意避開各國政府，此事主管機關不好出面，世界各國大多由銀行公會協助協調。各國主管機關在這件事件所扮演的角色很為難：如果說寬了，會被講說是配合美國辦事，說死了，萬一以後台灣銀行業的錢真的被扣，將會不知如何解套，反而更沒面子。

## 金融業面對肥咖條款的策略

　　美國追稅，是作者所提第四個以風險為核心的競爭策略「制敵先機」的經典範例。重大風險，金融業若能早點發現並立即因應，就能拿來作為打垮敵人的致命武器；發現得晚，就會變成一路挨打的災難。美國追稅最早是 2009 年 2 月開始見報的，作者是 2009 年年底追蹤瑞士銀行事件時發現的，2010 三月法案通過，201134 號公告是今年第一季公佈的；前前後後加起來有兩年多的時間，金融機構在何時發現風險，不但代表風險管理能力的強弱，也決定了未來可採取的因應策略。關鍵在於 201134 號公告，要求金融機構不得協助客戶規避美國的稽查，或提供諮詢意見。也就是說在 2011 年四月之前銀行可以利用此危機，就像軟體業者利用千禧年危機，採取各種手法爭取新的商機，搶占在台灣的美國籍客戶的財富管理、金流、放款等商機，並協助客戶規避美國的規定，但在此之後就只能乖乖依規定辦事，完全受制於肥咖條款。

　　易經最重要的觀念是「時與機」，掌握到時間危機變商機，錯過時間商機變危機，這是「制敵先機」最經典的範例。全台灣的金融業有十幾萬個從業人員，在 2009 年底時作者可能是全台灣唯一一個發現此風險的人，台灣的金融機構要等到 201134 號公報出來才開始發現並面對此問題。

## ■ 肥咖條款商機大

　　瑞士銀行長久已來一直在私人銀行領域獨占鰲頭，各國銀行業者看了眼紅，想搶這塊市場卻不知從何下手；就私人銀行業務而言，品牌很重要，瑞士銀行在服務各國達官顯要部份素有口碑，能長期獨占市場，與其國家特殊地位有很大關係，其他國家的銀行業者想學也學不來。2002 年以前瑞士並非聯合國成員，所有國際法令都不遵守，藉其特殊地位立下嚴守客戶秘密的行業規矩，幫各國政要保管貪污來的錢，以及富人逃漏稅的錢；錢只要放進瑞士銀行就能心安，各國政府想查也查不到。因而瑞士的私人銀行業務一家獨大，百年來大發利市，無奈神仙難敵霸王拳，美國政府用蠻力將此局面打破了，正是各銀行大顯身手搶市場的時候，但如果風管能力不夠強，那也只是看得到吃不到。

　　對金融業而言，肥咖條款創造出來的商機有多大呢？全台灣有多少美國人，據估計有七十五萬人，有多少人照實報稅，聽說不到兩萬人，那剩下七十三萬人的錢要藏哪裡？就算這些人立即放棄美國籍，也還有十年時間必須面對美國國稅局的追索，而且放棄美國籍並不代表就不會被找到。這些人，有些是單純的有錢人，有些是上市櫃公司老闆，有些是醫師、律師、會計師，有些是高科技業公司主管，有些是地區信合社或農會理事長，有些是海外華僑，這麼多人的錢要放哪裡才不會被美國找到。除了台灣的有錢人，那東南亞的呢？香港、泰國、新

加坡、馬來西亞、印尼，那華人呢？台灣的銀行業要發展私人銀行或其他業務，沒有比這個更好的機會了，然而對於反應慢的人，商機反而成為致命危機，不要說想搶別人客戶，自己的客戶可能被挖光；無法及時建立相關制度以因應美國要求的金融機構，可能會選擇放棄美國籍客戶，真不曉得會流失多少生意。

作生意都是要靠關係的，沒關係時常常是搶破頭也搶不到。台灣金融市場空間有限但競爭者多，變成買方市場。為了提升市占，規模較大的銀行紛紛併購各地區小銀行或信合社，為了業績，爭著借錢給企業，利率殺到見血見骨。體質好的信合社人人要，體質好的企業人人爭取，薪資轉帳及金流服務等更是搶翻天，此時要是有點關係，生意會好做些，幫美國籍人士規避查稅，就是關係的起點。這個觸角可以伸到信合社理事長總幹事、企業老闆、科技業高階主管、員工等等。美國追稅引發的市場板塊移動，不會只限於私人銀行業務。


## ■ 看得到吃不到的信用組合風險管理

銀行要兼顧風險又要提高獲利，須仰賴信用組合風險分析，找出高潛力低風險客戶，把利潤從風險裡榨出來。2010 年九月八日出現了這樣的機會。據第一財經日報引述接近大陸衛生部權威人士消息指出，大陸政府多個部門已達成共識，同意開放外資在大陸獨資經辦醫療機構。此外，兩岸經濟合作架構協議（ECFA）早收清單也納入醫院服務業，明訂台資可在大陸

五個省市獨資設醫院，包括海南、福建、廣東、江蘇省及上海等，皆是台商人數較多的地方。

　　台灣醫療服務品質佳，收費低，醫生技術好，在亞洲相當有名，這也是各大醫院爭相推廣醫療旅遊搶陸客的原因。然而由於市場飽和，加上健保制度，台灣醫院的獲利空間逐步被壓縮；相對的，大陸有錢人愈來愈多，加上眾多的台商市場其實很大，而且花得起，西進大陸將是台灣醫院擴展業務的好機會。只是前進大陸需要資金，需要財務規劃，也需要兩岸貨幣清算服務，這就是銀行的商機了。醫生是傳統高所得行業，工作繁忙，沒時間也沒專業處理賺來的薪水，銀行在提供服務時若能結合財富管理或私人銀行業務，綜效將更高。

　　從風險角度來看，雖然過去這幾年台灣的醫院倒了不少，但皆為地區小醫院，較具規模的醫院數量還有八百多間，獲利還算穩定。西進大陸不可能靠醫師一個人單打獨鬥，還是以醫院為主體，若以既有的資產來抵押，風險會比其他產業低。

　　以上是屬於組合風險分析的部份，目的在找出風險低又有發展潛力的客群，然而看得到不表示吃得到。醫師是個封閉的族群，資金往來大多找有關係的金融機構，通常是親戚、集團關係企業、或是從小一起長大的玩伴，銀行想搶業務困難重重。此時美國追稅提供了一個很好的切入機會。醫師是高所得族群，擁有美國籍或妻子小孩有美國籍的比例比其他族群高，醫院高層的機率更高。全台灣如果只有一家銀行能幫他們逃避美國國稅局的追查，很有機會能搶到生意，加上醫院裡美國籍

員工的需求，就能搶到薪資轉帳及金流等服務，日後醫院若要西進，在爭取放款或租賃業務時會比其他銀行有勝算。

## ■ 早發現的因應策略

肥咖條款對美國籍客戶而言，是一場危機，如果連徵帶罰，資產會少掉一大半，還可能坐牢；但對金控而言是大商機，可以協助客戶規避美國追查，可渲染此風險並搶奪市場，千禧蟲危機就是這樣出現的。金控可以提供客戶的協助主要有兩個，第一個很直接，就是讓客戶不會被美國政府發現就可以了，另一個服務，是幫客戶藏錢，幫客戶把資金找個安全地方放起來。

為何說第一個方法很直接，就算美國追稅，客戶日子還是得過，還是要刷卡、領錢消費，還是要匯款，所以如果客戶能繼續把錢放在銀行，能以習慣的方式運用資金，而且不會被美國查到，自然諸事大吉，繼續過好日子。銀行如果能推出這樣的服務一定可以橫掃市場，這個才是私人銀行的品牌形象。這個方法要說簡單也簡單，要說複雜也複雜，整個過程的規劃必須十分縝密，等於是在演諜對諜，此部份剛好是台灣金融業比較欠缺的。

第二個方法是幫客戶藏錢，這個是下策。肥咖條款雖然說包含所有金融業，很明顯的銀行首當其衝，相較之下證券與保險業離適用還遠得很；而且肥咖條款實施行困難，容易引發公憤，就不定撐不久就無以為繼，在產業與時間的落差下就會出現操作空間。大型金控旗下通常有證券及保險公司，可以利用其特性幫客戶藏錢。

　　例如一般保險公司會發行投資型保單，一般認為投資型保單只能拿來投資用，其實拿來放錢也很方便。大部份的投資型保單都會有定存選項，資金不一定要投資，也可以放台幣定存，鐵定保本。只是投資型保單有些缺點必須要調整，例如必須搭配壽險的部份，可以專門為要藏錢的美國籍客戶，設一個最低投保金額，以降低門檻；不過近兩年主管機關對投資型保單的壽險部份做了很多規定，導致可操作空間變小。另一個是扣錢部份，通常除了定期保費部份，如果保戶有額外的資金要放入保單，會被扣 3%手續費，金控可以考慮把手續費取消或調降。另外，保戶要提錢時，通常只能領淨值的一半，還要收取利息，金控可考慮針對保戶放在定存裡的錢，把只能領一半的限制條件取消，如此一來投資型保單就可以變成客戶的小金庫。要不然就是短年期儲蓄險不扣佣金，可部份解約且不扣手續費，到期自動續保，也有類似效果。

　　提供客戶金庫服務後，接下來就是等，先看看美國是否真的會實施此法案，以及實施後台灣銀行業者被罰的情形，再看看保險業何時要適用，這樣下來，至少多爭取到五、六年的時間，已經可以搶到很多客戶了。

## ■ 晚發現只能沿路挨打

　　2011 年四月開始，肥咖條款規定金融機構不能協助客戶逃避美國追查或提供諮詢，對台灣金融業者而言，用此危機搶市場的機會已消失，接下來只能沿路挨打。建議不用再想花樣了，

美國國稅局手段狠辣，萬一資金往來有糾紛，客戶火大向美國國稅局密告銀行教他逃漏稅，那不就全完了；嘴長在客戶臉上，管得住他怎麼講嗎？

今年四月後，台灣大型金控第一個面對的抉擇是：到底是要保留美國籍客戶呢？還是要花大錢改作業流程及資訊系統以符合肥咖條款要求。乍看之下這是個抉擇，但其實根本沒得選，金控沒有機會選擇不要美國籍客戶，因為衝擊太大，而且做不到。

所謂不要美國籍客戶，並不是來開戶的跟存錢的少一些而已，有很多衍生的衝擊。首先，財富管理及私人銀行就少掉一票貴賓級的客戶，這還是小事。企業裡總有員工是美國籍，特別是大企業，在爭取或保留員工薪資轉帳服務時，難不成要跟這些企業講：「貴公司擁有美國籍的員工，請到其他銀行開戶，我們銀行不收」，那這些客戶不就全跑光了。

企業老闆、大股東、科技業高階主管、醫生，這些人不少也有美國籍，把他們都趕走了，那以後爭取企業聯貸時去哪裡找關係？現在利率殺到流血見骨都不見得搶得到了，得罪他們不就更不可能拿到業績了嗎。

另一個問題是，真的有辦法把美國籍客戶拒於門外嗎？開戶時，如果客戶刻意隱瞞其美國人身份呢？銀行有本事查得出來？新的客戶不收，那舊客戶呢！難道現有客戶會自動向銀行說：「我是美國人，趕快把我趕走」。就算真的能找出現有美國籍客戶，客戶如果賴著不走也趕不了啊；請客戶來結清戶頭，客戶如果不理會還繼續使用，銀行能耐他何？如果硬是

把客戶的錢匯走或凍結，又可能被告偷竊及侵佔，反而面臨刑責。

如果無法排除美國籍客戶，剩下的一條路就是修改作業程序及資訊系統，設法符合肥咖條款要求，花錢事小，有些事不是花錢能解決的。萬一真的找到有異樣的客戶，必須呈報客戶資料，就會遇到國內個資法的問題，這個部份前面已解釋過，如果客戶不同意但銀行卻將資料送交美國，銀行負責人將會面臨兩年以下有期徒刑，還要賠償客戶損失。

又不可能放棄美國客戶，又必須照美國要求花很多人力及金錢，又要面臨被客戶告的風險，一旦錯過時機就變成全輸局面，從這裡可以看出「制敵先機」這個策略對金融業有多重要；發現得早，危機變商機，可以橫掃市場，發現得晚，商機變危機，甚至變成死路一條。

# 第四章

# 2012 完美風暴

## 完美風暴是金融業重要課題

2008 年美國爆發次級房貸風暴,重創金融業,貝爾斯登等多家老字號銀行倒閉,AIG 等金融集團出售海外資產斷尾求生,資產價格崩跌與流動性凍結導致企業大裁員,在失業衝擊下消費者需求大幅緊縮,出現二次大戰以來最嚴重的經濟衰退。這是新的傷口,相信大家印象都很深刻。

過去一向被視為天之驕子,年終紅利領到手軟的華爾街金融業,突然間飽受倒閉與裁員之苦,也揹上了引發金融風暴的臭名,變成過街老鼠人人喊打,很多人不敢承認自己在華爾街上班。三年過去了,之前引發重大虧損的各國金融機構負責人領了高額退職金離開,新的 CEO 領到的紅利更勝風暴之前,雖然說金融業整體在 2010 年獲利大幅回升,然而美國房地產依舊不景氣,法拍屋數量維持高檔,失業率並未降低;大量民眾承受苦難煎熬,卻眼睜睜看著美國政府花大把鈔票

救金融業，增加的債務卻要全民買單，而接受援助的華爾街才過了兩年就開始買豪宅遊艇享受美好人生，壓抑的情緒終於爆發。

占領華爾街的行動從九月十七日開始，數以千計的抗議者先是佔據曼哈頓下城一座小公園，然後在華爾街金融區附近紮營，竟然就這樣一發不可收拾，各方紛紛聲援及加入，「占領」之火一路延燒，從美國西岸的西雅圖、洛杉磯，蔓延到東岸的羅德島，甚至擴散到全世界，普羅大眾內心有多氣憤從這裡就可以看得出來。抗議華爾街肥貓的批評聲浪一波接一波，即使美東地區在十月底出現提早報到的大風雪，示威人士仍然打死不退。二十多年前柏林圍牆倒塌時，美國人民高喊民主與自由經濟萬歲；二十多年後，美國人民卻抗議政治權利與財富集中在極少數人手中，高呼經濟分配不公，這對向來標榜自由經濟與民主的美國真是一大諷刺。

金融業是承受風險的行業，不論是授信放款，或是提供保險，風險與獲利並存，古有云富貴險中求，對金融業而言風險管理的重要性不言可喻，然而外部環境因素的影響也很大。經濟蓬勃發展時，賺起錢來固然順風順水，金融海嘯來襲時則有滅頂之禍。對金融業而言，最大的風險就是全球性金融風暴，因而如何預測金融風暴，並掌握風暴的發展與演變，就成為風險管理很重要的課題，此課題本書稱之為「2012 完美風暴」。

## 第二個以風險為核心的競爭策略：守株待兔

作者一直強調，風險不只是風險，風險管理的功能也不只是風險管理，對金融業而言，風險管理是很重要的競爭優勢，在形成競爭策略過程中扮演很重要角色，就像研發資訊安全對高科技業競爭策略很重要，讓金融業能形成有效的競爭策略來追求成長，擊敗敵人，才是風險管理的真正價值；為此作者提出第二個以風險為核心的競爭策略：「守株待兔」。

金融業可以做的生意很有限，不論是銀行、保險、或證券，來來去去就那幾樣，自己會的別人也會，別人不會的自己也不太容易會，各自占據既有地盤，市占率起起伏伏變化很小，想要異軍突起又容易踩到陷阱；以過去十年金融業的經驗來看，衝得愈猛的下場愈慘，國內外都一樣。這個道理跟之前襲捲全台的塑化劑事件有點像，平平都是用起雲劑，為何有人獲利高出一籌，追根究底才發現是用了較便宜的塑化劑。在這種情況下金融業要如何突破瓶頸拓展版圖？答案是精確的掌握金融風暴。

巴菲特名言：「退潮時才知道誰在裸泳。」景氣好時一片欣欣向榮，不容易察覺那裡有陷阱，看著別人大賺特賺心癢難搔就跟著衝，這時候最容易踩到地雷。舉一個最近的例子，這幾年金融業都在喊西進西進，好不容易盼到政府開放，各金控磨拳擦掌，躍躍欲試；西進方式不外乎設分行子行，摻股；某家銀行就直接吃下某廈門銀行的股權進入海西特區。摻股不是問

題，問題在時點。2010 年正值全球景氣大復甦，資產價格大幅上揚，大陸房地產狂飆，地方政府大力投資，這些錢都是從銀行搬出來的，大陸金融機構財務又不透明，在這個時點考慮摻股，不就等於徒步走過地雷區嗎？

從時點角度來看，金融風暴衝擊全球，打破既有勢力，才是併購的好時機；這樣的併購可以讓一家金融機構一夕之間從區域銀行，變身為跨國大銀行。以次貸風暴為例，像美林、貝爾斯登等大銀行因不堪虧損被併了，花旗也很慘。花旗曾經是全世界資產最多的銀行，也是市值最高的銀行，2007 年初花旗的市值還高達二千七百七十億美元，次貸風暴發生後 2009 年三月股價跌破一美元，市值只剩五十七億美元，此時不買更待何時？那時台灣前十大金控只要各拿出一百五十億，就可以把花旗所有的股份全部買下來。先不談後來股價反彈獲利的部份，各大金控想從花旗身上學什麼就學什麼，新金融商品交易、金流系統平台，所有金控想看想學的東西通通都有，甚至可以命令花旗的人把業務複製到台灣，各取所需不是很好。

台灣金融業一天到晚抱怨自己競爭力不如外商，機會出現時也沒把握。DRAM 也是如此，之前整個產業面臨危機時，爾必達及美光求台灣出面合併，台灣政府推三阻四未竟其功，光是專利權及產品出海口的效益就多大了，看現在，茂德倒了虧的還是銀行，花一樣多的錢卻變成要請爾必達來合併，令人感嘆。

排除政治問題，金融業在次貸風暴發生時不敢出手併購可能有幾個原因。第一個是資金問題，一時間湊不到這麼多

錢，其次各金融機構在風暴中多多少少受了點傷，在這種情況下通常會選擇自保，比較沒有勇氣向外擴張。此外，這段期間美國倒閉的銀行還不少，這麼多家都在賣，看不清楚要買哪一家。第四個原因是不知道風暴何時會結束，即使到了 2009 年第三季，克魯曼、羅比尼等還在高呼：「大蕭條來臨，末日將近，信我者得永生」，金融業嚇都嚇死了，哪敢出手接掉下來的刀子。

所以說，危機入市並沒有想像中容易，不光是等風暴發生進場挑貨那麼簡單，必須事前有充份準備。首先要持盈保泰，維持資產品質比衝業績重要，減輕風暴來臨時可能的損失並儲備資本，其次要掌握金融風暴發生的可能性，與爆發的起點及原因，預估可能倒閉的金融機構類型。再來要搞清楚自己想要的是什麼，哪些銀行有這些業務，還要思考時機來臨時如何把對方吃下來。風暴發生後必須精確掌握後續發展，決定適合進場時機。所以說風管能力弱的，在風暴前學他人大肆擴張踩到地雷，風管能力強的，在風暴發生後用最低價格收割戰果。

金融業衝業務要花很多資源，要花大錢買設備、養人、做行銷打品牌、提供客戶各種優惠搶奪市佔，衝的最快的當金融風暴發生時卻可能是第一個倒閉的，此時表面上看起來跑得很慢，但風管能力強的金融機構把這些衝得快的買下來，一下子就什麼都有了，品牌、設備、人才、通路、客群全有了，輕輕鬆鬆直上顛峰，這才叫高明。

## ■ 老祖宗的智慧：地天泰

　　以全球經濟發展態勢來看，每隔幾年大概就會發生一場金融風暴，當別人像兔子一樣蹦蹦跳跳往前衝時，記得掌聲鼓勵，跟在他後面，等他撞到樹幹暈倒時，再把他撿起來。這就是西方人與中國人智慧上的差異，西方人講求利益極大化，中國人講的是持盈保泰，陰陽調和；獲利必須與風險兼顧，人不要做絕，福不要享盡，為的是留下可轉圜的空間以備不時之需。金融業也是，獲利與風險必須平衡。易經大壯卦「天上有雷，聲勢浩大」勇往直前踩陷阱，反而是泰卦「三陰三陽，勢力平衡」持盈保泰撿便宜。

## 經濟學與金融危機

　　從前面可看出金融風暴的預測與分析很重要，除了降低損害，也讓金融業有機會大幅擴張。有人可能認為這是總體經濟分析的工作，或是認為金融業原本就會依據整體經濟情形調整曝險部位與信用政策，其實不盡然。信用政策的調整並不足以因應金融風暴時的特殊情形，而總經研究對於預測金融危機並無太大幫助，反而是誤導的機會比較高。美國聯準會主席柏南克就是經濟學界研究金融危機的權威，美國房市泡沫時，他認為美國經濟體質強健，泡沫影響不大，所以連續七次升息導致房價崩跌，引爆次貸危機。雷曼快倒時部份經濟學家也認為倒

閉的後果不嚴重，結果演變成全面性的資產價格崩路及流動性緊縮。克魯曼與羅比尼一直認為會重演大蕭條，結果在 2010 年出現全面性復甦。一直到 2011 年第二季，大部份經濟學家及預測都看好景氣至少會持續到年底，不出兩個月，就改口說會二次衰退。主權國家債務部份最早時以為英美日會先出事，因為債務比超級高，結果先爆杜拜，跌破經濟學家眼鏡，再爆希臘，現在大火延燒到義大利與法國，反而是美日公債大家搶著買。

綜觀過去三年來各經濟學名家、諾貝爾獎得主、大師、名嘴、知名研究機構對於金融風暴的預測，只能用「不準」這兩個字來形容，有些甚至是胡扯；當事情發生時這些名家急著上電視發表評論，但對接下來的趨勢卻大多含糊其詞，所以金融風暴的研究，不能與總體經濟研究劃上等號，也不能用總體經濟研究來取代。

儘管如此，在百家爭鳴中總有些真知灼見，在這段時間還是有些人在某些時點所做的預測是準確的，雖然這些人的看法常常與主流大相逕庭，卻依然用肯定的語氣表達其信念，例如謝國忠先生早在 2010 年四月時就認為歐債危機可能在 2012 年引爆，另作者則認為一開始就應該讓希臘倒債並將之踢出歐元區，一年多後這些論點都已獲得證實，這表示金融風暴並不是全然無法預測。

進一步深入探討可發現，其實這幾場金融風暴都是經濟學造成的，當代經濟學才是金融風暴背後的原兇。經濟學的基本理論其實是有問題的，原本是要讓資源分配更有效更均衡的經

濟學，卻變成導致市場失敗的禍首，金融風暴其實代表的是經濟學的危機。在次貸風暴發生後，政府大力干預救市成為共識，一度讓自由市場學派經濟學家顏面無光；他們只顧到自己的面子，卻沒想到世界上有多少人因錯誤的經濟政策而受苦受難。經濟學引導政府政策，政府政策導致風暴，所以想要預防金融風暴，或是在發生後掌握其變化予以挽救，必須先改變並挽救經濟學，這樣才能從根本來解決當前的金融危機。

## ■ 一切遍知與劍二四系列

　　世界上大部份的人對於任何問題背後有多深的原因，能思考及理解的程度是很有限的，很多事情的道理深奧難尋，這導致很多世上公認有智慧的人，其實並沒有想像中的那麼智慧。儘管如此，本著追求卓越的精神，作者還是會探討一些大部份的人可能無法理解的概念，因為這樣的概念才是真理，才能引導出解決問題的方法。

　　想要預測及分析金融風暴確實很困難，然而這樣的預測與分析並不是終點；這就像作者所創「隨風飛舞十三式」並不是作業風險管理的終點；作者很想寫一本探討金融業文化與風險的書，名為「失落的紀律」。

　　對金融業而言，金融風暴的研究除了協助避開地雷減輕損失，協助思索擴張策略之外，還有更深的意涵；特別是對銀行業還有更多的助益。銀行在放款的授信審查過程中，不是只看總體因素，環境因素對個別企業的影響也很重要，此部份「隨

風飛舞第五式：風險空中預警機」雖然也會有幫助，然而要把銀行的授信審查提升到「信用組合風險管理」的層級來看，則需要更究極的方法。

　　金剛經記載：「佛告須菩提，爾所國土中，所有眾生若干種心，如來悉知，何以故，如來所說諸心，皆為非心，是名為心。」從這段經文出發，配合因果論，作者經過多年持續內觀思索後發現了一個奧秘，借用「大日如來遍照」的名號，稱之為「一切遍知」。所謂一切遍知這並不僅是一個觀念或方法，而是一種境界，難以用言語解釋，但到了這樣的境界自然就明白；在這樣的境界下，作者將預測金融風暴的研究方法，連結到「信用組合風險管理」，以及個別企業授信審查，開發出兩個新興尖端技術：「信用風險偵測技術」，以及「信用組合風險 3D 掃瞄顯像技術」。這兩項技術收錄於作者作品裡的第八個系列「劍二四系列」。

## 次貸風暴演變過程

**引發次貸風暴之因素**

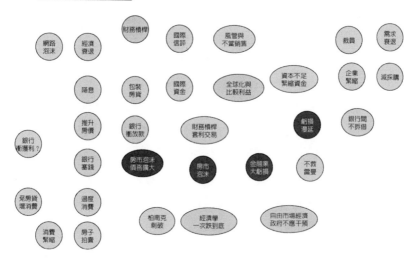

　　要談金融風暴預測分析，必須從次貸風暴談起。不只是因為時間近，這是個很經典的例子，出現了很多過去經濟學家沒想過的問題；此外解析次貸風暴，可以找出導致金融危機的因素，這對預測未來的風暴有很大幫助。次貸風暴的起因作者曾在前一本書《打通風險管理任督二脈》介紹過，不過當時是為了說明連動債的起因，與這次動機不同，內容也是重新寫過。

　　這幾年金融風暴的預測分析成為顯學，經由眾多專家學者及媒體報導，大部份早已耳熟能詳，在此以較簡單的方式快速帶過。次貸風暴的起因最早可回溯到上個世紀末。1998 年東南

亞爆發區域型金融風暴，馬來西亞、泰國等國家因外債過高，外資匯出，償債出現困難，又被索羅斯狙擊，股市匯市慘跌，亞洲地區經濟大受衝擊。2000 年又發生網路科技泡沫，美國與歐洲經濟成長大幅滑落，當時的聯準會主席葛林斯班為了刺激經濟快速降息，降幅之大速度之快前所未見。葛林斯班的舉措雖然讓美國經濟回到正軌，卻也讓各地房價大幅上升，而且是持續數年的快速上升，形成了一個大泡泡。

在這段期間，剛好遇到網路化、資訊化、全球化，國際資金規模愈來愈大，四處尋找投資機會，避險工具及新金融商品日新月異，新的操作方式愈來愈多，財務槓桿及套利交易盛行，加上美國為了儘可能讓民眾擁有自己的房子，成立房立美、房地美等機構大力放款，再由投資銀行將房貸商品證券化，賣到市場上取得更多資金；在此同時銀行為了衝刺業績，趁著房價上升之際，設法把錢塞到房貸戶手上讓他們花。這些因素合起來，讓原本已經很大的房市泡沫，變成很多個牽連在一起的大泡泡，外表根本看不出來，大部份的學者也都沒察覺。

在美國銀行業的房貸客戶中，有一大部份是還款能力較差，原本不應該以這麼低的價格借到這麼多的錢，然而投資銀行將這些品質較差的房貸證券化，結合財務槓桿及複雜避險工具，再利用信評等級包裝，變成高信用評等且高獲利商品，幫房貸找到源源不絕的資金。銀行放貸資金來源充足，財務報表上放愈多賺愈多，年終分紅就愈多，激勵銀行主管及人員拼命放貸，一發不可收拾。這原本只是美國自家的事，投資銀行卻

利用其他國家欠缺投資管道，將次貸商品賣給各國金融機構，特別是歐洲大銀行及各小國，讓次貸變成可影響全球的風暴。

2006 年表面上美國經濟晴空萬里，其實已暗潮洶湧，新上任的聯準會主席柏南克為了抑制不斷攀升的房價並打擊炒作，連續七次升息，導致房市泡沫破裂；又認為美國經濟體質良好，加上自由主義學派經濟學家主張應該讓房價一次跌個夠，反對政府干預房市，導致房屋價格不斷崩跌，房屋持有人棄屋潛逃，提供房貸的銀行因大幅違約虧損瀕臨倒閉，大型投資銀行也因 CDO 價值滑落出現鉅幅虧損，布希政府眼看場面即將失控，一次跌夠反而讓市場幾乎崩盤，於是出手金援銀行救市。沒料到從高盛出身的美國財政部長鮑爾森為了剷除競爭對手，拒絕金援雷曼兄弟併購案，不但雷曼因此倒閉，也讓這把火延著 CDO 燒到世界各大銀行。當時掀起陣陣恐慌，加上虧損的金融機構因資本不足，只能拋售資產籌措資金，導致市場出現清算價格的惡性循環。各國銀行為了自保紛紛緊縮資金不肯放貸融資，流動性幾乎凍結，部份企業及個人因資金斷鍊宣告倒閉，剩下的企業則減產、裁員自保，各國因失業率快速上升而需求急凍，全球經濟活動彷彿從懸崖掉落，工業產值大減三分之一，重演 1933 年大蕭條場景。

## 金融風暴是經濟學造成的

當代經濟學，作者戲稱為「火星經濟學」，因為經濟學很多理論，例如價格機能可以調節供需，即使追求自利亦能達到均

衡等等，並不存在於這個世界，只有在外太空才適用，例如火星，故而名之。因為錯誤的經濟學理論，引導各國政策方向，最後導致了金融風暴，所以說這兩次的金融危機是經濟學造成的，也是經濟學自己的危機。

自由主義經濟學派向來反對政府干預，新科諾貝爾獎得主所屬的理性預期學派也認為政府干預無效，但如果不是各國政府強力干預救市，次貸風暴時全球經濟早就完蛋了。但救的也不理想，負面效應一堆，原物料價格大漲，明明經濟前景不明，還要承受通貨膨脹壓力。經濟理論認為供需決定價格，市場機制萬能，但這幾年原物料價格根本是炒上來的，整體需求變動不大，油價卻暴起暴跌，柏南克升息時油價漲到破錶，降息時又跌回原點，即使 2010 年底，需求並未回到風暴前，石油已漲到每桶 80 美元，這代表供需並非決定價格的單一因素，市場也不應該放任自由。但經濟理論不全，無法解釋供需以外影響價格及市場機能的因素為何。原物料價格亂飆，導致通膨擾亂經濟，政府想干預市場卻不知從何下手，經濟學的問題不解決，這場主權國家債務危機很善了。

回過頭來，導致次貸風暴發生的經濟學因素大致如下：

- 濫用數學包裝扭曲風險本質
- 信用評等拿人手軟變成借殼上市
- 避險變插花，擾亂市場
- 與事實不符的「市場原教主義」
- 完全競爭，比較利益，與全球化

■ 歐元：諾貝爾獎得主創造的爛貨市場
■ 避免＋槓桿＋程式交易＋停損變成流動性終結者

## 濫用數學包裝扭曲風險本質

　　很多經濟學家喜歡數學，用數學來解釋觀念，也用數學來包裝他們的邏輯；其中有不少經濟學家很喜歡寫一些很艱深的數學。在這幾年作者與這些數學模型奮戰過程中，發現了一些連作者都會覺得不好意思講出口的現象。這些數學表面上看起來很深奧，很難理解，弄清楚之後就會發現，它要表達的邏輯其實很簡單。數學只是一種包裝，用來包裝經濟學家想要表達的邏輯。那為何要用數學？作者猜測這是因為如果用口語表達，會讓人立即察覺邏輯其實很簡單，簡單到令人覺得無聊，故意用數學包裝讓人看不懂，這樣比較能引人注意。

　　可能很多人會認為作者在毀謗數學，然而在作者這麼多年的研究過程中發現，愈是偉大的學者，愈是漂亮的邏輯，用的數學就愈簡單；如果數學公式用了很奇怪的符號，故意東少一個西少一個讓人找半天，通常不是什麼了不起的東西，甚至到最後才弄明白原來邏輯是錯的。真正有學問的人不怕被人檢視，開誠佈公，透透明明，歡迎別人來看，並且儘可能讓別人也看懂，希望看懂的人愈多愈好；反而有些人，遮遮掩掩，故弄玄虛，就怕被人看穿。

　　一般科學家認為數學代表真理，不過在經濟金融等領域，數學卻成為用來扭曲真相的化妝品。房貸是風險性產品，依購

屋貸款人的財力與償債能力來分等級。房地產是高價商品，不是每個人都買得起的，然而在選票考量下美國政府推出政策，希望人人買的起房子。原本收入不多的人要買房子，貸款品質就比較差，利率會比較高，可承作的額度應該要受限，但就是有人能突破環境障礙，能人所不能，真的非常傑出。

第一個帶進來的經濟學概念是完全市場與證券化。完全市場與完全競爭有關，經濟理論認為完全競爭可實現價格與供需均衡，如果能將商品進行無盡的切割，在完全競爭的市場上可提高交易及資源分配的效率。例如土地賣買因總價金比較高，將之證券化變成一股一股，可因流動性提高而在市場上以較佳的價格交易並取得資金，因而將品質較差的房貸予以證券化，再拿到市場上交易，就可以讓房貸更加活絡。

在證券化過程中需要用到很多數學，這些傑出人士都是知名大學畢業的，都是大師的徒弟，有些人甚至是經濟學家，數學都很好，學術基礎夠紮實，把過去所學拿來實際運用，搭配各種避險工具，經過複雜數學推論，再也沒有人看得清楚原來的本質是什麼，加上信評加持，原本風險較高的次級房貸，變成高獲利低風險的投資商品，真是天上掉下來的禮物，人見人愛。

經濟學術界相當重視數學，只要是能用數學表達推論的，就會當成真理，然而在用數學表達過程中，很容易將原本的特質扭曲了，而且數學對邏輯的詮釋通常只能用在一小片段，必須切割，搭配各種眩人耳目的假設，然後在引用時把各種假設略過，再擴大引申推論結果，這樣就沒有人搞得清楚原本邏輯

的本質是什麼，也無法評估風險。變成 CDO 之後，次級商品突破原本的限制，麻雀變鳳凰般變成投資級商品賣出去，資金源源不絕而來，不但擴大債務規模，也讓房價泡沫變得更大。

## 避險變插花，大虧時擾亂市場

　　工具是人類發明的，不代表人類就能完全掌握工具的力量。幾千年前人類文明從石器時代進步到鐵器時代，石斧進步到刀劍，武器殺人的效率變高，但還是要靠人殺人，一個一個殺，死亡的人數跟速度都很慢，不容易因此滅絕。到了火藥時代，幾萬幾萬的殺，殺人效率更高，毀城滅國，在非洲甚至有種族滅絕。後來核子武器誕生，其威力甚至能毀滅全人類及世界，1960 年代美國與蘇聯對峙引發的古巴危機就差一點爆發核武大戰。金融工具也是一樣，美其名是增進社會福利，提升效用，但這些新工具威力愈來愈強，早已不是專家學者能理解及掌控的，導致世界經濟甚至人類文明曝露在大滅絕風險下。因文明而生，也因文明而死，文明不只代表進步，也會帶來大滅絕，這是中國人易經的古老智慧。

　　企業為追求獲利穩定性，避險原本真有需求，然而大部份的避險工具到最後都變成套利投機，甚至為了套利而開發各種新的避險工具。華爾街精英除了將次級房貸包裝成 CDO 之外，還針對房價以及信用違約，發明多種衍生性商品提供交易，名為避險實為套利。避險工具愈來愈多，交互運用下衍生各種套利模式，輕輕鬆鬆錢入口袋有誰不要，利益驅駛下四處募資金

進行套利，賭博性質更高，名為避險，實為插花，而且賭更大。這就像四個牌友平時常相約打麻將，小賭怡情，桌上賭金不過幾千上萬，為了賺紅包，找人插花，又發明各種插花模式，並對外找人下注，最後連黑道大哥也來插花，賭金升到上億；賭金一大，黑道開始詐賭，又是斷手斷腳，又是殺人棄屍，把賭局搞掉了，通通沒得玩。

　　經濟學家與金融專家總是對外宣稱，這些工具是他們用數學推導出來的，經過驗證沒有問題；應該說是他們認為或以為沒有問題。數學模型講求機率，像次貸這樣的極端情形以前從未發生過，常因機率太低而被忽略，最常看到的就是「當趨近於零時則視為零」，既然將其機率視為零，表示不會發生，也不用考量其衝擊，結果極端情形真的發生了，插花的鉅額賭資反而成為擾亂市場的源頭。打麻將的人以為自己只會輸幾千元，怎曉得插花的黑道大哥輸了好幾億，要拉他一起賠，不但破產，還被追殺。美國銀行業自己玩次貸商品就算了，還弄個 CDO 找各國銀行來插花，場面搞太大，房價泡沫時，放款的銀行承受違約損失，投資 CDO 的金融機構賠、避險基金也賠，甚至還放空，導致資產價格崩跌再崩跌，整體損失金額高到難以估計。

　　上世紀 90 年代末期新金融商品及避險工具開始發達時，就有人質疑因為這些新工具導致市場波動幅度加劇。作者記得當時聯準會主席葛林斯班曾出面闢謠，說避險工具雖然會讓市場價格的短期波動加劇，但從長期來看波動將減緩。結果證實葛林斯班的講法並非事實，不但市場的短期波動非常劇烈，以這兩年的情況來看，全球各國股市單日跌或漲個幾百點是常態，

而且常常是連續動作，今天跌 3%、明天跌 3%，後天就漲 4%，投資人不是被斷頭就是被軋空，誰受得了？長期來看金融商品的應用累積更大的能量來毀滅世界，CDO 就是其中一例；另一個也很嚴重的後遺症，就是市場價格莫明其妙的崩跌，去年美國道瓊指數發生盤中忽然暴跌千點，到現在還找不出原因；作者認為這跟新金融商品的大量運用脫不了關係。

如果拿台灣與美國來比，還好台灣比較落後，新金融商品很少，所以當風暴來臨房價下跌、房貸違約時只有銀行會損失，不像美國連投資銀行、避險基金都大虧，也不會因信用違約交易導致銀行被落井下石，籌資困難及流動性凍結，這樣就不會因經濟不景氣受影響時，又回過頭來衝擊經濟景氣；在新金融商品推波助瀾下，景氣好時泡沫衝更大，景氣不好時摔更慘，在財富鉅額移轉過程中，只有少數金融機構高階主管賺到紅利，肥了主管，但最後賠的還是金融機構，加深貧富差距、製造社會動盪，何必呢！

## 信用評等拿人手短變成借殼上市

國際信評機構因提供不適當的信評等級，或調整評級的時機不當，歷來問題重重備受質疑。國家政府和民間企業多次批評信評公司是市場動盪的幫兇，次貸風暴及歐洲主權債務風暴都因事前不當的信用評級引起，在風暴之後更促成債務危機惡化，部份國家借債困難，讓全球經濟雪上加霜；今年七月，葡萄牙被降到垃圾級，葡萄牙出身的歐盟執委會主席伯洛索就痛

斥這件事造成葡萄牙求助無門。連我們的 8A 級央行總裁都對國際信評機構嗤之以鼻，就看得出來他們多不得人心。

當初成立國際信評機構的用意良好，那麼多家企業與國家政府都要發債，個別投資人資源及專業有限，在成本效益考量下由具公信力的專業國際機構予以評估，針對償債能力給予等級，再讓投資人參考信評等級決定購買的價格與數量。從這個本質來看，國際信評制度與上市櫃公司請會計師查核財報出具意見的制度相似，個別投資人難以釐清企業所發布財務數字之真偽，因而由專業會計師進行查核，針對財報資料是否允當表達營運與財務狀況出具意見，投資人再依此評估買賣股票的價格與數量。也因此國際信評機構被認為是資本主義最重要的守門人，只是這個守門人不太稱職。

## ■ 火星經濟學

與會計師財務報表簽證相比，信評制度本身就有很多問題。首先是評估方法部份，所謂償債能力指的是未來，信評機構必須先衡量企業未來獲利能力與財務狀況，才能評估其未來償債能力；然而目前為止經濟學領域在預測未來部份並沒有比較有效的方法；是有很多理論，也都說與全球經濟實際情形相符，但真的要他們拿出成功的預測案例時就開始吱吱唔唔的，反而是預測失敗的案例人人皆知。經濟學理論裡很多都有前提假設：「完美市場、完全市場、完全競爭、沒有不確定性、沒有間接成本、沒有訊息落差或不對稱」，這些假設場景與地球上的

實際情形不同，作者懷疑只有在外太空才能找到符合這些假設的經濟體，例如火星上，所以將這些預測能力不佳的經濟理論或模型稱之為「火星經濟學」。國際信評機構在預測受評者的未來獲利與財務狀況時如果用的也是「火星經濟學」，要別人如何相信其給予的信評等級能發揮預期效果。

今年諾貝爾獎得主聽說擅長的就是經濟分析與預測，然而這種總體經濟預測聽起來學問很大，實際上沒多大用處。以經濟成長率的預測為例，經過彙整大量統計資料、由很多博碩士使用很多複雜模型，最後推估出來明年台灣經濟成長率約為4%；作者什麼資料都沒有，什麼模型都不會，什麼分析都沒做，也能預測明年台灣經濟成長率約為 4%，因為會計領域有「盈餘平穩假說」及「永續經營假設」；要說準確，還不一定誰比較準，要說不準確，也不一定是誰比較不準。今年年初時作者就預測全球經濟在下半年會開始下滑，然而一直到六月，各大機構大部份經濟學家認為景氣至少可維持到年底，看法還很樂觀，等美債被降評等、希臘問題狂燒時，又改口說會衰退，誰比較準還很難說。

因為缺乏有效的理論與預測方法，這些由經濟學家組成的信評機構所提供的信用評級，作者看過，與一般人的常識比起來高明不了多少，其預測能力也沒有比較好，但他們是「專業的國際信評機構」，所以他們的預測就是不一樣，別人就必須採信。做的沒比較好，又強迫別人相信接受，結果就變成擾亂市場的兇手。

# ■ 資本主義守門人，拿錢幫人開後門

　　既然信用評等的本質與財務報表簽證制度相仿，會計師產業會發生的問題信評機構就跑不掉，果不其然。事務所查帳要人力及成本，會計師要賺錢分紅，錢從哪裡來？不是從投資人那裡來，也不是政府給的，而是由被查核的企業支付的。會計師想賺錢，不但要跟企業拉關係，要跟同業搶生意，每個查核案件能收多少錢也必須跟企業商議，古有云：「吃人嘴軟，拿人手短」，會計師為了賺錢幫企業出具不實簽證意見的事從過去到現在從未停止過，會計師事務所規模再大，名氣再高，多多少少都出過事。

　　信評機構也一樣，評估某企業或政府的未來狀況也需要人力及成本，由經濟學家擔任的信評機構高階主管要坐領高薪及年終分紅，當然也會「拿錢辦事」，最典型的是世界通訊（WorldCom）與安隆案。世界通訊是美國第二大長途電話公司，該公司在 2002 年自已招認有詐欺行為並聲請破產，成為美國史上最大的破產案，信評公司在事發前數週才將該公司下修為垃圾級。美國能源公司安隆風光了好幾年之後，終於爆出假帳醜聞，股價直摔谷底，信用評級還是居高不下，直到破產。

　　次貸風暴與希臘主權債務風暴也一樣呀。明明就是品質較差的房貸商品，經過避險工具及數學包裝，馬上變成投資級商品。希臘過去發債困難利率超高，加入歐盟後就變成以德國的評等來發債。信評公司為了賺錢，拿人手短變「借殼上市」；原

本是「資本主義最重要的守門人」，結果變成拿錢幫別人開後門，造成的後果也就更嚴重。

世界通訊集資債券沒有信評機構的背書，不可能崛起，但出事後信評機評的說詞令人匪夷所思，信評機構自稱只是就一家公司或一個國家的信用價值給意見，偵測是否有詐欺偽造非其職責；安隆案也是，信評機構在美國國會以一句「安隆高層掩飾巨額負債，誤導我們」撇清責任，依舊享有高薪紅利；那信評機構在出具意見時為什麼沒註明他們可能被誤導？如果他們真有能力評估償債能力又怎麼會被誤導？為何不是由他們的評估結果來揭穿安隆的騙局？

同樣是拿被評企業的錢，會計師查帳簽證是法令規範的，出事要負責，不是判刑、賠償、至少也是撤照，但信評機構是由偉大的經濟學家組成的，偉大的經濟理論認為信評機構絕對是公正可靠的，凡人的法律怎麼可以來約束偉大的經濟學家？對信評公司的指控都是不實的謊言，經濟學家錢照拿，出事卻不用負擔任何責任，這就是經濟學比會計學偉大的地方。只要世人繼續迷信經濟學家，投資人就會繼續倒楣。

## ■ 信評判斷與常人無異

如果從對整體經濟有益的角度來看，在景氣繁榮時，信評公司應提醒投資人可能的風險，緊縮信評以避免投資過度膨脹，在景氣衰退時，應以較寬鬆的角度，幫助企業及政府渡過難關，然而目前三大信評機構的做法剛好相反。美國國會 2011

年一月發布的〈金融危機調查報告〉指證歷歷:「本委員會的結論是,在金融毀滅的輪子裡,債信評鑑公司是關鍵齒輪。三家信評機構是金融災難的始作俑者。沒有他們認可,抵押貸款證券不可能銷售。投資人信賴他們,監理機關的資金標準也以他們的評鑑為依據。沒有這些信評機構,次貸風暴不會發生。他們給的評級讓市場指數無理由的上升,他們 2007 到 2008 年給的降級造成市場、企業與國家的災難。」

在 2008 年那段雷曼兄弟要倒不倒的日子,作者追蹤相關新聞,其中有一則是記者詢問三大信評機構裡某一家的負責人,也是知名經濟學家,記者問他如何看待雷曼接下來的信評等級,這位負責人說:「如果雷曼股價繼續跌,我們就會調降其信用評等」,接下來就有人批評這樣的說法與廢話無異。在股票市場中「追高殺低」是一般投資人常犯的錯,這是因為散戶沒有能力看清市場趨勢與股票價值,所以股神巴菲特才會強調:「當別人恐懼時我們要貪婪,當別人貪婪時我們要恐懼。」從這個角度來看,偉大的信評機構對企業債信的看法,與散戶追高殺低的心態差不多。全球最大債券基金操盤手葛洛斯講得更直接:「投資人該用『健康的批判態度』看待信評機構的債信評等,看清這些機構『沒什麼常識』的真面目,不要輕易被他們牽著鼻子走」。

十年前安隆案醜聞爆發,導致全球最大、歷史最攸久、聲望最高的會計師事務所 Arthur Andersen 一夕之間倒閉,震驚世界及會計界。那時作者在思考會計師簽證拿人手短這個問題時,如果從中國人古老觀念來看,解決之道就是使用者付費,

讓財報使用者來付錢，而不是由受查核的企業付錢給會計師。然而此法問題多多，知易行難，例如收入不穩定，查核權如何歸屬等等有很多問題必須克服。然而拿人手短吃人嘴軟的情況不改，會計師出具不實意見的事情不會絕跡；這樣的情形也適用在信評機構上。果然在這幾年信構機構荒腔走版的表現倍受抨擊後，開始有人認為信評機構不應向被評機構收費，而是應該由資訊使用者來付錢。

## 完全競爭、比較利益與全球化

　　經濟學認為在完全競爭下，價格機能獲得充份發揮，能達成供需均衡及資源最佳分配運用；一般又認為，市場規模愈大障礙愈少，愈容易達成完全競爭；另又認為在比較利益概念下，跨國貿易可以讓各國經濟效益提高。因而美國在過去幾十年來一直大力推動自由貿易，認為可讓美國企業在全球各地取得價格最低的生產要素，降低成本並提高獲利。在全球化浪潮下，除了促成落後國家經濟發展，帶動金融全球化，金融機構在世界各地募集資金，也在世界各地尋找投資標的，國際資金如同滾雪球般愈滾愈大，隨著資訊化網路化與交易自動化，移動速度愈來愈快，破壞力愈來愈強，經濟實力較弱的國家在自由貿易的大帽子下，被迫撤除資金進出屏障，只能任由國際資金肆虐。因為過度迷信經濟理論導致國際資金帶來的災害愈來愈大，先是亞洲金融風暴，接下來是次貸風暴。

　　如果沒有全球化與自由貿易，某一國家之資金在國內就算找不到適當投資標的，最多是報酬率比較低而已，不會出什麼大事。在開放海外投資之前，台灣的資金只能買股票、投資房地產，簽簽大家樂，雖然說因為資金沒有去處，導致股價過度上升，房價飆高，漲漲跌跌以為損失很大，其實沒想像中的大，而且都是自己人在玩，錢是從左口袋到右口袋，還是留在家裡。開放外資及投資海外後，熱錢湧入，台灣股市漲更高，跌更兇，而且散戶不敵外資專業機構，外資賺了錢就匯回美國，散戶在高點進場的錢都被捲走了，傷的還是自己。外資進入其他國家股市常利用當地散戶崇拜外資的心態放假消息，先放利空以吃貨，抄高後再放利多給散戶接，然後搭配期貨大力放空兩頭賺，接著把錢匯回美國，這樣的情節每天都在上演。

　　另一方面外資進來後影響台灣股市的因素就多了，就像把大量的水灌入一個小池子，激起的波浪已超過小池子能承受的程度。次貸爆發後股市原本就不好，台股會跟著國際股市跌，又遇到國外投資人停損退場，國外金融機構處份資產換現金自救，外資在贖回壓力下大賣台股，導致的股價下跌根本不合理，倒楣的還是台灣散戶，因為不合理的股價下跌被斷頭；那為何要讓這麼多外資來擾亂市場？整體財富真的因此而增加嗎？證據在哪？

　　房地產也是呀，以前台北房價從每坪十萬漲到三十萬，說是因為資金沒有去處，只能抄房地產導致，所以要放寬外資及對外投資；結果這兩年台資外資齊湧而入，要讓台北房價漲幅與香港、北京、上海、東京看齊，台北房價從每坪三十萬漲到

八十萬，現在怎麼辦？騎虎難下，都已經漲到八十上百萬，也跌不回去了。原本開放時是希望資金投資帶來就業，問題是誰跟你賺辛苦錢，當然是抄房地產的錢好賺。

開放海外投資也是，以前國內投資管道有限，保單就算賣了，收到的保費也沒地方放，壽險業績不敢衝太大，規模就有限。開放後，資金有了出海口，各壽險公司為了搶當老大保單拼命賣，獲利是不錯看，但風險已超過這些家族能承受的範圍。壽險業投了幾兆資金到國外投資，匯率一波動就要賠個幾百億。二十年前國泰人壽資金多到號稱關起門來不做生意也可以吃十年，現在呢，匯率一波動就可能得增資，更不用提美國要追稅，不配合的金融機構在美國的投資金額會被預扣 30%，保戶的錢收進來再放出去之後就收不回來了，也不能叫保戶解約退錢，又面對匯率及美國追稅的風險，怎麼辦呢？不投美國改投歐洲，那不是死更慘。

不開放投資海外，台灣金融業就不被外資騙去買雷曼連動債及 PEM，就不會出那麼多事，沒那麼大的頭，就別戴那麼大的帽子。各國金融實力、監管體系強弱、金融業風管文化不同是事實，這些本質不會因為開放海外投資就改變，一旦開放後台灣的金融業將被迫與高盛、花旗等同台競技，等於是叫輕量級拳擊手與重量級對打，可能一拳就被打趴了。想要開放，風險管理能力就要夠強。

高盛雷曼等投資銀行搞了個新產品叫 CDO，可能覺得美國金融機構比較不好騙，而且資金也有限，就以金融全球化自由化為名，把 CDO 賣給搞不清楚狀況的歐洲金融機構與新興國

家，在高報酬與低風險的美麗糖衣下，果然很好賣。冰島如果不走金融自由化國際化，不去買 CDO 也不會搞到破產。反過來看，如果當初 CDO 只在美國銷售，也不會規模大到這種地步，出事時損害範圍也只限於美國，不會搞到全球糜殃，各國政府想救也不知從何下手，而美國則要面對國際資金的攻擊，這叫引狼入室。

## ■ 離卦九四

　　易經裡有一個卦象談的是文明與全球化的風險，即離卦九四：「焚如、死如、突如其來如」。在易經裡，文明是以網絡來呈現，離卦則象徵文明；工具的運用從點、線、到面，因多人共同使用帶來前所未有的效益，增進了人類福祉即為文明，例如手機通訊、網際網路、水力、電力系統等等。然而從易經的精神來看，文明必然隱含風險，人類依賴文明網絡而生，當網絡發生災變時，人類就會跟文明一起滅絕；網絡愈廣，創造的福祉愈高，累積的毀滅力量就愈大，網絡延伸到哪，人類與文明的毀滅就到哪，而且這樣的滅絕是突然發生的，會在發生時立即蔓延到網絡全體，根本來不及應變，才會有「突如其來如」這樣的爻詞。所以在建立文明時，不能只看產生的效益，必須想到可能發生的災難，不能把所有的網絡全部串在一起，一定要有所區隔，否則只要時間夠長，一定會一起滅亡。這種觀點在傳統經濟學追求利益極大化的思維下是不可思議的事情，所

以說西方的哲學思維根本無法與中國人的智慧比，差太遠。幾千年前易經就有這樣的智慧，真是了不起。

　　雖然經濟學都說經濟理論是對的，完全競爭與全球化能促進社會福祉，但這不代表他們真的相信。之前美國推行量化寬鬆時，各國央行力擋國際資金，連 IMF 都出來要各國採取行動阻攔。資金在各國間往來不是象徵全球化，可以增進福祉嗎？自由進出不是比較能達成完全競爭的均衡？價格不是無法由市場操控，而且能自動調節供需達到均衡嗎？那為何要干預匯率？各國央行總裁都是經濟學家出身，為何其決策常常與經濟理論背道而馳？一國的貨幣市場有限，大量國際資金突然湧入，造成幣值大漲，快速匯出時又大跌，導致進出口受影響，企業倒閉或市場秩序大亂，這樣的失衡是市場無法自動調節的，這才是真相。其實完全競爭與全球化很可能會導致人類文明滅亡，這是地球上最大的作業風險，後面還會說明。

## 與事實不符的市場原教主義

　　藉由奇怪的數學與圖型，柏拉圖效率假說主張：「資源配置不影響市場價格達到供需均衡效率，消費者彼此間並不需要知道對方的效用偏好為何，而是經濟市場價格機能在每位消費者視市場價格為已知下，決定符合自己最有利的消費決策，市場均衡價格會達到供需均衡，且會得到柏拉圖效率分配的結果（此處引用莊奕琦老師所著個體經濟學書中內容）」。聽起來有點艱深，不過沒關係，自由學派經濟學家闡述此假說大力主張「市

場原教主義（Fundementalism）」認為：「人類追求自利的行為，會導致資源的最優配置，讓市場最終達到均衡」。

　　過去一段時間，作者曾崇拜這個偉大的理論，後來卻轉向思考其中潛藏的問題。作者已經找到讓此假說一槍斃命的邏輯錯誤，這個理論是不正確的。完全競爭可以達成供需均衡，柏拉圖效率認為可以在個人追求私利下達到均衡，理性預期認為政府對市場的干預不會發生作用。作者認為這些經濟理論是導致這兩次金融風暴的主因之一。

　　索羅斯也認為次貸風暴起因來自對「市場原教主義」過度迷思。索羅斯說：「價格和基本面反映的是金融市場的現實。而金融市場是對未來的一種預期，給出的反饋有時候是積極的，積極的反應推動下就會產生泡沫。」他認為，英國柴契爾夫人和美國雷根總統執政時信奉自由放任主義，不斷放寬對信貸的政策，並且對於市場的自我修正能力過分信任，終於導致美國市場的信貸泡沫越來越大，最終引起這場席捲全球的金融危機。

　　當然啦，把次貸風暴的起因回溯到三十年前的 1980 年代是扯遠了點，我們先來看看在希臘主權債務風暴形成過程中，各個利益關係人，希臘民眾、希臘政客、高盛、歐洲強國、歐洲銀行等，如何追求自身利益而導致危機發生：

■ 希臘民眾：為自己的利益選出願意端出高社會福利政策的政客當國家領導人。

■ 政客：為了能當選，透過發債借錢及預算赤字方式，讓希臘人民享受高社會福利。

- 高盛：為了賺錢，想出很巧妙的方法幫希臘掩蓋債務，通過加入歐盟的標準。
- 歐洲強國：為了爭取國際地位及主導權，對希臘舉債度日的現實視而不見，讓希臘加入歐元區享有高信評，並要求歐洲銀行借錢給希臘。

如同柏拉圖效率假說，在市場上每個角色都追求自己的最大利益，而且不考量對方的偏好及決策，但市場價格「希臘發債的殖利率」並未讓希臘債務供需均衡，反而是以低利借太多錢給希臘導致債務危機；而且在危機初期，價格機能並未讓歐盟國家做出適當決策，導致這個洞愈來愈大，愈來愈難挽救。

次貸危機也是如此。原本買不起房子的消費者為了追求自己的幸福，設法向銀行借錢。美國政客為了選票，喊出「人人有房子」口號，並放寬貸款政策。兩房高層為了紅利，一方面擴大放款，一方面找資金來源。銀行業務人員為了業績獎金，設法將貸款塞到消費者手上讓他們花。投資銀行為了賺錢，將次貸包裝成高獲利低風險的投資級商品。信評公司為了賺取公費，給予 CDO 很高的評等。冰島等其他國家金融機構，為了提高收益及利潤，大量持有雷曼連動債及 CDO。在此過程當中，市場價格「房貸利率」並未讓美國人的債務供需均衡，反而推高了房價引發泡沫，又在雷曼倒閉後因連鎖效應導致資產價格無限崩跌，引發全球性大災難；作者已證明柏拉圖效率是錯的，迷信錯誤的理論，執迷不悟，下場就是災難。

如果經濟學家認為柏拉圖效率假說是正確的，之前占領華爾街運動抗議美國財富權力集中在少數人手上，抗議華爾街肥貓賺取不義之財時，為何沒有經濟學家跳出來為柏拉圖效率假說辯護；他們不是認為經濟理論是對的嗎？為什麼不當著這些抗議人士的面，告訴他們華爾街肥貓追求自利的行為是對的，市場價格機能終將使供需均衡，而他們的苦難則是供需均衡下的正常現象，應該甘之如飴。

## 歐元共同貨幣變爛貨市場

大部份經濟學家都相信市場機能，因為如果不相信就拿不到博士學位，然而在經濟學裡一定會介紹「爛貨市場」；通常是舉二手車市場為例，意思是說在資訊不對稱下，賣車的人知道自己的車好不好，但買車的人無從判斷車子品質及性能好壞，導致不管是好車還是問題車，都會賣相同價格，而且此價格會低於好車的公平價值，這會造成好車子的主人因為不願意接受低價而退出市場，二手車市場充斥問題車，最後變爛貨市場，消費者因不願上當而沒人買車，市場因此消失。爛貨市場崩壞的過程，又稱為「劣幣驅逐良幣」。

美國是當世強國，然而歐洲各國歷史攸久，過去一直以世界中心自居；二次大戰後西歐靠美國經濟援助才能復原，從此在美國主導的北大西洋公約組織下變成附庸國，從文明國被一個殖民國壓著，二十多年前柏林圍牆倒塌後，蘇聯解體，美國一強獨大，連可以跟美國對抗的俄國都垮台了，才想聯合各國

之力抗衡美國。但各國自主意識強，彼此有歷史仇恨，難以合成一個國家，才想先推共同貨幣歐元。

那時諾貝爾獎得主孟代爾發明了「最適貨幣區理論」，與其他經濟學家推動成立歐洲共同市場及歐元，然而各國並非真的統合，歐盟並未成立單一的財政單位及央行，財政收支及舉債等還是由各國自行決定，除了設置門檻外並無其他監督或約束機制；統合做半套，變成只是用經濟理論包裝政治議題，在表面上有一個共同貨幣及名義上的共同市場，其實機制並不完善，搭配信評機構對加入歐盟的國家都給予德國水準的信評，資訊不對稱下就變成一個劣幣驅逐良幣的爛貨市場。經濟實力強的國家如英國、瑞士不會放棄自己的貨幣，財政制度及民主較為成熟，有能力賺錢也不會過度膨脹債務。而體質差的國家像希臘等，當然是放棄自己的貨幣改用歐元，民主法治及財政制度較不成熟，內部逃稅貪污享福利，然後用選票要求政治人物舉債度日，但還是可以在發債時享有德國水準的信評及利率，這就是資訊不對稱。

像希臘這樣的國家問題多多，全上到下逃稅貪污，希臘公民 50 歲就可退休，福利好靠的是舉債過日子，擺明了是「爛貨」，在加入歐盟之前沒人願意借錢給他，要發債利率也很高。加入歐盟後，變成可以用德國信評條件借錢，這就是資訊不對稱，強國克制發債有限，弱國拼命借錢，整個主權債務市場被弱國債務佔滿了，變爛貨市場，銀行買了太多爛貨就變成債務危機。更嚴重的是在危機發生後，希臘等國因為沒有自己的貨幣，無法藉由貶值來調節經濟；資訊不對稱、爛貨市場、價格機能失

效，一個歐元犯了經濟學三個大忌，這還是諾貝爾獎得主搞出來的。

　　希臘的問題存在不是一天兩天，希臘在 2000 年加入歐元區，2004 年就承認該國財政赤字和負債違反了歐元區規定，金融機構為何會只看信評，就把這個國家的問題當成沒看見，就把發債利率從12%降到只剩1%？講穿了就是德法為了爭霸權而要求銀行借錢給希臘。信評機構為了賺錢，不顧希臘本身的問題賦予德國等級的信評，金融機構竟然也選擇相信，請問在這個過程當中，理性預期的角色在哪裡？市場效率假說為何沒反映客觀的歷史利率資訊？這些都是經濟學的問題。

## 避險＋槓桿＋程式交易＋停損導致資產價格崩跌

　　依據經濟學完全市場的理論，財經學者為了更滿足市場需求，開發出各式各樣的避險工具，也發展出各式各樣的套利交易策略與模式，認為這樣可以增進社會福址。也基於經濟學跨期消費效用理論，提供各種財務槓桿，讓交易賺賠的金額倍數擴大，加強了波動時衝擊力道，認為這樣可以增進社會福址。然後再依據完全競爭，推動國際資金全球化，去除各種障礙，讓國際資金四處移動，讓市場價格波動更快更劇烈，認為這樣可以讓供需快速平衡，增進社會福址。然後在風險管理概念下設立停損機制，一旦損失到達一定金額就全部出脫，避免損失擴大，認為這樣可以增進社會福址。最後再依據完美市場的概

念，以程式取代人工判斷，加快對於各種資訊的反應速度，消除時間差，認為這樣可以增進社會福址。

這樣的結果，就是一國的市場原本只有該國的資金，變成有來自全世界的資金，市場規模倍增，加上財務槓桿，讓投入交易的資金倍增，加上避險工具，讓價格影響的範圍擴大。所以當雷曼倒閉時，損害蔓延到世界各國，蔓延到各金融機構、各避險基金，交易程式同步啟動停損機制，同步在市場上倒貨，導致資產價格跌幅擴大，損失增加，然後再同步啟動新一波的停損機制，整個跌價循環再來一次。這些經濟理論創造了一個連鎖效應，讓市場波動的毀滅力量從傳統武器升及到核彈氫彈，此力量已不是任何人能控制的了，而且不知何時會突然發作。

2010 年五月六日，道瓊指數盤中忽然狂跌近千點，道瓊成份股寶鹼股價瞬間重挫 37%，嚇壞全球投資人，導致各主要股市跟著跌，隔天各金融機構開始檢討股市暴跌原因，一開始以為是「胖手指」肇禍，矛頭指向花旗一名交易員打錯寶鹼股票賣出數量，將百萬（million）誤輸入為十億（billion），引發連鎖效應，後來證實只是誤傳。接著美國商品期貨交易委員會認為以證券交易為主要業務的魏得爾在當天短時間內出售了七萬五千口期貨合約，才是導致股價暴跌的原因；魏得爾立即反駁，攤開數字澄清該公司當天的操作模式並無異常。

一直到今天，還是沒有人知道那天到底發生了什麼事，這只證實了一件事，依據經濟理論建構的市場，還是有發神經的時候，而且威力驚人。2010 年五月六日的暴跌並不是市場第一

次發神經，也不會是最後一次。2011 年紐約時間三月十六日凌晨五點，美元兌日圓短短幾分鐘內大貶五趴，當時幾家大銀行在例行交接工作給亞洲同事時關閉電子交易程式，突然市場湧進大量日圓買單，導致美元直線下墜；另一個例子是，紐約時間三月一日上午十時三十分，突然有一筆可可豆期貨賣單湧入洲際交易所，使價格在一分鐘內重挫四百五十美元，即暴跌十三趴，稍後行情又以相同的速度回升。同年二月也曾發生糖期貨在一秒內暴跌 6%。從這幾起事件來看，高頻交易和演算法交易日益增加導致價格瞬間劇烈波動已從股票市場擴散到匯市、商品等市場，為防止此類事故重演，美國證管會在 2010 年六月十六日宣佈啟動熔斷機制，即單一股票在出現急劇下跌時將立即停牌。

不過，儘管熔斷機制有助於減少股市的波動性，但錯誤的電子交易也會觸發該機制。因而美國證管會又於今年四月五日宣佈，將建議設立新的漲跌停機制。美國股市已是全世界公認最接近完全競爭的理想市場，面對這樣理想的市場美國證管會卻必須想各種方法防止它發神經，這真的很諷刺。面對這樣的諷刺，經濟學家除了堅持理論是對的之外，並未提出任何解釋。

## 經濟學無法解決金融危機

當前全球經濟的困境，不只是經濟理論會導致金融風暴，風暴發生後經濟理論也無法協助解決問題。次貸風暴發生後，還有經濟學者認為應該讓市場一次跌個夠，他們堅持這樣可以

讓市場快速恢復，結果換來的是無止盡的資產價格崩盤，最後靠各國政府大力金援及救市政策才把經濟救起來。

　　政府救市成功讓一堆自由學派經濟學家顏面無光，然而在救次貸時，各國政府能用的招數全用完了，減稅、擴大建設、金援銀行、量化寬鬆、降息，如今面臨希臘倒債危機，七月時大家都在看聯準會主席柏南克能端出什麼救市方法，那時陶冬就說柏南克在唱「空城計」，果然只公佈「扭曲操作」，嘗試降低長期利率，市場大失所望，因為這是很久以前就用過的老招，而且沒用。

　　各國政府之前推出的救市方案，雖然讓經濟在 2010 年出現快速復甦，但也產生很多後遺症。量化寬鬆的資金無法送到個人及中小企業手上，也無法降低長期利率以刺激房產消費，反而被拿來炒作，導致石油等原物料價格大漲，不但製造泡沫，還帶動通貨膨脹壓抑需求；明明就買不起，連吃都吃不飽，但糧食價格卻在炒作下持續升高，窮苦國家人民忍無可忍，終於爆發了茉莉花革命在中東四處蔓延，變成影響經濟的不確定因素。國際資金四處套利，借利率較低的美元資金，投入容易炒作的新興國家市場，導致這些市場出現榮景，一有風吹草動又立即流回美國，造成市場暴起暴跌，匯率也大起大落，出口廠商苦不堪言。

　　美國政府雖然認為原物料價格飆漲是炒作造成的，也不知該如何干預，多次宣稱要打擊炒作也是雷聲大雨點小。利率及市場資金調控幾乎是總體經濟的唯一方法，看情況此工具已無法發揮作用，卻又想不出其他方法。記者詢問新科諾貝爾獎得

主薩金特希臘債務危機如何解決，獲得的答案只有：「這不是單一方法能解決的」，真是令人失望；稍早之前歐元之父孟代爾主張應該將歐元、美元、人民幣三者的匯率固定，這根本就是來亂的。

就在這樣困窘情形下，三大信評機構加入幫倒忙的行列，四處調降信評，今天降美國，明天降英國，後天降法國，原本2011 年年中時大家還認為景氣可樂觀到年底，經過信評機構東降西降後變成二次衰退即將來臨。俗話說，債多不愁。西方主權國家債務龐大到如此地步，已經不是錢還得出還不出的問題，錢永遠還得出，印鈔票就好，印鈔票就一定會造成匯率大跌物價攀升？那倒不一定。所以重點已經不是債務高低，而是經濟成長及實質需求能否回到正常軌道。

俗話說得好，開門七件事，柴米油鹽醬醋茶，樣樣都要錢，只顧還債，那日子還要不要過。強要各國財政緊縮導致需求大減，經濟崩盤，那拿什麼來還債？美國已欠了這麼多錢了，全世界都看在眼裡，還需要靠穆迪降信評才知道嗎？美國又不可能把已發的債買回去。如果要降，如果穆迪有預測未來的能力，多年前就該降了，早在小布希時代美國債務快速膨脹時就應該降了。如同葛林斯班說的，美國可以印鈔票還債，根本沒有倒債問題，那為何要調降信評？調降信評只是讓全球投資人及消費者對未來更悲觀，緊縮開支反而導致經濟衰退，那信評機構對全球經濟的貢獻到底是什麼？經濟學家對全球經濟的貢獻又是什麼？

景氣好時給高級信評讓投資人過度樂觀，景氣不好才降評變過度悲觀，不是帶頭追高殺低嗎？作者看過一部大陸電視劇「大宅門」，描述清末時北京一個大家族經歷多次興衰起落的故事，劇中女主角是大家族的二奶奶，在家道中落時撐起整個家業，經歷多次危機，她講了一句話讓作者大為讚嘆，她說：「愈是好日子時，愈要往壞處想，警惕自己；日子愈苦，就算苦到快過不下去時，反而要往好處想，懷抱希望才能渡過難關」。對照之下，全球經濟確實風雨飄搖，部份經濟學家老上媒體說「末日將臨」，然後信評跟著降評，不垮也被他們搞垮了，難道不能做一些對重振經濟有幫助的事嗎？

全世界靠經濟學家想方法來救市，但目前經濟學家的表現只能用黔驢技窮來形容；不但黔驢技窮，還落井下石，那該怎麼辦呢？


## ■ 經濟學是否是科學？

從開山老祖亞當斯密開始，經濟學發展至今已快三百年了。經濟學是研究人類社會商業活動的科學，商業活動與民眾生活息息相關，就業失業、富有貧窮都看這個，是很重要的學科。經濟分析一個很重要的功能，是對未來走向提供預測，然而目前包含各金融機構在內，經濟學家所做預測的準確度很低，彼此的差異很大。

所謂科學，是指在同樣條件下能被重覆驗證者，十幾年前，作者曾看過一本科學哲學的書，旨在探討科學到底是什麼。書

中曾舉兩個例子，牛頓的萬有引力與愛因斯坦的相對論。那本書認為，這兩個理論照道理都不算是科學，因為在理論發明的當時並無法驗證。牛頓的運動定律及萬有引力之所以被列為基本科學，是因為後來的天文學家用牛頓的理論來預測星體運行的軌跡，準確度高得嚇人；因為可以重覆驗證獲得同樣的結果，所以是科學。像愛因斯坦的相對論，因無法驗證，就不算科學，愛因斯坦是靠其他研究拿到諾貝爾獎的。

如果從這個角度來看，經濟學很難被認為是科學。經濟學理論大多是假設推論而來，在預測未來走向時準確性很低，而且每個人的看法很分歧。可能有人會主張，很多有名的經濟學家，例如克魯曼、羅比尼等皆曾「準確」預測金融風暴，如果仔細加以驗證，所謂「準確驗證」，其中穿鑿附會、渲染誇大的成分居多。不過這幾年金融風暴起起伏伏，倒是檢視經濟學家本事的好機會。

## ■ 經濟學家預測不準機率高

2007 年時，美國房地產就有點問題了，在 2006 年接掌聯準會的柏南克，據聞是研究金融風暴的權威，他認為長期的低利環境引發房地產泡沫，應該升息予以抑制，於是連續升息，導致房地產泡沫破裂，那時他堅持應該讓房價一次跌夠才會快速反彈，消除投資人的預期心理，並懲罰投機客。他認為美國經濟體質強健，能承受房價泡沫衝擊，沒想到 CDO、避險、槓桿、

國際資金等因素，讓多家大銀行承受不了房屋跌價的損失，加上房屋所有權人棄屋逃債，演變成金融風暴。

那段期間作者一直持續關注風暴發展，在 2008 年四月十六日看到謝國忠先生發表的一篇預測，解釋風暴即將來臨及形成原因，剛好與作者的觀點吻合，謝先生在文中指出，預計在六月可以看到風暴爆發，結果爆發日期是在七月底，比他預期晚了一個多月，瑕不掩瑜。

有人說羅比尼準確預測次貸風暴發生，但也有人出來反駁，說羅比尼已經連續五六年提出末日觀點，每隔一段時間就會出來嚷嚷一次，而且每次所講的理由都不同，他只是碰巧遇到次貸風暴爆發而已。作者認同這個觀點，因為作者當年在觀察整個發展過程中，並未看到羅比尼曾提出與謝國忠先生類似的分析。羅比尼雖然在七月中時公開指出雷曼將倒閉，但作者認為那時雷曼的財務數字已結算的差不多，羅比尼應該是透過其他管道得到一些訊息，搶在前面發布而已，冰凍三尺非一日之寒，倒閉的預測在一週前提出，這個叫內線消息，而不是準確預測。

當雷曼兄弟要倒不倒時，經濟學家對經濟後來的走勢看法沒這麼悲觀，那時還有人說不用擔心，因為中國等新興國家會撐起全球經濟，結果是撐不起來。美國政府因此輕忽後果的嚴重性，不救雷曼讓它倒，結果引發銀行間資金斷鍊、流動性凍結、以及信心衝擊，造成全球需求同步緊縮，一發不可收拾，經濟學家們才警覺後果竟然如此嚴重。這表示在事前經濟學家根本不知道後來會如何發展，那經濟學家的功能到底是什麼？

　　全球經濟開始衰退後，克魯曼與羅比尼開始出來大跳末日雙人舞，兩個人都認為會像 1933 年一樣出現大蕭條。克魯曼是拿當時需求及工業產值下滑的速度，與大蕭條時比較，認為結果會一樣。兩個人也都認為全球經濟至少會面臨十年衰退。作者記得，他在拿到諾貝爾獎後 2009 年訪問台灣及大陸時，還是認為全球會面臨十年的衰退。結果，在 2009 年年底，訂單開始出現，愈來愈多，到了 2010 第一季，急單變長單，全球景氣復甦確立，接下來是一整年的牛市。如果克魯曼與羅比尼這麼準，為何沒預測到景氣會在 2010 年復甦？

　　2011 年中，由於美國舉債上限爭議、美債降評、希臘債務問題等因素，導致全球股市動盪，羅比尼又爬出墳墓，與麥加華等三個人齊聲高唱：「末日將臨，二次衰退」，準嗎？當然不準（幾個月後羅比尼默默改口「美國股市穩定向上」），因為講得太慢，二次衰退的研究，作者在 2010 年四月就開始做了。導致二次衰退的幾個主要因素，例如主權債務危機，那是早在 2008 年次貸風暴前就有人在提了，依作者的印象，平均每三至六個月會出一次新聞，一開始講的對象是英國及葡萄牙等，甚至是美國，希臘也在名單內，結果最先爆出來的是杜拜。當時杜拜在發的時候，多少經濟學家為它歌功頌德，連「杜拜學」都提出來了，愛爾蘭也是，不到幾年，英雄變豬頭，人人喊打。

　　其他幾個因素也是呀，美國商用不動產泡沫化這個話題，每隔半年就會出一條新聞，但幾年來從沒出過事。大陸地方政府債務問題 2009 年底時就冒出來了。到了 2011 年七月才在講二次衰退，是後知後覺了點，不過一直到 2011 年六月，大部份的

經濟預測都認為接下來全球經濟還是維持成長，由此可看出所謂經濟預測有多不準。

何以說二次衰退的研究在 2010 四月就開始了？因為更早之前景氣復甦還沒確定，如果連反彈都沒有，還不知是否會像克、羅兩人說的變成大蕭條，何來二次衰退。所以作者在四月確認復甦後，就開始留意二次衰退。其實，不是只有作者有這種看法，看著西歐國家債台高築，坐吃山空，任誰也曉得早晚會出事。又是謝國忠先生，他在 2010 年五月十七日發表了對於二次衰退的看法，不過與目前的情況並非完全一致。他認為在 2009 年的刺激後，會導致通膨，隨之而來的緊縮就會導致二次探底。他那時有提到英國的債務過高，但未進一步探討後續影響。他認為 2012 可能出現探底，但未解釋為何是這個時點，應該是依經濟循環的觀念用猜的。其實，陶冬的預測也很值得參考，但沒講得這麼直接。作者那時也預測在 2011 年下半年會出現一些變化，而這些變化將會決定 2012 是否出現衰退；看起來是作者最準，不過作者也是用猜的。

## ■ 沒人知道會怎樣的經濟預測

瞭解問題的核心找出關鍵原因，才能思考解決方法與對策，如果搞不清楚就變成無頭蒼蠅一團亂，這正是過去三個月（2011 年中）歐美政治人物及經濟學家們的寫照！如果連這麼多經濟學家，都不知道引發金融風暴的結果及後續發展趨勢，那還有誰知道？誰來告訴世人接下來該怎麼辦？一下子這個機

構宣佈二次衰退可能性為 30%啦，一下子另一個經濟學家說升高到 50%啦，就是講不出來接下來事情會如何發展？連這個都不知道，那這些衰退機率是怎麼估出來的？講穿了就是隨便喊喊，搞不清楚的人信以為真而引起恐慌。這個現象在次貸風暴時發生過一次，最近接連發生了兩次，一次是美債調降信評，另一次是希臘到底要不要讓它倒。

　　從佛學角度來看，人之所以會恐懼主要有兩個原因，一是不知道事情發生後會出現什麼樣的狀況，例如人死了以後會變成什麼樣子，因為無知所以恐懼；另一個原因是無法接受，例如發生火災會燒掉房子，雖然知道結果但無法接受這個事實，所以當發現房子著火焚毀時會心生恐懼，這種情形的專有名稱叫：「禪定不足」。過去這段期間股市劇烈波動上上下下，投資人恐慌指數飆高，經濟情勢動盪不安，最主要就是因為大家不知道發生了什麼事？問題在哪？會變成什麼樣子？連經濟學家都不知道，各國政府不知如何因應，導致恐慌。

　　原來經濟學家也不知道事情發生後會怎樣，所以作者在次貸風暴後特別針對這個部份觀察，看到的情形只能說很精彩。以 2011 年美債降評為例，吵翻天，大多數的人說美債末日到了，一旦降評將因各國拋售導致美債大跌，殖利率大幅上升；有少數人則引日本過去曾被降評為例，認為不會有事。最倒楣的是債券天王葛洛斯，為了降評這個議題，接連出脫美債部位甚至放空，結果美債不貶反漲，到最後葛洛斯只好親自出來承認判斷錯誤，顏面盡失。原因很簡單，如同葛林斯班所說，美國是唯一一個可以印鈔票的國家，根本沒有無法償債的問題；歐洲

問題比美國大得多，美債總比歐債好，再說，新興國家賺那麼多外匯，不買美債要買什麼？更何況經濟已快掉下懸崖了，哪來的本錢升息？

　　但是美債降評後還是讓大家對未來經濟展望轉趨悲觀，關鍵在兩黨惡鬥，共和黨與民主黨為了自身利益在提高舉債上限問題上大做文章，相持不下。自金融風暴以來，美國在內的各國政府有志一同大力救經濟，2010 年也確實救起來了，這讓大家對政府有信心，也養成依賴。突然看到兩黨惡鬥，才驚覺政府可能無法齊心救經濟，那這爛攤子怎麼辦？

　　希臘債務危機也一樣呀，救？不救？救了會怎樣？不救又會怎樣？全世界這麼多經濟學家，就是沒人講得清楚，搞得各國政府一團亂。根據作者觀察，當然不排除可能遺漏，天王級的經濟名嘴那麼多，只有一個人針對希臘倒債後的變化及衝擊提出解釋，那個人叫王志浩，渣打銀行大中華區研究總監，他在 2011 年九月九日時發表一篇評論，認為：「希臘政府債券違約可能性已經很大。如果希臘經濟要恢復，必須離開歐元區，這樣才能使用匯率貶值，降低利率等貨幣政策刺激經濟。但如果希臘等國家離開歐元區，會帶來一系列連鎖反應。首先，將有大量資本離開這些國家。很多人去銀行擠兌，提走歐元現金。其次，德國、法國的很多銀行資產負債表上有大量希臘和葡萄牙政府的債務。如果這些國家離開歐元區，其政府債務將大幅貶值，也將波及到法國、德國的銀行。」雖然講的內容不算太多，只能算是希臘倒債後的前兩個步驟，也不知道是否他本人想出來的，但至少他有提。作者認為他的預估很合理，對於進

一步的分析工作有很大幫助。後來 2012 年 5 月的情勢，就與其預測的完全一致。

## 觀察經濟趨勢走向的方法

本章的名稱是「2012 完美風暴」，2012 已成為作者針對全球性金融風暴進行分析的代名詞，與此有關的都以 2012 作標記。此分析始於 2010 年第一季，旨在探討是否可能在 2012 發生完美風暴導致全球經濟大衰退。在更早之前例如 2009 第四季，由於經濟前景尚未明朗，大家還在擔心會否變成大蕭條，既然尚未復甦自然無二次衰退可言。2010 年三月時，整個復甦態勢已明朗，作者開始思考如何分析及預測下一次金融風暴，剛好五月時謝國忠先生發表了一篇對下一波金融危機的看法，也促成作者開始進行這樣的研究。其實作者並沒有資源，所謂研究也不過是看新聞報導其他專家學者、研究機構發表的分析成果來比較思考，不過光是這樣就已收穫很多了。

預測全球經濟走向以及金融風暴的發生與後續變化，是一個極艱困的工作，但這個工作很重要；任重道遠，本章並不是要展現作者已有多少成果，只是分享自己分析的方法來起一個頭。

### ■ 計量分析的瓶頸

當代經濟分析與學術研究在探討全球性金融風暴時遇到的第一個瓶頸，其實就是計量分析本身；水能載舟亦能覆舟，計

量分析是經濟學家的強項也是弱點。學術界崇尚數學與統計結果，視為學術的代表，然而現實面問題多多。學術界認為只要是數學就是真理，其實數學只是邏輯表達的一種形式，數學正確不代表邏輯正確，要檢討邏輯是否正確，只看數學是不夠的，最終還是要回歸到邏輯本身。作者就曾經在學術期刊上看過一篇三個博士寫的文章，數學模型及推導過程很漂亮，但仔細檢查後發現其實是錯誤的，騙人的；連發表在期刊的數學模型都這樣了，天曉得有多少學術研究的數學模型，只是還沒被找出其中問題而已。

　　另一個瓶頸是統計關係，在學術界實證研究的成果要被接受，其統計關係必須顯著，通常是一個因變數與一個或多個自變數的關係，一般當自變數超過兩個時，統計上的線性關係就會變得微弱而難以得到顯著結果。其實大部份的實證研究，即使只有一個因變數與自變數，找出來的相關性都很弱，有個 10% 就很了不起了；對學術界而言 10% 已是很強的實證結果了，這導致學術成果與現實觀感差很多。作者曾看電視報導一個經濟學者研究男與女薪資所得差異，該名學者一直強調他獲得「強有力」、「很顯著」的結果，其實他的結果裡男與女薪資所得差異只有 10%；在現實工作環境，隨便跳個槽加薪幅度都不只 10%。

　　經濟學家或許找到 10% 的統計關係，但剩下的 90% 呢？會影響經濟發展的，大部份來自剩下的 90%，而不是統計呈現的 10%，這就是目前經濟分析最大的瓶頸，更不要提統計關係裡所假設經濟結構必須一致的問題。另一方面為了牽就取得 10% 的

統計關係，大部份的經濟分析只能做兩個變數間的分析，也無法進行一聯串因素的分析，這讓經濟學家在面對金融風暴時，其分析預測能力與一般人差不多，比較起來台積電董事長，理工背景出身的張忠謀先生其預測都比經濟學家準，而且幾乎每次都比較準。

　　新科諾貝爾得主薩金特，說從他們的計量模型可以準確預測景氣。如果是由薩金特、張忠謀、林伯文針對台灣未來景氣做預測（假設薩金特是台灣土生土長的經濟學家），當薩金特與張、林兩位意見不同時，台灣民眾會相信誰講的話？應該是張、林兩位吧，民眾只會說「景氣鐵嘴林伯文」不會說「景氣鐵嘴薩金特」；到時候誰會比較準？應該也是張、林兩位吧，為什麼？薩金特的東西不是世界各國都在用？經濟學家發表的預測不準多的是，到處都有例證，這就是學術研究的罩門死穴。

　　另一個經濟學的瓶頸，就是除了數學以外缺乏邏輯分析與推論的方法。理論就是要作邏輯推論呀，學術界演變至今，變成只有數學才有邏輯推論，那沒數學時怎麼辦？在經濟學教課書上常看到類似供需曲線的圖型推論，說一句比較不客氣一點的，這個只能用來唬唬學生，要拿來用時還真派不上用場。因果關係在進行分析預測時很重要，但實在找不到什麼比較有系統且成熟的方法。所以作者只好從過去顧問生涯中習得或發明的分析方法裡尋找；作者並不是已找出可預測未來的分析方法，而是起一個頭。經過了這幾年觀察摸索，全球性金融風暴的分析與預測，可以用四個步驟來展開：

- 找出可能導致金融風暴的因素
- 個別因素情境模擬
- 各因素後續影響交叉分析
- 交互影響後的各種可能結果的預測與判斷

## ■ 營運關聯式分析法

金融風暴分析的第一個步驟，是找出與風暴有關的可能因素。金融風暴大多不是單一因素造成的。以次貸為例，雖然起源於房價泡沫，但避險基金投機、槓桿操作、連續升息、不救雷曼等因素加在一起，才讓風暴一發不可收拾。

現在的歐債危機也是一樣，如果只有希臘債務單一因素，並不會引起市場疑慮，而是因為葡萄牙、愛爾蘭、義大利、西班牙等也有問題，加上歐洲國家失業率太高、原物料價格上漲、美國經濟情況嚴竣等，湊在一起才令人擔心。所以分析的第一步，就是找出到底有多少因素是在分析金融風暴時應考量的，然後才思考這些因素本質上有那些差異、有那些共同性、如何互相影響，所以需要情境模擬的方法，以及進行因素間交叉分析。

當然，並不是說目前的經濟學家沒在思考這些因素，但常常是一人一張嘴，各自隨便說，這個講甲因素，另一個講乙因素，說得天花亂墜，聽起來也都很有道理，但很明顯並未涵蓋所有構面。而且學者名嘴在暢談道理時，容易把自己提出來的因素看得太重，執著於自己的看法失了中道，一旦偏頗可信度

就低了；所以需要一套有系統的方法可以把個別因素，甚至個別經濟學家的觀念串起來，藉由一層一層的分析去蕪存菁，提高分析效度及預測能力。

## ■ 2010 年完美風暴因素

2010 年四月作者剛開始思考下一個金融風暴時，看了一下當時幾個可能的因素；儘管那時正是景氣快速上升時，總還是可以找到些不利因素。那時在美國有幾個不利因素，像是房地產持續惡化看不出復甦跡象，失業率居高不下，新的醫療保險制度可能增加政府財政負擔，而阿富汗、伊拉克等反恐戰爭尚無和平跡象，美國政府債務持續攀升，地方政府發債已達上限，隨時可能倒閉，前一波退稅刺激景氣的方案開始退場等等。另外還有一個短期因素，那就是英國石油公司鑽油平台爆炸導致大規模漏油事件。

歐洲那裡比較單純，就是歐豬五國等主權債務問題，以及失業率居高不下。

東亞地區比較複雜。中國的部份，那時地方政府債務問題已浮現，地區銀行可能有信貸違約問題，但由於資訊不透明新聞很少，約一年一則，所以還沒人重視，加上中國大陸獨特的金融體制，也沒人搞得清楚後續會如何發展。另外就是房地產泡沫問題，那時很多金融機構及經濟學家都認為很快就會泡沫化，連地產大亨潘石屹都認為中國房價可能跌回前一年初水準，只有少數人持反對看法，作者是其中之一；那時有一篇分

析講得很有道理。結果是撐到現在還沒看到泡沫破滅，大陸政府大力打房確實有影響，但變數還很多。

　　第三個因素是工資開始大幅上揚，其次還有四兆刺激景氣方案開始退場，救市退場之後可能有數千萬人在隔年面臨失業（這個預測最好笑，結果在隔年變成大缺工），另大陸在六月大幅取消商品出口退稅，可能衝擊出口等等。

　　東亞另一個意外是北韓衝突，因為有核武問題，這個因素在前面第二章已分析過。

　　作者把全球分成三大塊來找風暴因素，是因為非洲、澳洲、南美、俄羅斯等地方不會是全球性金融風暴的源頭，就算真的出事也只是區域型金融風暴，東南亞的影響力更弱，而號稱全球第二大經濟體的日本在過去十幾年一直都是半死不活的，影響力愈來愈小。在這些地區出現的因素還不到影響全世界的門檻，所以忽略不看。這個部份其實需要一套比較有系統的方法，來檢視各因素的影響力是否過門檻而應予考量，比較理想的情形是有數據佐證，而不是像現在作者嘴巴講講。

　　彙整之後 2010 年觀察的因素清單如下：

■ 美國房地產持續惡化，看不出復甦跡象

■ 美國失業率居高不下

■ 美國新的醫療保險制度可能增加政府財政負擔

■ 美軍在阿富汗伊拉克作戰沒有和平跡象

■ 美國退稅開始退場

■ 美國政府債務持續飆高

■ 美國地方政府發債已達上限，隨時可能倒閉

- 英國石油的鑽油平台爆炸導致大規模漏油事件
- 歐豬等希臘主權債務，以及失業率居高不下
- 大陸地方政府債務問題
- 大陸地區銀行可能有信貸違約問題
- 大陸房地產泡沫問題
- 大陸工資開始大幅上揚
- 大陸四兆刺激景氣方案開始退場
- 大陸六月大幅取消商品出口退稅
- 北韓衝突

## ■ 2011 年完美風暴因素

　　一年過去了，時間來到了 2011 年五月，作者重新檢視了可能導致全球性金融風暴的因素，有些依然存在，但其他已有了變化。美國部份，之前擔心退稅刺激方案退場可能帶來的衝擊並未發生，美國經濟強勁成長至 2011 上半年，新醫療保險制度導致財政負擔的問題還未浮現，英國鑽油平台爆炸漏油事件也已平息。其他部份像是美國房地產持續低迷、失業率居高不下、阿富汗伊拉克戰爭有機會結束但還沒結束、美國政府債務持續飆高。

　　今年在美國地區有兩個新的議題，那就是美國債務上限調整與美債降評，以及油價與原物料價格上漲所帶來的衝擊。這兩項因素裡，只有美國債務上限調整引發國會惡鬥，導致民眾擔心政府無法挽救接下來的經濟危機，引發對未來的信心大幅

衰退。儘管羅比尼、麥加華等從七八月開始就三番兩次上電視唱衰說經濟已衰退，但從後來最新的數字來看，美國經濟尚未大幅降溫；就算真的衰退，應該也是被他們嚇出來的。相信大家都看過災難片，當大災難發生時，如果有人一直驚慌失措大喊：「完蛋了完蛋了」，那大多就真的完蛋了；此時必須有勇敢、智慧、有能力的人出來安撫眾人，給大家信心，才能渡過災難。從這個角度來看，這些經濟學家都不具備勇敢、智慧、有能力這三個條件。此乃世界之禍，經濟亂源。

美國不愧是全球經濟霸主，問題這麼多，美元也沒什麼跌，經濟成長也還可以，美債一發出來大家還是搶著要，甚至還有心思在想是否要為核武爭議攻擊伊朗。歐洲就真的不行，雖然只有主權債務這個主要因素，但因為失業率過高，加上緊縮政策導致示威抗議不斷，從希臘、西班牙、義大利等，英國甚至出現莫明其妙的暴動攻擊搶劫事件。歐盟的社會福利是全世界最好的，就算失業也不會餓死，在此同時衣索比亞因乾旱導致大飢荒，對照之下，歐洲人民只因不願意過苦日子就四處鬧。雖然看金融肥貓不順眼，那也是自由經濟與柏拉圖效率下的產物，那些肥貓有些也是由民選政府挑出來的，在英國暴動裡出來搶劫的有些竟然是有錢人，所謂文明，不過如此。

儘管四兆刺激景氣方案的退場被旺盛的民間需求及出口掩蓋，完全看不到影響，然而在大中國區經濟問題確實變得更複雜難解。注資刺激經濟的後遺症全部出籠，由於金融體系結構不健全，一旦上面政策指向衝經濟，資金立即四處亂竄，中國人果然聰明過人，什麼都能炒，什麼都漲，「糖高宗」「蒜你狠」

「薑你軍」「豆你玩」，最近還有「向錢蔥」，都市房價高到只能用可怕來形容，農產品及食物價格愈漲愈高，在深圳餐廳吃飯竟然比香港還貴；整個衝經濟過程中很多人賺到或貪污到鉅額財富，拿出來揮霍，帶動物價上揚。

房價過高讓很多人買不起或是變成屋奴，透過「蝸居」這部電視劇引起社會大眾共鳴，民怨大到動搖國本，大陸中央不得不推出緊縮政策以打壓房價，結果導致資金短缺，民間順勢炒錢，特別是溫州，看準中小企業難以取得銀行貸款大放高利貸，中國人的生意頭腦真是令人佩服。大陸原本就缺工缺電，加上資金緊縮，缺錢來摻一腳，沿海各工業重鎮紛紛傳出倒閉潮，溫州甚至有知名企業因資金斷鍊老闆逃跑，驚動中南海，總理溫家寶親自出馬鎮住場面；然而這把火甚至燒到了內蒙鄂爾多斯，並蔓延到珠江。

面對歐債危機引發出口市場需求下滑，大陸中央已暗地裡放鬆資金希望協助中小企業度過難關，避免出口產業因大量倒閉導致失業，然而在前一波救市過程中，整個經濟結構已嚴重扭曲，問題一一浮現卻不知如何處理，真是兩難。到處都是泡沫，地方政府債務高達十四兆，已開始傳出地方政府融資平台出現資金不足的情形，最近聽說連廣州政府都計劃向香港借錢。另外中央債務也不低，十一月中大陸財政委員會才出來警告中央舉債已偏高，令人擔憂。房地產泡沫是早就已經知道的了，依據 2011 年中公佈的統計資料，大陸空屋至少有六千多萬戶，房價還是那麼高；雖然部份建案已開始降價，消息一公佈馬上被之前已高價購屋的消費者包圍攻擊。另代表商用不動產

的摩天大樓預計在未來五年將達到八百棟，這是目前全美兩百棟摩天大樓的四倍，以經濟規模來換算，不可能有這麼大的商業需求，到時候如何處理也是一大難題。

另一個大泡沫是鐵道工程。這幾年大陸積極發展高鐵產業，藉由工程來發展技術，高鐵拼命蓋，但載客量不佳，為了建設發了很多債但收入無法償還。此外鐵道部是大陸僅剩可公然污錢行賄的公家單位，在大陸極積推動鐵公路建設過程中，很多的錢都不見了。最近傳出東北吉林省宇松鐵路嚴重質量問題，必須把這些「騙子承包、廚子施工」的鐵路橋樑進行爆破拆除再重建；這還只是冰山一角。

由於新建鐵路營收不佳，入不敷出導致多處重要鐵路計劃已因資金短缺而停工。十月時鐵道部向中央提出未來兩年資金需求，要求中央援助的金額高達一兆人民幣，震驚中南海。大陸約有三分之一的經濟成長來自投資建設，如果鐵道部因資金不足停工，引發相關經濟議題不容輕忽，然而中央政府債務已高，持續舉債容易重蹈歐債後塵，而且撥下來的工程費用很多會被污走。次貸風暴期間大陸藉由撒錢救經濟確實成為挽救全球經濟的重要基石，然而現在招數用老，環境更複雜險惡，從當代經濟學裡已找不到答案，大陸未來的經濟政策需要更高的智慧。

其他短期因素像是：日本 311 大地震及福島輻射，以及泰國淹水，北韓經濟惡化等等。

## 兩個年度風暴因素分析

　　觀察重大環境因素雖然只是個起頭，持續追蹤還是可以獲得真知灼見。作者經過連續兩個年度針對風暴因素的觀察，發現一些有趣現象；這些因素的本質其實不同，後續變化也不同：有些消失了、有些發現是假的、有些沒影響、有些繼續存在、有些變成其他因素，有些變得更嚴重。分析這些因素的本質與後續變化，並對照經濟學家在事前的判斷，可以得到一些邏輯，而這對經濟預測及思考對策很有幫助。因為瞭解到經濟學家判斷與預測能力的特性，當他們對新的因素發表看法時，就不會被愚弄，而能從中擷取有價值的資訊。此外在面臨經濟問題時，例如希臘是否應該讓它倒，可以先釐清問題本質，再來預測及判斷，結果會發現，就像是在一片黑暗中點亮了一盞燭光；而這還是作者在沒資源做進一步分析之前就能獲得的結果。

　　首先，我們將這兩年環境因素，針對其本質予以分類及探討：

### ■ 炒作導致泡沫型

　　例如 2010 年的大陸房市泡沫，以及摩天大樓泡沫。由於大城市房價漲得太多太快，加上大陸政府打房政策出爐，很多經濟學家及媒體紛紛預測房市即將泡沫；但並未發生，至少到目前還沒發生。這主要來自於現行經濟學預測方法的盲點，即忽視觀察期與預測期經濟本質結構的差異，就直接下結論。最好

的例子就是克魯曼在 2008 年底及 2009 年初一直說會重演大蕭條，他的預測是基於當時全球工業產值下滑的速度與幅度與 1933 那段期間相似，卻忽略前後八十年來政經環境的差異。

　　儘管大陸房市在接連打壓後於今出現較嚴峻的情勢，至少在 2010 年並未出現像經濟學家所講的泡沫破裂，因為其本質與美國房市泡沫不同。大陸經濟還在快速成長，人口大量湧入城市，加上上海有「丈母娘效應」特殊現象，買房的需求確實存在。此外過去十多年經濟發展，民間愈來愈富有，雖然貧富差距拉大，但有錢人確實不少，整體所得提升，不論投資或自住總是有人買得起。像台北市房價也漲了一倍，還是有很多自住客買得起。而且大陸房貸自備款比較高，有些甚至達到四成五成，就算房價開始下滑，這些人不會願意認賠出售，反而會包圍建商抗議，這些都是房價下跌的阻力。

　　展望 2012 年大陸城市的房價會下滑，但應該不致於出現類似美國的房市泡沫；作者的這項看法最近獲得一些支持。2011 年十二月二十七日「洛杉磯時報」引用彌勒即將出版的新書《十億都市人》中的文章指出：中國大陸在未來十五年將有約三億兩千萬人從鄉村移往城市，這將是人類歷史上最大規模的遷徙行動。彌勒認為，依照目前的趨勢來看，中國每年必須增加兩千萬個新住家；從這個數字來看，現有的六千萬戶空屋三年就消化掉了。

　　姑且不論美國學者彌勒估計的準確度，大陸人口從鄉村往城市遷移是趨勢，住房需求也在增加，所以房價高漲不一定是泡沫，只能說漲多了。另 2011 年十二月三十日大陸住房和城鄉

建設部政策研究中心主任陳淮指出，中國住房目前仍處於「絕對短缺階段」，需要十到二十年「艱難努力」才能逐步達成「相對平衡」。2010年中國城鎮人口比例為49.7%，但全球平均水平是 55%，因此未來十到二十年中國仍需努力滿足進城民眾的住房需求，以及城鄉居民改善居住條件的需求。從這兩篇最新報導就能看出各大金融機構在2010年的經濟研究分析有多不準。

然而房價炒作是事實，在房價快速上揚中，藉由價格機制誘發其他資源分配，像是鐵礦砂、水泥等材料、土地、勞工、房仲、資金、所得分配等等，都被嚴重扭曲，變成經濟上的難題。例如因房價過高，民眾必須努力存錢準備購屋頭期款，即使買了房子，長達二十年的時間必須省吃儉用，地產開發商賺了錢卻出國揮霍，這也不利內需市場的形成。

房價上漲很大動力來自預期心理與炒作。大陸在改革開放後大力發展經濟，將計劃經濟轉向市場經濟，學西方開放市場自由運作，然而西方經濟理論有缺陷，在預期心理與炒作部份是一片空白。如果大陸在2010年初整體復甦情勢明朗時立即強力干預房市，而不是只靠緊縮資金，事情就不會演變到現在難以收拾。

## ■ 看似危險型

另一個與炒作型類似的因素是看似危險型，主要是經濟學家在做預測時未考量經濟結構變化，又無法掌握此變化對實際需求的影響，只能妄加猜測，然後發出不適當的警訊。例如美

國退稅及大陸四兆退場。在風暴一開始時，由於不知道未來會如何，加上荷包大縮水，全球消費者及企業同步過度緊縮，此時藉由退稅及刺激，一方面給錢消費，一方面提振信心，對刺激景氣產生作用。然而經濟尚未復甦，也搞不清楚市場消費是否已因此帶動上揚，部份經濟學家就會以此類推退場時可能導致經濟成長無以為繼。但經濟學家在發表意見時，並不會承認自己所知有限目光短淺研究做的不夠，只會大肆放送自己的看法，儘可能的講得可怕一點來吸引眾人目光；未深究真相，所以看似危險，短暫的誤導了市場看法，但最後終究只是是鬧劇一場，而這些聰明的經濟學家早已轉移陣地，換過其他話題繼續操弄。

## ■ 坐吃山空型

希臘主權債務問題只是坐吃山空的例子之一。坐吃山空的概念很簡單，只花錢不賺錢，不用等結果也知道一定會完蛋。希臘財政入不敷出一直借錢，就算預算赤字降低也還是赤字，政府沒錢還是有很多人貪污及逃稅，人民享福利變成無底洞。

另一個例子是杜拜。作者對中東不熟，也對杜拜這個國家一無所知，聽過棕櫚島但不知道是杜拜的。杜拜從一無所有靠大力投資發展經濟，當然不會是好事，棕櫚島與世界島的計劃大膽，來買的都是明星富豪，加上那段時間經濟學家對杜拜稱許，甚至恭維成「杜拜學」，完全跟金融風暴扯不上邊。

作者從國家地理雜誌的電視節目上看到介紹帆船飯店的興建過程，像是水泥在灌漿時如何克服沙漠日夜溫差大及高度壓力等工程問題，確實很了不起。然而讓作者覺得不對勁的是棕櫚島與世界島。電視介紹棕櫚島時應該已經蓋好，但畫面上可以看到仍然有工程船在島嶼四周抽砂填海。原來人工造島破壞了大自然，因為洋流的力量，原本已建構好的沙灘會被侵蝕破壞，必須持續維護。帆船飯店建築過程雖然困難，但主要成本投入在建築期間，建好之後就是折舊與費用攤銷，相較之下，棕櫚島的海岸線即使蓋好，如果不持續抽砂填海，任由洋流侵蝕，可能會導致豪宅有一天被海浪吞噬，蓋好了等於沒蓋好，龐大填海費用變成無底洞。而這只是杜拜大型建設其中的一項，如果有其他建設也有類似棕櫚島的問題，那收支如何平衡？泡沫就會破滅。

坐吃山空通常是長期性的，例如美債及歐債危機，此問題早就存在，08 年以前就有人在提了，每隔一段時間就會出一次新聞，就如同溫水煮青蛙一樣沒人當一回事；去年杜拜危機發生時吵過一陣子，政客出來信心喊話就平息了，然後希臘傳出可能無法還債，股市跌了幾天，歐盟各國協議提供金援，就又平息了。今年開始希臘如果未能繼續拿到援助金，就真的還不出錢了，加上美國情況也不理想，全球金融市場鬧哄哄，隨著援助態度起起伏伏。

## ■ 市場會欺騙自己

其實，以希臘的狀況，早就可以知道一定會出事，但市場的反應很奇怪。經濟理論的另一個弱點，是對未來不確定因素的無力感。目前經濟分析技術與常人一樣，無法預知未來可能發生的事，因而當 2010 年杜拜及希臘主權債務問題剛開始浮現時，因為還不清楚未來會發生什麼事，所以市場在各國短暫的處理措施後就恢復平靜。其實重點並不是經濟分析能否預測未來，而是市場會出現欺騙自己的行為，怎麼說呢，希臘財政入不敷出已經很久了，靠舉債度日的事大家都看得出來，美國、日本、英國、及歐盟各國債務破表這件事也不是什麼秘密，何以市場會暫時忽視，認為短暫措施可以解決問題？杜拜與希臘早已突顯全球經濟結構性的問題，既然已知前面有懸崖，為何當作沒看見？因為市場是由人所組成的，是由很多個人組成的，所以會有人的缺點，而這與理性預期相違背。市場在去年杜拜及希臘剛爆發時，配合部份分析師及經濟學家的觀點，欺騙自己，漠視希臘及歐盟國家坐吃山空的事實，漠視歐元是爛貨市場的事實，選擇相信短暫的金援可以解決問題，錯失挽救金融危機的機會，這就是 2010 的全球金融走勢。一開始不當一回事，然後起起伏伏，到現在的哭天喊地，過度悲觀，不知所措，這次危機是解析市場信心的本質的最佳案例。

## ■ 肉包子打狗型

與「坐吃山空型」類似的是「肉包子打狗型」，例如美國量化寬鬆，聯準會釋放了很多資金到市場上，想要引導利率下降刺激景氣，錢花了但沒效果，房貸利率並未因此下跌，這些錢變成國際遊資四處套利或炒作原物料，反而導致物價上漲及通貨膨脹。大陸為了刺激經濟丟了好幾兆，地方政府融資平台放出十幾兆，很多錢被貪官污走匯出國外，並未進入消費體系。這些錢花了，卻無法刺激實體需求，對經濟無實質幫助，但這些錢最後是要還的，變成負擔，所以說是「肉包子打狗型」。

## ■ 有賠有賺型

與「肉包子打狗型」類似但比較好一點的是「有賺有賠型」。例如次貸剛開始時銀行因虧損過大，資本不足，無法放款，政府借錢給銀行，提高金融體系的流動性，有助於維持經濟及需求。另美國政府退稅，台灣發放消費券，大陸推家電下鄉，這些錢大多藉由消費在經濟體系裡循環，能刺激景氣。另大陸推動鐵公路等基礎建設，一方面帶動基礎原物料需求，另一方面可提高生活品質帶來效益。這些措施雖然減少政府稅收或增加負債，以後還是要還錢，但對刺激景氣多少有點幫助。就像是對垂死的病人進行急救，雖然耗費力氣，但有機會救活。

## ■ 天災人禍型

2010及2011年各發生了幾起可能衝擊經濟的重大事件，包含美國漏油、冰島火山爆發、日本三一一大地震、中東茉莉花革命。在這幾起事件裡，就日本大地震及福島核災對全球經濟的影響比較顯著，造成供應鍊中斷及日本製造業受損導致經濟成長受到抑制。

此類事件的特性，是一開始時比較難評估是否真的會對全球經濟造成衝擊，而且嚴重性通常要看影響時間有多久。例如冰島火山爆發一開始就導致歐洲航空交通大亂，影響經濟活動，還好持續時間不久。美國漏油事件，一開始對經濟的影響不明顯，但如果持續時間久了，變成環境大災難，最後還是會重創經濟。2011年底泰國大水淹沒了工業區，積水不退導致硬碟廠停工，進而影響PC出貨；原本台灣PC廠就已受全球需求減弱之苦，硬碟缺貨及價格上漲更是雪上加霜。

## ■ 認知改變型

有些事情牽涉到一般人認知的改變，例如長久以來美國政府公債一直維持最高信用評等，等同是無風險資產。今年年中由於美國債務膨脹，信評機構開始思考是否應調降美國債信，等於是打破了一般人根深蒂固的認知，很容易引起恐慌。前面提過，恐懼來自於無知，美債降評是前所未有的事，沒人知道

降評後會變成什麼樣子，各種猜測紛紛出爐，通常這種時刻提出悲觀預測的人會佔多數，甚至出現末日說法，很容易引發市場恐慌性賣盤。

另一個改變認知的因素是歐元解體及希臘倒債。歐元成立的時間雖短，歐元解體卻不是一般人能接受的；同樣沒人知道後果會如何，甚至有人預測如果歐元解體，德國 GDP 會掉一半，真不知這數字是怎麼估出來的。只能說市場充分反映凡人的心態，有時過度樂觀欺騙自己，有時又過度恐慌自己嚇自己。市場價格既然反映對未來的預期及信心，信心不正常的波動對經濟會有很大的衝擊，此部份必須採取因應措施。

## ■ 剛性需求型

什麼是市場需求，這其實是個問題。

經濟理論裡最基礎的，就是價格與供需均衡。一部份的經濟理論認為，市場的需求及供給將會決定價格，另一部份的經濟理論認為，市場對未來需求與供給的「期望」將會決定價格，在此理論中信心扮演了很重要的角色；所以排除信心的部份，只要能掌握需求與供給，就能掌握價格及其變動。這算是經濟學裡基本面的分析吧，但經濟學真的能給我們答案嗎？

從 2007 年開始，國際油價經歷多次劇烈波動，最高衝到一百四十多美元，最低跌到三十美元左右，2011 年又來到一百美元價位，每當石油價格開始大幅漲跌時，經濟學家的意見就是：「預期需求上升，供給下滑，供需缺口導致油價上漲。」問

題是，什麼樣的需求上升會讓油價上漲五倍？而且對照後來的統計數據，其實石油需求並未增加，那為何會出現這樣的波動？

　　需求絕對是經濟與價格的基本面，這個無庸置疑，然而經濟學家在分析價格波動時所講的需求，並不是指真正的需求，那真正的需求是什麼？以克魯曼在次貸風暴時的預測為例，2008 年經濟出現衰退時，克魯曼認為會重演經濟大蕭條，因為「全球工業產值大幅下滑 30%，與大蕭條同」，請看清楚，他的依據並不是「全球實質需求下滑 30%」，所以當 2009 年底由被壓抑的需求帶動經濟復甦時，他就預測不到。這代表經濟分析的關鍵是實質需求，作者稱之為剛性需求，要先掌握這個，但此時問題就出現了。

　　需求會波動，這是事實，從經濟學觀念來看，當資金寬鬆、所得與財富增加時，消費及需求會增加，而當資金緊縮與財富減少時，需求會降低；對金融風暴的分析而言，關鍵在於需求降低會低到什麼程度？歐元解體德國的 GDP 會下滑 50%，這背後代表實質需求要下滑多少？有一個經濟學沒提到的道理，中國有句俗話說：「開門七件事，柴米油鹽醬醋茶」，這個指的是生活基本需求，人的需求裡有部份是會受所得及財富影響的，但有些需求是不受影響的，作者將此部份稱之為剛性需求。這個就是經濟的最最基本盤。

　　從會計的盈餘平穩假說來看，剛性需求會因各國的文化與政經環境而有差異，但有固定的基礎。除非某一地區的人口死掉一大半，否則剛性需求不會大幅下滑。這是另一個掌握經濟情勢的角度。包含金磚四國在內全球人口仍在快速增加中，今

年十月才突破七十億，整體的剛性需求只會增加；從此來看，有人預測歐元解體德國 GDP 會掉一半，最近克魯曼與桑默斯在打對台，克魯曼認為美國將重演日本失落十年，因為債務過高且失業率居高不下。但克魯曼沒提的是實際需求如何變化，就算是債務再高失業率再高，除非大量人口死亡，要不然基本需求不會消失。從這裡可以推斷，克魯曼所謂「失落十年」的預期的理由並不充足，很可能又不準，因為美國的情形與日本並不同，不過這是另一個領域的問題。

## ■ 多空交戰型

有時經濟學家會刻意突顯某些風險因素，大肆渲染其嚴重性；這些因素並不是不嚴重，而是當這些因素屬於多空交戰的一方時，經濟學家只看空的一方，而未檢討多的一方。例如大陸主要城市房屋價格在 2010 年出現飆漲，很多經濟學家只看到這個面向就預測大陸房市即將泡沫，只有少數還看到了城市人口愈來愈多，對住房的需求其實很大，加上上海的丈母娘效應，以及房貸自備款高等支持房價的因素，所以那時認為大陸房市在短時間還不致於出現泡沫破裂的人算少數。

另一個例子是大陸的三缺議題。大陸在 2010 年底 2011 年初出現缺電、缺工、缺錢的現象，很多經濟學家依此預估將會重演前幾年才發生過的沿海出口區的倒閉潮。以出口為導向的製造業在遇到生產要素價格上升及大環境不利時，當然會令人對未來的情況感到擔憂。然而所謂三缺只是經濟結構裡狀況不好

的一面，從另一個角度來看，如果不是生產需求旺盛，怎麼會出現缺電缺工缺錢的情形？作者不會輕忽這些工業需求波動的影響，只是很多經濟學家在分析時只看硬幣的正面而不看反面，難免失之偏頗。

特別是前一陣子溫州倒閉潮的新聞鬧得沸沸揚揚，大陸出口將崩盤的說法甚囂塵上，謝國忠認為：「資金是很重要，但那有一缺錢就倒閉的，這些企業可能不只是財務槓桿太高，甚至是在玩金錢遊戲，這種公司倒閉無傷實質。」所以當出現出多空交戰型因素時，就不能只聽經濟分析師的片面之詞，這是作者多年來的觀察心得。

今六月溫州及浙江地方官員引用統計數據來駁斥倒閉潮的言論，然而從十月時總理溫家寶忽然親自跑到溫州來止血，相信實際情形一定很嚴重。不過作者認為此現象所隱含的風險，主要不在於融資困難衝擊中小企業，而是民間炒作風氣太盛。連錢都能炒，中國人聰明才智果然非同凡響，民間一頭熱的拿錢放高利貸，等於大陸在同一時間出現多個非法吸金的投資案，像是二十多年前在台灣發生過的鴻源投資公司，結果就是倒成一片，民眾血本無歸，吸金者捲款逃走，民間財富損失影響經濟，不過這已經是另一個風險。

## 希臘倒債屬坐吃山空型，無救

從前面風暴因素本質來看，對於希臘債務問題，作者只有一個觀點，讓它倒，不但要讓它倒，還要讓它很難看。這樣的

觀點來自於兩個理由，一個是希臘財政入不敷出屬於坐吃山空，另一個是希臘人民對倒債及國難當頭的反應。

　　作者並沒有貶低希臘人的意思，媒體報導的也不一定是真相，然而看起來希臘全國大概可分為三種人，逃稅的、貪污的、享福利的，從上到下似乎看不到有人認真工作努力賺錢。

　　希臘並不是個貧窮國家，不是非洲的衣索比亞，也不是亞洲的孟加拉，有錢人很多；依據希臘總理的前經濟顧問伯雷馬查基斯調查指出，希臘的農業城拿里薩市只有二十五萬人，人口與中華民國嘉義市規模差不多，竟然是全世界保時捷跑車密度最高的地方，連位居全球金融中心的紐約或倫敦都比不上。希臘不但保時捷多，賓士、勞斯萊斯、法拉利、BMW 更在雅典滿街跑。這就像民眾進入嘉義市在街上看到保時捷可能比腳踏車還多是同樣的意思，這種地方會窮嗎？

　　一輛保時捷跑車售價六萬歐元起跳，據伯雷馬查基斯的研究發現，希臘登記的保時捷跑車數量比申報年收入五萬歐元的納稅人還要多，這還未計入其他種類名車的數量，從這裡就可以想像希臘逃稅問題有多嚴重。

　　除了大約 25%的地下經濟無法課稅之外，希臘人還視逃稅為每人所必備的生活藝術。根據 2006 年數據，希臘 40%納稅人有逃稅情形。誠實申報繳稅比率甚低。大部份個人所得稅申報的年收入均在一萬歐元的起徵點以下，又如豪宅游泳池應申報奢侈稅，卻只有 0.2%誠實申報。此外企業或大戶繳稅流行所謂「三三制」（將應繳稅額改變成由國庫、查稅員、與納稅人各分得三分之一），逃漏稅狀況甚為嚴重。

　　希臘為何容許這麼多人逃稅？為何很多有錢人蓋豪華別墅及私人游泳池，稽徵效率卻奇差無比，講穿了就是特權關說，有人認為這與該國盛行紅包文化有關。以紅包打通關節之對象不限於公務部門，範圍甚至擴及駕照、建照、及看病等。據估計 2009 年約有一成多的家庭送出一千三百億歐元之紅包（約為 GDP 之 54%）。另外貪污為兩百億歐元（約為 GDP 之 8%）。因而希臘在「反抗貪污」的成效，在歐元區永遠排最後，這是希臘收支不平衡的第二個原因。

　　有錢人不繳稅導致國庫收入短缺，這點收入又有不少被官商勾結污走，這些勾當希臘人民都看在眼裡，沒錢逃稅又沒能力污錢的平民百姓，起而效尤大享福利。希臘收支不平衡的第三個原因就是國營事業虧錢，社會福利開銷太大。以希臘國家鐵路公司為例，支出與收入嚴重失衡，2009 年希臘國家鐵路總收入一億七千萬歐元，總支出卻高達九億四千萬歐元，相當於每年要賠三百三十億台幣，其中員工薪資占二億四千萬歐元，還不包含僱用出租車載客的支出。國家鐵路的收入連付薪水都不夠，等於是國家發錢養人民，讓人民白吃白喝，遑論其他。

　　希臘社會福利好，人民工作到五十歲就可以退休，此項規定並不限於國營事業員工，連一般民間的清潔工，理髮員都適用，美其名為「辛苦職業」，退休後每個月領的錢比工作時還多。這整個國家幾乎從上到下都在 A 錢，有錢人逃稅、官員貪污、人民享受社會福利，那到底有誰在工作賺錢？就如同前面提到的，坐吃山空一定垮，紓困無法改變坐吃山空的事實。

## ■ 人民本是同林鳥，國難當頭四處飛

另一個希臘一定會倒的因素，是人民對於國家即將倒債的反應。亞洲金融風暴發生時，韓國因外債過高，外資撤離，外匯存底不夠而面臨倒債危機。1998 年，南韓民間持有的黃金總值預估約二百億美元，大約是國際貨幣基金紓困款的三成，無法解決高達千億美元的外債。韓國沒有盟友，出事時只能靠自己。

那時大宇、三星和現代等大財團發起「收黃金愛韓國」活動，鼓勵各界捐出金飾，讓政府熔成金錠變賣還債。國難當頭，南韓民眾紛紛上街捐獻個人珍藏或傳家金飾甚至美鈔，新聞報導生動描述了當時南韓大街小巷的景象。主婦捐婚戒、運動員捐獎牌和獎杯，還有人捐出六十歲才有的幸運金鑰匙。南韓民眾大排長龍，捐出自己最鍾愛的金銀珠寶，力挺搖搖欲墜的南韓經濟。活動開始才兩天就收到十噸黃金。不到十天，首批三百噸黃金運送出國。

南韓當時接受國際貨幣基金五百七十億美元紓困款後，該倒的公司和銀行迅速關門大吉，勒緊腰帶、共體時艱是全民共識。眾人只想趕緊償債，重新站起來，擺脫「國恥」。對照南韓民眾犧牲奉獻的精神，同樣接受紓困的希臘，民間以罷工和暴動回應接踵而來的撙節措施。新聞記者走訪希臘，得到的印象是民眾寧可國家倒債破產，也不願再過苦日子，希臘人民竟然愚昧到不願看清國家破產後日子只會更苦的事實。

## ■ 以罷工面對緊縮政策

與南韓不同，希臘是歐盟一份子，歐洲強國如德法為了維持歐盟地位，主動提供希臘援助。2010 年五月，歐盟對紓困達成共識，決議提供希臘一千一百億歐元為期三年的紓困貸款；此紓困方案，來自歐元國家的雙邊貸款，以及 IMF 援助貸款兩大部分。歐元國家總計提供八百億歐元左右，IMF 則支援三百億歐元。為了取得此項金援，雅典政府答應刪減赤字改善財政，實行兩百四十億歐元減支方案，預計在 2014 年將預算赤字佔 GDP 比率，從 2009 的 13.6%降到 3%以內。這項方案影響層面廣泛，尤其是希臘膨脹的公務機關，具體措施包括凍結薪資與廢除紅利。相關國營事業等機構，也將面臨大幅裁員。

此方案公佈沒多久，希臘人民開始罷工，眼看著好日子快過完了，希臘人並未選擇團結合作共渡難關，逃稅的繼續逃稅，貪污的繼續貪污，而福利即將縮減的一般民眾不願過苦日子，紛紛走上街頭抗議。

希臘不是個誠實的國家，歐盟卻天真的相信希臘政府的承諾。早在 2009 年，歐盟統計局就發現希臘政府提供的預算數字並不可靠，可能為了掩蓋政府債務危機的嚴重程度而在數據上做了手腳。歐盟統計局說，它曾接到希臘統計機構的匯報，希臘政府提供的一系列統計數據中存在「有意誤報」，為的是使政府財政赤字顯得少一些。

2010 年希臘在接受歐盟紓困並換了總理後毛病沒改。一年前才信誓旦旦執行減赤計劃，2011 年 10 月急需新的紓困金時才說今、明兩年無法達成該國承諾的減赤目標。自己不力行節約，還把原因歸咎於經濟緊縮較預期嚴重，擺明了找藉口。

在承認無法達成減赤目標的同時，希臘民眾罷工規模愈來愈大，工人甚至集體出走展開全國總罷工，包括律師、教師、藥劑師、醫院員工及碼頭工人，各行各業幾乎全部加入罷工行列，不管是工廠、學校、乃至商店市集和大眾運輸都為之停擺。同時至少十二萬名群眾聚集在首都雅典市中心進行抗議，阻撓國會表決通過新一波財政緊縮方案。

新緊縮方案內容包括削減開支、增稅、降低年金及減薪後薪資凍結，受影響人數達七十五萬，包括三萬名公務員，另外勞資合約也將凍結。抗議群眾說，如果政府的新財政緊縮方案通過，他們將淪於一無所有，這不是廢話嗎？不努力工作賺錢，只當米蟲讓國家養，現在沒米吃了，就哭著說一無所有，沒有反醒能力到這種地步，真是令人難以想像。

沒去罷工的，就買春吸毒自殺。由於政府大砍支出，加上失業率飆高逾 16%，越來越多希臘人得了憂鬱症，或轉向毒品尋求慰藉，希臘的自殺率直線上揚，買春盛行，愛滋病感染和性病傳染案例也持續升高。自殺案件翻了一倍，凶殺案增加，感染愛滋病毒人數增加了百分之五十。

對照南韓民眾在國難當頭時踴躍捐獻黃金給政府，希臘有錢人則是趕著將資產送往海外。專家估算過去一年來經第三國轉進瑞士銀行的希臘資產超過二千億歐元，這麼多錢拿來還債

都夠了，很多希臘企業家利用海外子公司轉移資產。希臘媒體報導，不只企業家，最近希臘機場甚至查獲不少修女、傳教士與失業者行李箱裡裝滿歐元現金，連向來清高的宗教人士都想把錢帶出國。

　　亞洲經濟情況較差的國家像菲律賓、泰國、印度、印尼，要不就是社會福利很差，要不就是人民辛苦工作或出外打拼，像菲傭、泰勞、印傭等，出外賺錢匯回來給親人花用，希臘是沒錢還想當闊佬，借錢消費舒服日子過慣了，眼看還不出錢來了竟然還罷工、吸毒，這種米蟲不養也罷。

## ■ 希臘倒債問題沒想像的大

　　包含諾貝爾獎得主在內很多經濟學家認為希臘不能倒，希臘要是倒了歐元解體，德國 GDP 將會掉一半，後果嚴重，真不曉得這是怎麼估出來的。歐洲市場佔德國出口總值的 60%，當然很重要，但希臘倒債跟歐洲解體能劃上等號嗎？希臘國債不過三千億，義大利就一兆多，之前歐洲也承認，歐盟有能力救希臘，但沒能力救義大利，所以關鍵在義大利，那擔心希臘做什麼？救了希臘就救得了歐洲？太樂觀了吧。歐元解體歐洲經濟就會完蛋！那在歐元成立之前為何各國也都活得好好的？歐洲各國債務高漲，經濟不振，從 2008 年開始就這樣了，次貸風暴那麼慘，德國 GDP 有掉 30%嗎？那為何希臘倒債德國 GPD 就會掉一半？真不知從何說起。

之前美國可能被降信評時，各種謠言四起，結果現在美國公債大家也是搶著買。從這個角度來看，經濟學家刻意突顯希臘倒債的嚴重性，很可能是出於政治考量。

其實希臘倒債早已是事實，欠債那麼多又入不敷出，每次都靠借新還舊，怎麼可能不倒。希臘經濟由繁榮到衰退，過度消費是主因。2001 至 2008 年的統計資料顯示，各國政府及民間借貸、消費支出占 GDP 比重，希臘以高達九成的比重，居全世界第一。

希臘的情形與杜拜不同，也與美國不同。比希臘更早爆出來的杜拜，至少是阿拉伯聯合大公國的一員，有石油當靠山，杜拜各項投資就算喊停放給他倒，那也只是一個人有錢人上賭場賭輸了一次，家產都還在，下次別賭就是了。

## ■ 希臘不是還不起，而是不肯還

從資產負債角度來看，希臘目前負債約三千三百億歐元，資料顯示希臘國有資產估計至少三千億。也就是說淨負債不過三百億歐元。另一方面這一年來經第三國轉進瑞士銀行的希臘資產超過二千億歐元，如果把這些錢拿來還負債，希臘淨資產還有一千七百億歐元，這還未把其他民眾資產估算在內。就像一個人有三千萬市值房產，銀行貸款三千三百萬，另外還有二千萬的現金，這種人怎麼可能還不起貸款，所以說希臘倒債是政治決策，不是還不起，而是不肯還。像這種有錢人惡性倒閉，救他做什麼？

　　講穿了，一個有錢人，收入少了，但奢侈慣了，坐吃山空，不願節儉過日子，這種人不可能救。希臘有錢人不少，如果舉國上下齊心協力，一定能度過難關。希臘經濟規模占歐盟不到2%，人總有基本需求，政府沒錢支應社會福利後經濟活動及民生需求可能會降一些，但下跌空間有限，最多就是推新的希臘幣然後幣值大跌，遊客湧入反而改善經濟。對全球需求影響更有限，那為何會變成全球經濟二次衰退？

　　政府舉債錢是借來的，能借到錢，表示有人有錢，也表示這些錢沒被拿去消費，既然如此，拿來消費有何不可？就算無法還，反正原本的錢也不會拿來消費，那為何會衝擊信心，或導致需求降低？令人費解。

　　諾貝爾經濟學獎得主皮薩里德斯說：「希臘一旦否決紓困案，災難將立刻降臨，拿不到金援的希臘將立即破產倒債，被踢出歐元區。持有希臘債務的其他國家銀行將損失慘重，讓原本就債台高築的義大利、葡萄牙等國情況惡化。尤其是義大利，債務多到無法紓困，希臘倒債很可能讓義大利等國借貸成本大漲，公債賣不出去，最糟的狀況就是面臨和希臘一樣的後果，因倒債被踢出歐元區。這種滾雪球效應出現後，歐元區勢必將解體，不但歐洲統合理想幻滅，經濟衝擊也將無法想像。」

　　皮薩里德斯這番話的邏輯有點怪，到底最大的衝擊是「歐洲統合理想幻滅」？還是「經濟衝擊將無法想像」？在歐元推出前歐洲沒統合，經濟也沒比較差呀。義大利債務多到無法紓困，這代表只能靠自己救自己，也代表其實可能已倒債，那為何要等希臘倒債後公債利率才會上升？就算希臘不倒債，歐盟

也無力紓困義大利，那為何公債利率不會上升？反而是希臘倒債，歐盟可以省下一些銀彈來救義大利。希臘不倒，義大利與葡萄牙有樣學樣，那不是造成更大危機。講穿了，歐洲強國不想看到的是「歐洲統合理想幻滅」，一個諾貝爾獎得主用經濟議題來包裝政治議題為政客解套，作者認為這種行為不適當。

歐盟決議讓希臘債務折抵 50%，這代表希臘已實質倒債，那為何還未出現皮薩里德斯說的「滾雪球效應」情形；後來希臘同意接受歐盟減赤條件及金援，結果義大利發債殖利率卻因為法國被降信評而飆上歷史新高，這與皮氏說法不同，講穿了就是信心問題，那信心到底是什麼？如何舒緩市場恐慌心態？既然後續效應是信心崩潰造成，設法挽救信心是不是可能比挽救希臘還來的直接有效？

從雷曼倒閉經驗來看，希臘倒債的衝擊不難想像，歐洲銀行將因鉅額損失導致資本不足而緊縮，企業及民眾無法取得貸款，流動性因此凍結，導致經濟活動降低；雷曼倒閉時就是由政府注資支持銀行，打開流動性問題，讓經濟重回正常軌道。既然如此，希臘就讓它倒，歐盟及世界各國集中資金來救受波及的銀行業者及義大利，把流動性及其他國家的債信撐住，可能會比救希臘容易。事實上就是當希臘要以公投表決是否接受歐盟援助時，除了明富環球這家公司倒閉外，市場上並沒有太多的漣漪，反而是當義大利、法國、西班牙等國家傳出降評、貝魯茲科尼下台、大選變天等變化時，整個市場信心才潰散，這證明希臘並不是皮氏所講的問題核心。

## ■ 法國救希臘反而被甩耳光

希臘倒，是信心問題，然而歐盟各國應對方式很糟糕。

一個有毒癮的人，老是借錢買毒品；在戒毒之前，旁人想救他，光靠借錢給他是沒用的。法國總統沙柯吉為了搶當老大，不但要法國銀行借錢給希臘，還要世界各國合力救希臘，還拿雷曼倒閉來比喻，實在不恰當。希臘不是要不要救的問題，而是他不讓你救，想救也救不起來。果然，德法想救希臘，卻被希臘甩了兩八掌。

在德法兩國大力奔走下，歐洲國家與銀行業者好不容易十月二十六日達成協議，歐洲金融穩定基金同意從四千四百億歐元的規模通過槓桿化操作放大至一兆歐元。另外，債權金融機構在「自願」前提下，握有的希臘債務至多將折減 50%，這導致歐洲七十家大型銀行必需增加一千億歐元的資本緩衝，以防範主權債務違約可能帶來的衝擊。在該協議下，歐盟同意支付希臘第二輪一千三百億歐元的紓困金，但希臘必須提出刪減支出的配套。之後希臘本在 11 月中可以安全接受八十億歐元的金額，希臘債務危機可消除。

眼看著希臘倒債危機可望暫時解決，沒想到希臘總理巴本德里歐在幾天後突然宣佈，要把歐盟提供的第二套紓困方案尋求國會信任投票並交付公投，此話一出引起軒然大波，等於是當眾人面前賞了法國總統沙柯吉與德國總理梅克爾兩個耳光，希臘此舉不但可能讓歐盟致力化解危機的苦心化為烏有，也把

希臘推向倒債深淵甚至退出歐元區。尤其是最大資金來源德國，上至政府官員、下至產業界以及學界都對此表示強烈憤怒與不解。

其實沒什麼好不解的，是他們自己沒搞清楚狀況。歐盟諸國齊心救希臘，希臘卻要公投，變成人家幫它，它反而不領情，「欠錢的人最大」。希臘這個舉動反而讓世人看清楚歐盟體制難以維繫的問題，以及救經濟的無能，更加重創市場信心。那還不如一開始就要他滾，然後全力救銀行。

果然，在希臘撕破臉後，德法兩國領導人撂下狠話，希臘要是否決歐債協議，就得離開歐元區；梅克爾與沙克吉兩人警告，假如希臘不同意歐元區領袖的條款，未來將不會獲得歐盟和國際貨幣基金組織的「一分一毫」。事實擺在眼前，希臘如果繼續留在歐元區，它就無法透過貨幣貶值，減輕負債，也因此開始有經濟學家認為，離開歐元區，或許才是希臘最好的出路。

沙克吉是為了搶當老大才堅持救希臘，像這樣出於一己私利，由不當欲望驅使的決策通常會帶來反效果。儘管歐洲打算成立財政部及央行，先別說八字還沒一撇，這些財政單位能約束誰？強國一定不肯被約束，只能約束弱國，到時又被罵態度不公，屆時反彈更大。連希臘政府都無法平息國內罷工怒火，未來當歐洲財政部要求希臘財政緊縮政策時，誰來處理資源分配問題？誰來面對罷工壓力？畢竟希臘總統是民選的，不是由歐盟指派的。

　　所以說最好的方法就是先把希臘踢出歐元區，不但要讓它倒，還要它倒得很難看，強制處分其國家資產來還債，讓其人民痛苦到受不了，願意推動政治改革，等希臘改變體質向歐盟求救時再救它，這樣才救得起來。一方面拿希臘的下場來警告義大利等其他國家，另一方面集中資金穩定歐元區；必須喚起義大利、西班牙等國家人民的愛國心、責任心，歐元區才有機會渡過風暴，否則其他國家人民學希臘罷工，愈紓困只會讓洞愈來愈大。

## 會計學永續經營假設

　　在作者學習生涯中，習得很多經濟理論及觀念，其中最重要的幾個觀念卻來自會計學領域，一個是永續經營假設，一個是盈餘平穩假說，另一個最重要也最常用的是全部成本觀念。永續經營假設是編製財務報表時很重要的假設，所有財務數字是在假設企業會繼續經營的情況下編制，例如某家企業公佈財報每股獲利十元，這十元獲利是在假設企業會繼續經營的情況下計算而得，如果企業不打算再經營，算出來的獲利可能就不是十元，因為企業諸多資產，包含廠房、辦公室、存貨、應收帳款、機器設備等，必須以清算價格估價，在此情況下每股盈餘可能變成虧一百元，而不是賺十元。同樣一家公司，在同一個時點，只因假設不同，結果天差地遠，就像天堂與地獄；「假設」與「期望」之間，存在一條很大的鴻溝，對世界經濟造成很大的衝擊，卻沒有人在探討這鴻溝。

## ■ 次貸風暴與拋售資產

這就像 2008 年次貸風暴發生時，資產價格大跌，導致金融機構鉅額虧損，必須拋售資產停損以籌措資金，而此拋售動作又導致資產價格進一步下跌，此時市場價格能算是「公允價格」嗎？如果不是，那國際會計準則標榜「公平價值」的精神，就可能存在漏洞；也就是說，在拿市場價格當作公平價值衡量企業資產價值時，可能要先評估市場價格的公允性，然而經濟學發展了快三百年，此部份還是一片空白，這是因為經濟學的基本理論與分析方法錯誤。

## ■ 預期與假設，義大利與希臘

我們用希臘債務危機，及諾貝爾經濟學獎得主皮薩里德斯的論點來解析這個鴻溝。希臘在加入歐元區之前，發債利率十幾趴，但加入歐元區後，可以用德國的信用評等來發債，享受高額度低利率，請問，這是「假設」還是「期望」？

諾貝爾經濟學獎得主皮薩里德斯說：「義大利，債務多到無法紓困，希臘倒債很可能讓義大利等國借貸成本大漲，公債賣不出去」。所以，希臘不倒債，義大利公債就賣得出去？因為認為義大利不會倒債，請問這是「期望」還是「假設」？義大利債務已多到無法紓困，歐盟能救希臘但救不了義大利，那為何只因希臘不會倒，就認為義大利也不會倒？這是作者的看法與

諸多諾貝爾獎得主不同的根本原因，諾貝爾獎得主把假設當期望，而作者清楚這兩者的本質有差異。

　　以雷曼為例，次貸爆發其實雷曼就一定會倒，但市場並未立即認定雷曼會倒，這是因為以為美國政府會救雷曼，但後來雷曼倒了，請問，這是「期望」還是「假設」？美國與日本的債務比例更高，但沒人認為這兩個國家會倒，這樣的認為，是「期望」還是「假設」？

　　市場到底是真的有「期望」，還是把「假設」當「期望」？如果可以把假設當成期望，那假設能否用來救世界經濟？

　　過去一年多來，每次只要希臘可能還不出錢來，全球股市就會大跌，這是全球投資人的期望還是假設？有沒有可能是因為全球的經濟學家都說希臘倒債將會衝擊全球經濟，全球投資人接收了這個訊息，把經濟學家的「假設」當成理性的「期望」，所以只要希臘傳出可能倒債，股市就下跌。那如果全球經濟學家都說希臘倒債將「不會」衝擊全球經濟，全球投資人都把此「假設」當成理性的「期望」，是不是股市就不會跌了？

　　希臘人民會在短期內全部死光光嗎？當然不會，既然不會，為何不能假設希臘不會倒閉，以此為信心，集中心力來解決問題。恐慌，只會讓災難成真。這就像面臨大災難時，有人心想死定了，有人堅信一定能逃出生天；後者不一定能逃過劫難，但前者通常必死無疑。

## ■ 克魯曼預期大蕭條，是期望還是假設？

為何有這樣的論點？2009 年中時，大部份經濟學家，代表人物是克魯曼與羅比尼，再三唱衰全球經濟，說即將重演大蕭條，全球股市跌到不行，就在一片不看好中，2009 年底急單突然出現，然後急單變長單，接著演變成長達一年多的大復甦，大蕭條根本沒發生。請問，當時經濟學家的看法，是「期望」還是「假設」？如果那時他們編的是一個錯誤的假設，那為何現在不能編第二個？

一家企業財報估算每股賺十元，是因為假設繼續經營不是嗎！如果沒這個假設，會變成虧一百元；既然如此，為什麼現在不能編一個「全球經濟不會衰退」的假設，讓這個假設帶動全球經濟復甦。為什麼一定要編「希臘倒債會重創全球經濟」的假設？有人會說，這是透過「合理的推測」，應該說，這是他們「認為合理」的推測，而不是真正合理的推測。2011 年六月之前還一片看好聲，認為下半年會持續成長，才三個月，就變成全球經濟會大衰退，這些諾貝爾獎得主跟經濟學家講的話，真的能信嗎？

## ■ 流行蘋果綠與時尚假設

如果我們拿大眾行為來比擬市場行為，例如所謂流行，是指社會裡有不少人這樣做，愈來愈多人跟著做，變成一種潮流，

稱為流行，所以流行可當成是市場機制的產物，例如流行服飾。
自由主義學派認為市場是無法操縱的，所以，流行也是無法操縱的，真是如此嗎？假設 2011 年全球流行蘋果綠的服飾，上至電影明星歌星，下至平民百姓，很多人穿蘋果綠相關色系的服飾，此蘋果綠的流行風潮，真的是市場機制的成果嗎？其實背後的真相，是掌握全球流行的時尚業者，在 2010 年時就已商定 2011 年的流行服飾是蘋果綠，因而製作服飾的材料，包含布料、皮革、絲綢、羊毛等等，以及各個名家設計服，雜誌廣告，模特兒身上穿的，就是這些已被預定的蘋果綠色系，消費者眼睛看到的，耳裡聽到的，去服飾店能買的，店員宣傳的，就是這已被預定的蘋果綠色系服飾，最後的結果，就是 2011 年的流行服飾色彩是蘋果綠。這是個假設不是嗎？所以從這個例子來看，假設可以形成預期，而最終對市場造成實質影響。

　　這就出現兩個問題，我們所看到的，到底是市場機制下反映出來的預期，或是假設？而假設如何用來影響市場？例如羅比尼每隔一段時間就出來喊「末日將至」，是反應理性預期，還是在推銷他的假設。當希臘推動公投震驚全球時，羅比尼上媒體主張，明富環球倒閉事件可能僅是開端，接下來還有大型金融機構會倒閉，甚至包括如高盛、摩根士丹利等；隔了不久經過各國調查證明，美國銀行在歐債的曝險並沒有傳言中的高，反而是法國與德國銀行比較危險。請問當時羅比尼講的是他的預期，還是假設？他說的是真話嗎？

　　那段時間杜拜與愛爾蘭發達的時候，杜拜大興土木，經濟成長年年飆升，金融業規模不斷擴大，經濟學家歌功頌德，甚

至稱為杜拜學。愛爾蘭也是，經濟學家用各種角度解讀何以愛爾蘭會成功，認為可以當成全球開發中國家發展經濟的典範。忽然間，杜拜發生違約，各項工程因資金不繼而停擺，外籍勞工紛紛逃回家鄉，房地產及股市暴跌，金融業大幅虧損，連匯豐等大型銀行也虧損。那時提出的杜拜學，是市場機制下的預期，或是假設？愛爾蘭的經濟發展模式，是預期，還是假設？

## ■ 什麼是藝術

一件東西算不算藝術品，大多不是看的人在決定，而是專家講的。放在美術館展示、有權威評論加持的就是藝術品，此外就不是藝術品，例如知名藝術家基彭帕格的裝置藝術品，底部是個橡膠水槽，與一般家庭裡的水槽沒有差別。當一般人把舊水槽從家裡拿出來放在門口時是垃圾，而基彭帕格把同一個水槽拿來放在美術館時就成為前衛藝術品，拍賣價格馬上從零飆升到好幾百萬台幣；甚至還有一個藝術家，拿了一個小鐵盒裝他自己的排泄物，對外聲稱這是藝術品，後來還形成了一個藝術流派，這到底算什麼！水槽的本質並沒有改善，改變是人的認知，而此認知是由假設決定，不一定是理性預期。一般假定具藝術家身份的人提供的就是藝術品，其他人提供的就不是，而此假設存在久了，接受的人多了，就變成「期望」、「認知」，但不表示這樣就是正確的。

我們可以拿水槽的本質比喻期望，拿人的認知比喻假設。以希臘債務為例，這個國家財政入不敷出，逃稅貪污盛行，沒

有競爭力，所以加入歐盟前舉債困難，這是本質。加入歐盟後，信評機構給予高評級（就如同藝術評論家的認可），垃圾馬上變黃金，可享受德國的待遇發債，請問這是市場理性預期還是假設？

## ■ 市場效率是假設而不是事實

市場機制也是一樣，我們把希臘公債的價格當成是市場機制的成果，然而此成果實際上來自經濟學家要我們相信市場是有效率的，而且希臘債信評等可比照德國；然而這是兩個假設，在這兩個假設下所反映出來的希臘公債的價格不一定是正確的價格，而是爛貨市場裡資訊不對稱之下所出現的價格，是錯誤的價格，此錯誤時間久了，就變成希臘公債危機，也就是市場失敗。

市場效率假說認為：「價格皆能正確、即時且充分地反映所有攸關訊息」，但從希臘例子來看，在加入歐盟前發債殖利率十幾趴，加入歐盟後用德國的信評發債利率很低，此利率並未反映過去十幾趴這個價格資訊，也沒反映希臘財政入不敷出的公開資訊，而是反映了一個爛貨市場的假設，結果就是市場失敗，原因則是基本的經濟理論是錯的。

## ■ 盈餘平穩假說

某個企業，第一年每股賺 11 元，第二年賺 9 元，第三年賺 10.5 元，第四年賺 9.5 元，第五年賺 9.5 元，第六年賺 11 元，第

七年賺 10 元……。長期平均下來，每年賺 10 元，但只要財報公布大於 10 元股價就上漲，財報公布小於 10 元股價就下跌，導致關心股價的投資人老是問董事長今年會賺多少？董事長被問煩了，以後年度的財務預測都寫賺十元（這種情況是查帳實務，不是作者隨口捏造的），編財報時小小調整，每年都公佈賺十元，再也沒有投資人因股價波動而賠錢。請問，可以這樣做嗎？這樣做不好嗎？這是與永續經營假設類似的，既然可以假設一家企業會繼續經營，為何不能假設其每年盈餘為十元？

在平穩盈餘過程中隱含一個基本面，每年賺十元。因為接受這個基本面，所以直接把盈餘調成十元。如果從這個觀點看全球經濟呢？在次貸爆發前，假設全球需求及產值是十，次貸爆發後劇跌三成，所以克魯曼預估將重演大蕭條。請問，那時全球人類死掉三成嗎？好像沒有，人口不減反增，那活在地球上的人都不用吃、喝、交通、娛樂、買手機嗎？如果不是，那為何會大蕭條？結果就是被經濟學家嚇到而急縮的需求，忽然又彈了出來，變成大復甦。從會計領域的「盈餘平穩假說」出發，作者找到一個點來思考經濟趨勢，這個點稱之為「剛性需求」。

## ■ 油價暴漲暴跌，背後是預期或是假設？

需求會影響價格，信心也會影響價格，這兩者經濟學家常掛在嘴上，但從未徹底澄清對價格影響的差異。以油價為例，即使 2008 年次貸爆發，油價高掛 140 元，這還是從每桶 20 幾元

漲上來的，原油需求真的有增加嗎？隨後油價下跌到 30 元，那需求真的有減少嗎？2010 年油價又來到八十元甚至突破百元大關，原油需求又增加多少？從事後來看，每個年度原油需求變化不大，供需也未出現嚴重不平衡，但每次油價波動時，都說「預期對石油的需求升高」，隔了一年之後發現其實需求並未升高，這到底是「預期」還是「假設」？這，就是炒作的證據。而炒作為何能存活那麼久，還不是因為所有的經濟學家都堅持市場是有效率的，是無法操弄的，炒家在價格機能下無法賺取超額報酬，並要求全世界的人都相信他們的話，還威脅各國政府不能干預。

這就像一個有很多賭客的賭場，一位黑道大哥派了人在賭場詐賭大賺特賺，卻告訴所有賭客此賭場不可能有人詐賭，還威脅賭場主人要對詐賭行為裝作沒看到，不可以干涉，否則就要誣陷他是異教徒，唆使賭客拿石頭把他打死。請問，進場炒作原物料價格而大賺特賺的金融機構，賺來的錢分紅利給了誰？還不是那些為他們護航的經濟學家，以及經濟學家教出來的學生。這就是市場的真相。

企業獲利十元的基本面不變，但因財報數字高高低低，導致股價起起伏伏。原油基本需求未變，但以「預期」為名，把石油價格炒得老高，帶動物價上揚，導致原本已疲弱的需求無法穩定復甦，那為何不針對實質需求把問題解決，卻任由「假的預期」操弄油價？到底是依據什麼證據認為石油需求上升？「預期」就一定是真的嗎？「預期」真的有讓世界變得比較好嗎？

以 2000 年網路泡沫為例，明明公司就是一直燒錢，處於虧損狀況，但股價狂升，那時候還鼓吹不要看財務指標，要看本夢比，只要分析師跟經濟學家敢吹，就有人信，不斷追高股價，最後倒一片。比較起來，唸會計的人比唸經濟的人誠實多了。

## ■ 經濟的本質

從盈餘平穩假說與剛性需求來看，只要人活著，需求就存在。樂觀時可借到錢，需求可能會膨脹，缺錢及悲觀時也會受壓抑，然而全球有 70 億人口，基本需求是存在的，如果無法滿足基本需求，就會動亂；當需求存在時，工業產值就存在，基本需求會因短暫的因素而波動，但波動很有限，工業產值也會波動，但受了信心及水車實驗效應影響，波動幅度會擴大，與基本需求不會是一比一的關係，此時擴大的波動就可能重創經濟結構，讓經濟發展與實際需求偏離，所以要盡可能減緩波動以維繫經濟活動與人民生活的平穩，此時會計的盈餘平穩假說就派得上用場了，而且政府積極干預扮演很重要的角色。這與理性預期的看法完全相反，但絕對比理性預期更貼近真實情形。只要不是全球人口忽然死掉一大半，就不太可能出現大蕭條，所以克魯曼與羅比尼的末日說法，其實是在干擾經濟活動正常，應予譴責。

如今並不是需求不存在，而是資源分配不均，有需求但沒錢買（背後隱藏的是經濟理論供需法則的邏輯錯誤），這是資源

分配問題。資源分配的結果，來自於經濟政策。當金融風暴發生，代表以價格分配資源達到均衡的機制已失效，所以在風暴發生後，再期待藉由市場機能來調節，再相信市場會自動慢慢復甦是不理性的，因為市場早已失控。

　　導致金融風暴的政策，是當代經濟理論思想所引發，這代表這些理論思想是有問題的，這個可從大部份經濟學家對美債上限的疑慮、是否應該救希臘、歐元是否應繼續存在、以及歐盟救希臘的方法及過程，看出這些思想與理論確實有問題；其中，不少是諾貝爾得主的見解。

　　作者提出「2012 完美風暴」這個議題，是要建立一個新方法來研究大型金融風暴的形成及對策，雖然這個方法還在草創階段，還不是成熟的方法，但藉由這個方法可以看出大部份經濟學家在看待這兩波金融危機時的邏輯問題點。另外從會計的觀點出發，要回到經濟政策，從永續經營的角度思考如何讓維持一定的需求水準，讓經濟結構慢慢調整回來。

## 全球經濟問題簡單分析與對策

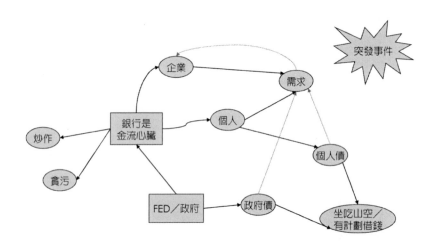

從佛學角度來看，無知會帶來恐懼，恐懼會影響信心。因為不知希臘倒債後會如何，以為會像法國總統薩克吉講的跟雷曼倒債一樣，所以每次希臘有狀況市場就會恐慌；排除恐懼及信心危機的第一步就是搞清楚狀況。

整個經濟體系，可以用一個比較簡單的架構來看；這個方法架構，是作者在過去多年顧問生涯中，不斷運用「因果分析」、「營運模式分析」、「系統思考」這三種方法將之融匯而成專門用來分析多因素間互動關係的方法。這個方法目前看起來還是過於粗糙簡略，但有一定的用處；有時，從簡化後的角度來看，反而可以看清楚問題的本質。

　　從圖上來看，在整個經濟體系裡，大致上可分成幾個角色，政府、個人、企業、銀行，主要經濟活動，包含賺錢、借錢、消費、融資、炒作、貪污等等。我們可以從次貸發生後全球經濟變化來解析此關係，再從實際需求的角度及資金流向來分析經濟問題，並對照大部份經濟學家的觀點來比較差異。

## ■ 次貸前債務與需求膨脹

　　在次貸發生前，因房價上漲及消費習慣，美國人借錢消費，個人債務膨脹，加上美國政府因反恐戰爭及降富人稅等其他因素，舉債到八兆美金；歐洲國家社會福利好，也是舉債消費。這些政府債及個人債，推高了實質需求，使企業生產規模擴張。

## ■ 房市泡沫及雷曼倒後需求跌

　　房市泡沫後，房屋價值大跌，個人財富縮水，房子被法拍，開始縮衣節食，加上雷曼倒閉，金融風暴來襲，消費信心大跌，導致需求緊縮。風暴前的需求高於正常基本需求，風暴後不但下跌，還遇到緊縮，所以此時的需求低於「剛性需求」，導致企業減產及裁員因應。加上銀行因雷曼倒閉蒙受重大虧損，資本不足，流動性凍結，減少放款，企業及一般民眾因借不到錢而使需求及生產活動進一步緊縮，所以出現克魯曼所說：工業產值減三成。從這裡來看（在沒有任何統計資料支持下），剛性需求大約是風暴發生前的 85～90%。

## ■ 2009 剛性需求彈回來

所以各國推出救市方案，一方面救銀行，將流動性維持住，讓需要錢的企業及個人可以借到錢，另一方面用退稅等方式刺激需求，讓經濟回復常軌，美國為了提高流動性，推出兩次量化寬鬆。在需求恢復及大陸等需求帶動下，變成 2009 年的反彈。壓抑的需求反彈時會多消費，所以衝到 94%～96%，但不會回到風暴前高峰。

## ■ 量化寬鬆變炒作

然而，量化寬鬆的資金，只有少部份進入企業變成投資，大部份被拿去炒作，導致原物料價格上漲及物價上揚，傷害到實質需求。另大陸推四兆救市，很多錢被貪官污走，錢藏起來，也沒有消費。多彈出來的消費在無新議題之後會下滑，加上救市時債務快速上升，引發倒債疑慮，出現 2011 年下半年的需求下滑；此時需求上升打回原形，也不過回到 90%的水準，不可能跌太多。

## ■ 剛性需求必須撐住

經濟的本質，是雇用、消費、流動性。從盈餘平穩假說看，剛性需求是固定的，從永續經營假說來看，人不死，有工作，

需求及生活就能繼續，企業及銀行不要倒，就能繼續運作。所以人民沒工作失業，就要設法給他工作。創造就業一定要做，否則個人無法永續經營，資產會大減，需求中斷，中斷的人多了就會影響整體需求。從這裡來看政府應該積極設法為失業的人創造工作。

現在的問題是政府想不出方法如何讓這些花錢創造的工作能產生實質效益，而不是白花錢。這是因為過去的經濟理論，不論是凱因斯或非凱因斯，都過於依賴財務工具及宏觀角度，並未深入解析經濟活動的細部關聯，因為不瞭解這些關聯，所以在思考經濟政策時，就不知如何促成經濟體系的再活動。這個窘境就是作者所說的，沒有到「一切遍知」的境界，就不知道該從那個環節點切入干預，此時政府的干預容易出現反效果，然後又被天真的自由學派經濟學家拿來當成「不應干預市場」的例證。

作者當顧問很多年了，與其他顧問不同，作者的服務標榜的是成效，就像作者所創隨風飛舞十三式，拿得出預先發現的重大風險當作成效證據。企業在面臨問題時，很多大老闆慣用的方法就是給錢或給壓力，但常常弄不清關鍵環節，不但無效，反而發生反效果，就像政府面臨經濟困難要救市一樣，注入資金或干預市場而出現反效果。作者曾輔導高科技業改善研發循環的效能，在一切遍知的概念下，發現研發循環幾乎等同整家公司所有營運活動，相關作業流程與問題多如天上繁星，如果一次只改善 1～2 個問題，只會有反效果，就像目前各國推救市方案的方式一樣。改善要有效，一定要同時針對五十個環節點，

同步做一百個改善，不但點要抓得準，改善方向必須有效且一致；這樣做，兩個月就能看到效果。

## 一切遍知

很多學術及理論，例如相對論等，看起來很難，其實沒那麼難，大多只是寫理論的人讓別人摸不清他的假設與思考方式，所以看起來很難。有一個概念是作者所看過最難的，那就是佛學裡的「空性」，空性的難度，在於不是靠文字解釋就能理解體會，空性所搭配的是涅槃的境界，就算看了文字，以為已經知道什麼是空性，但此時的知道，並不是達到涅槃境界的知道，而只是字面上的知道；真正的知道會隨著禪定的程度深淺，有不同的體會。

最深奧的空性概念與涅槃境界，卻能體現在最表面的事項。例如吃飯、喝水、行走，都是在體現空性與涅槃。

舉例來說，大部份的人都知道，要修佛學，必須出家及閉關等等，這是常識；所以禪宗始祖達摩面壁九年，達成入定及涅槃，徹底了悟空性。然而真正的空性與涅槃，卻不是一定要維持在閉關狀態，所以佛祖在達到涅槃後，一樣四處托缽行乞、吃飯、行走、睡覺、講經教學；這些並不影響佛祖的涅槃，正所謂：「不生不滅、不垢不淨、不增不減」。常人也會做這些事，但並非處於涅槃狀態。相反的，這些日常行為，其實都隱含著涅槃與空性的概念。從表面上來看，從凡人的眼光來看，吃飯、行走、睡覺，與空性涅槃的距離是很遠的，但兩者間是有關聯

的，而在這中間隔了很多環節，這些也都與空性及涅槃有關聯且起作用。只有佛祖知道這一切所有的環節，這就是「一切遍知」的核心基礎。

從一般人的食衣住行，到涅槃的境界有多遠呢？如果開始禪定修行，從一住心二住心一層一層修，要到九住心，也就是可以維持在禪定境界至少持續四個小時不中斷，才算達到「寧靜安住」的水準，這個叫初禪境界。初禪之後還有二禪、三禪，這三個階段稱為地前三賢，然後是初地菩薩，再來是二地、三地菩薩；必須高於三地菩薩，累世的禪修才會穩固，不會因轉世輪迴而迷失了本性。從三地四地再到十地菩薩，十地菩薩之後才是佛，佛又分三層，最後一層才是涅槃。在佛祖悟道傳法之前，世上並無佛法，以此推斷，佛祖在誕生之前，其修行即已達「獨覺佛」的程度，又經歷總總苦行，才得證涅槃。

從凡人到涅槃過程中的每一個層級，對空性的理解都不同（作者曾經從一住心修到五住心，所以知道會不同），而從食衣住行到涅槃過程中每一個環節的關聯性，佛祖都知道，由此可知佛祖的因果邏輯能力，應該是最強的境界。

作者過去十年的時間，不斷在各領域做基礎研究，找到了可以伸縮自如的分析方法，在每個領域運用都有效，而了悟「一切遍知」這個概念（這個概念是很世俗的概念，與阿耨多羅三藐三菩提的「無上正遍知」不同）。一開始時作者是在 Arthur Andersen 學習流程分析的方法論，沿著作業流程，可不受限制的分析到每個角落，無遠弗屆，因而隨風飛舞第六式名為：「風襲千里」。只是流程分析過於瑣碎，見樹不見林，適合基層不適

合中高層，無法伸縮自如，方法論的運用受到很大限制，而且維護成本過高。

隨後作者在 Arthur Andersen 學得另一個方法概念，營運模式分析，那時的方法還很簡單，只是呈現幾個關係角色間的互動。後來作者在發明資訊安全風險分析方法論時，跨過了領域，以營運模式分析為基礎，發明了一個新的資訊資產與風險分析的方法工具，名為「資訊資產結構圖」，雖然此方法鮮為人知，十年前即已在多家企業運用成效卓著，是一個很重要的方法論，也是作者所創方法論的一大突破。

隨後作者又將此概念，用在開發策略分析方法論，成為作者第四個系列的作品，名為「神兵系列」。營運模式分析的方法概念，經作者從解析角色間的互動關係出發，到呈現企業流程的完整性，到呈現企業各業務在各資訊資產間的關係，提升到企業在既有經營環境下的競爭策略，再分配到企業內各部門的營業目標；光靠一個方法概念，就能把最高層的競爭策略、連到中層的部門目標、再連到基層的作業流程，還可延伸到資訊安全領域，這麼大範圍的因果關係都能具體呈現而且伸縮自如，此方法概念至此終於大成，這三個系列的作品，第二個系列「研發管理系列」，第三個系列「資訊安全閃電系列」，第四個系列「策略分析－神兵系列」，作者統稱為「管理學－機制主義學派」。

在作者為企業提供策略分析與管理的服務過程中，發現了一個從未聽人提過的問題，那就是策略目標雖然訂定了，也分配到各部門目標了，卻沒有人願意踏出第一步。能否踏出關鍵

的第一步，再帶動其他部門朝策略目標前進，變成策略能否成功執行的關鍵。為了幫企業找出這個突破點，作者發明了兩個方法論：「策略驅動模式分析」與「企業動物學」；此部份的方法論，作者稱為「管理學－動力學派」。如果說機制主義學派的成果是軀體，那動力學派的鑽研就是靈魂。

　　經歷了這兩個學派方法論的創立與實踐，作者終於體會了「一切遍知」的境界。因為一切遍知，企業的一切活動皆知、環境的一切變化皆知、企業各層級人員一切內心想法皆知，故得見一切風險；佛告須菩提：「爾所國土中，所有眾生若干種心，如來悉知。」用這樣的境界與方法來幫企業找風險，自然是所向披靡。

　　從一切遍知來看當前經濟學的問題。聯準會主席想提升需求及經濟活動，這算是最後的結果，而他只會用量化寬鬆等財務工具，這等於是最前面的開端，然而他並不知道中間的過程，注入寬鬆的資金，如何導出最後需求提升的結果，因為他沒有一切遍知的觀念，不只他沒有，整個經濟學都沒有，過去經濟學並未對中間過程進行分析研究，所以，有「總體」經濟學，有「個體」經濟學，但沒有「中體」經濟學。總體與個體之間距離太大了，根本連不起來，無法訂定有效的經濟政策。量化寬鬆的政策，必須經過一個很長的過程，才會影響個人的消費決策，而每個人的消費決策串起來，才會形成總體經濟現象，如果這前後兩段的中間過程不清楚，財經政策就很難產生預期效果。

## 經濟刺激是白花錢還是產生效益有天壤之別

偉大的經濟學家凱因斯認為，在經濟不景氣時政府應創造就業，例如由政府支出推動公共工程，像是花錢顧人把廢土從甲地搬到乙地，再從乙地搬回甲地，表面上看起來雖無效益，但能創造就業，降低失業讓人民賺取薪水消費，就能支撐甚至促進經濟。

作者不認為凱因斯的觀點完全正確，創造就業也要看能否產生效益，否則對經濟可能有反效果，反而不易處理。以希臘為例，除觀光外並無較有競爭力的出口產業，人民就業情況不理想，因而國有事業以優渥的薪水聘僱大量員工，以國家鐵路為例，每年的營收甚只有薪資費用的 60%，這代表很多員工無所事事。久了之後也是債務增加變成坐吃山空，走上倒閉的命運。所以不只要刺激政策，錢必須花在能產生效益的地方。

拿新加坡來比較，就可以看出政府投資能否產生效益的關鍵性。新加坡地小資源少，既無高山也無湖泊溪流，海岸景觀乏善可陳，比起希臘地中海美麗景色天差地遠。新加坡政府大力建設，花大錢將新加坡建設成有名的花園城市，帶動觀光賺取外匯。所以能在關鍵點花錢創造效益，不但影響經濟、國運，也代表政府效能。相較之下，經濟學只探討是否要採寬鬆政策，以及持續多久，這樣的探討實在沒太多附加價值，等寬鬆與刺激搞錯方向產生負面效果，自由經濟學派再拿這個當證據批評政府不應干預；一整個無法理解他們在幹嘛。

　　政府在推動刺激方案時，投入的錢必須有助於降低全體社會成本，或是能協助社會創造收益，這絕對不是辦不到，也不是無法以客觀角度衡量。以台灣為例，台北市需要捷運，捷運可以降低民眾的交通成本及時間，可以讓買不起台北房子的人到遠處買較便宜的房子以平衡資源，雖然要花不少錢，但可以創造龐大經濟效益，以過去十年經驗來看，一定有賺。水庫淤積會讓蓄水量降低，導致水不夠用而影響工業生產及民生，所以清污泥可以帶來效益。台灣是個海島有很多沙灘，潔淨海灘可以吸引觀光客而帶來效益；光是一個小小台灣，能產生效益的方案隨便舉都一大堆，然而 2009 年政府推動短期就業方案時，花錢聘了一堆人坐在辦公室裡打蚊子，真是令人難以理解。

　　凱因斯理論下的就業方案雖然無法產生實質效益，但從經濟理論來看，可以達到供需均衡及社會福祉最大。蓋捷運或清水庫一樣花錢但能產生效益，從經濟理論來看一樣可以達到供需均衡及社會福祉最大，但與凱因斯的就業方案是不一樣的，一個對一個錯，但經濟理論無法區別，從這個現象來看經濟理論確實有問題。

　　一個國家需要什麼，什麼建設要先做，一定可以評估出每個案子的效益及優缺，並排出順序，但這屬於計劃經濟。自由主義學派認為，市場會自己找出最優先要做的建設，而在現在民主政治與市場機制下，結果就是花錢把還很好的馬路挖了，再鋪，再挖，再鋪，這樣是無法解決問題的。1933 年大蕭條是因為第二次世界大戰開打解決的，當時歐洲在打戰，亞洲也在

打，經濟當然不振。美國花大錢打完仗，世界各國人民回歸到正常生活及消費，經濟就起來了，所以美國參戰是有經濟效益的；但參戰不是經濟學家想出來的方法，這代表金融危機是有方法可以挽救，但並非經濟學家能想得到的。

## ■ 有錢人不消費，發債可平衡資源

坐吃山空當然不行，但從永續經營角度來看，一般人的生活只要能將現狀維持下去，不要流離失所餓死路邊，就有翻身的一天；所以短期借錢來維持生活是必要的。

從另一個角度來看，能借錢，表示有錢可借。錢不外乎從有錢人那借來，或是像聯準會那樣同時擴充資產與負債。如果是從有錢人那借來的，表示他們的錢沒拿來消費，對經濟沒幫助，所以拿來給窮人消費，可以促進經濟循環，是好事；以後能還就還，不還也不會死人，畢竟這是有錢人多出來的錢。這就像一個大家族，有些親戚能力強每個月都賺很多錢，花不完，有些親戚因為出了狀況，沒吃沒住；此時有錢的親戚長期拿錢資助窮困的親戚，也不一定會要求對方一定要還錢。但這些窮困的親戚能繼續生活，把小孩養大，總有一天會有能力還錢，總體需求也不會因為這些親戚餓死而縮減，對大家都有好處。此時就可看出中國傳統家族觀念的優點，在宗族體系下，大家會湊錢協助同族的窮苦人家，族人在宗族體系下生活，就像是享有基本的社會保障。

　　政府擴充資產負債表，或發債資助窮人，經濟學家認為，如果未來還不出錢來，等於全體的財富縮水，幣值會大跌，並導致物價上漲及通貨膨脹，進而影響全民福址。這種說法並不是不通，但真的怪怪的，只能說價格是否上漲及通貨是否膨脹是多種因素造成的，只看某個因素層面，雖然不是說不通，但很怪。例如台灣過去從 60 年代到 90 年代並沒有大幅舉債，但因經濟高度發展，一樣是通貨膨脹及物價漲了十幾倍，那到底是需求影響比較大，還是印鈔票影響比較大？2009 年經濟衰退時，美國拼命印鈔票，還不是出現通貨緊縮。如果只有一國的政府印鈔票，可能因人民搶匯而導致幣值大貶引發輸入型通膨，如果是所有國家的政府都一起印鈔票，要匯率怎麼貶？大家都一樣不是嗎？各國的幣值同步貶值會怎麼反應出來，難道原物料價格真會上升嗎？所以經濟大幅成長時會通貨膨脹，而經濟衰退時也會因舉債而通貨膨脹？如果到時需求不增反減那物價如何上升？不下跌就偷笑了。

　　有錢人逃稅能力較強，有錢也不花，政府發債資助窮人，等於是平衡財富差距，就算後來印鈔還債導致整體財富縮水，只要能平衡資源，對整體經濟還是有幫助，至少緩和了貧富差距，特別是援助弱勢族群。從另一個角度來看，台灣每年國防預算那麼多，美國反恐戰爭也是花掉兩兆，到目前為止刺激經濟方案再怎麼花也不會比國防預算或戰爭經費多，國防預算每年幾千億往海裡丟都可以，為何不拿來接濟窮人？

## ■ 撐住國家債與個人債

個人與國家能否借到錢來消費，確實對需求會有影響。個人比較明確，國家政府的支出很難保證不會流入少數人口袋，然而先排除這個因素，在挽救經濟衰退時，考量避免損及需求，最好是先讓個人與國家能借到錢，特別是針對有意願在未來努力以平衡開銷的國家與個人，應予以財政支持。

從個人角度來看，例如次貸風暴襲捲美國房市崩盤時，除非是屋主因房子價值低於貸款金額自動放棄房子，對於那些努力保有房子的人應禁止銀行將抵押品進行法拍。在尊重市場機制的精神下讓銀行自行決定處置的應為新增貸款部份，聯準會只能設法引導利率下降，但在房屋價格持續下跌的情況下很難要求銀行進一步放貸，那等於是用手接掉落中的刀子。但政府應出面協調，針對有意願繼續繳款的屋主，銀行不應法拍。只要不法拍，讓屋主熬過失業期，總有一天會還清貸款，房屋價格也不會因不斷出籠的法拍屋而被持續壓低，銀行不用認呆帳損失還有利息可以賺，也有利於新屋市場的復甦，這對刺激經濟而言是比較有利的選項。

從永續經營假設來看，撐住銀行就有流動性，撐住國家就有債信，經濟活動就能持續，所以一定要撐住。此時要判斷兩件事情。首先，爭取援助的國家是否像希臘一樣坐吃山空。之前已分析過，坐吃山空一定倒，與其晚倒不如早倒。另一個問題在於政府能否提出有效改善經濟與財政的方案。目前歐盟在

提供援助時只關心能否降低預算赤字，這個實在不是辦法。重點在經濟而不在赤字，在危急時為了降低赤字而損害經濟結構，經濟崩盤了哪有能力還錢？所以如果經濟分析無法找出扭轉情勢的關鍵，老是走一步算一步，對解決問題實在沒什麼貢獻。

　　除了找不出有效方法，強調減赤也不能說是錯的。會搞出這麼多債務的國家，花錢方式大多有問題，大部份的錢都流到私人口袋了，例如台灣花錢蓋蚊子館、向美國買武器，如果能縮減此部份開銷對平衡財政確實有幫助。就怕刪減只刪到該花的部份，例如教育經費或是學童營養午餐的錢，流到私人口袋的錢還是那麼多，就麻煩了。

## ■ 美國不會倒債，資產不會大跌

　　全球世界的金融自從脫離金本位加上金融產業發達後，出現很多怪現象，但沒什麼人在探究原因，因為經濟學家要大家相信經濟理論是對的。例如假設一國的整體企業獲利並未大增，但股價大幅衝高，整體社會財富大增，於是有些人賣掉持股消費，有些則抵押股票消費，導致整體消費增加。基本上企業獲利並未增加，那增加的財富是從哪裡來的？這算不算表面上是膨脹，但整體資產價值縮水，但為何未出現幣值大貶及通貨膨脹？

　　換成另一個角度，政府發債增加可用資金，然後資注窮人，這樣會被認為後來必須印鈔還債，所以會導致貨幣貶值及通貨

膨脹。發債要還錢，但股價上漲也要出售才能實現，發債無法還時必須印鈔，那股票賣不出去由政府印鈔來買不也是一樣？所以這兩個經濟現象的本質是一樣的，都是資產虛增，那為何經濟學家阻止政府發債，卻不阻止股價上漲？為何股市上揚時就沒有印鈔救市導致貶值及通膨的論點？其實新興亞洲股市大跌時，外資匯出，確實會造成貶值及通膨，以台灣為例國發基金進場救市，算不算印鈔救市？國發基金虧損一樣會導致整體資產價值縮水，至少政府發債把錢分配給窮人可平衡貧富差距，而股市上漲錢是流到有錢人口袋。

另一個更直接的例子就是美國房市泡沫了。經濟學家說發債推高債務會導致美元匯率貶值與通貨膨脹，請問，發債的原因是什麼？是房市泡沫銀行虧損及民眾房子遭法拍，為了救銀行救民眾才需要發債不是嗎？所以實際上膨漲的是房屋價格，會泡沫代表資產虛增。那過去美國房市漲那麼多年，為何從來沒聽過經濟學家警告房價虛漲將將導致貶值與通膨？房市泡沫破裂時難道政府不用出來救？難道政府救市不用發債？那為何房價上漲時美元反而強勢？到底市場反應了什麼？

舉這個例子是要提醒大家，整個全球金融已扭曲及抽象化，再也不是原本經濟學家想像中的那個世界，很多現象已經超過當代經濟學能解釋的範疇，因而用過去的觀念來思考現在的問題，不見得是正確的。美國債務太多會倒債，會導致貨幣貶值，就是這種情況。

有人說，美國借太多錢，總有一天會還不出來，例如發債沒人買，或是印鈔還債會導致美元及資產大跌。這是過去的思

維，不能說錯，但並非真相。倒楣的就是債券天王葛洛斯，因美國債務升高及降評而兩次放空美債，結果美債不貶反漲，連續大虧。這個問題可以分成幾個關鍵點來探討，分別是：美元貶值，無法還債、美債賣不出去。

就如葛林斯班所講的，美國是唯一一個可以印鈔票的國家，沒有倒債的問題，這是事實，所以穆迪調降美國債信評等是無意義的事，因為美國不會發生違約。

大家比較擔心的，是美國到時候印鈔還債，會導致美元大貶，這其實也不太可能發生。匯率是翹翹板，高來低去，如果其他國家的情況都比美國差，請問美元要怎麼跌？這個現象次貸風暴時就遇到過。風暴剛開始時，很多經濟學者也認為美元會因此而貶值，那時不少金融機構、國家、投資人將部位移往歐元資產，沒想到次貸燒到歐洲，歐洲衰退比美國還嚴重，歐元大貶，不少因人此虧損套牢。歐元區狀況比美國還差，持有外匯部位較高的國家，不握美元能握什麼？

美國是全球最大消費市場，很多國家大部份的商品都賣到美國，包含歐洲、中國大陸、日本等等，美元大貶後這些國家東西賣不出去，經濟跟著完蛋，匯率能撐多久？出口是中國大陸經濟成長最重要的來源，大陸試算過如果人民幣升值超過一定幅度，大部份中小企業會因撐不住而倒閉，一旦經濟成長率低於 7% 時將因失業人口大增而暴動，這也是為什麼世界各國都要人民幣升值的壓力下，中國政府依然不肯鬆手的原因。

　　美元要貶值，必須有另一個貨幣取代其地位，或能與之相提並論。之前是歐元，現在歐債風暴延燒，從希臘燒到西、義、法、東歐，歐元會不會解體都成問題，說不定就消失了，很難威脅美元。大陸現在經濟實力逐漸上升，但內部經濟及金融結構問題重重，中央及地方債務快速上升，過去鐵公路投資太多無法回收，國家財政不知何時會被拖垮，內需尚未起來，成長過度依賴出口及投資，要威脅美元至少是二十年後的事了。目前看起來，美國反而是最健康的。反過來說如果二十年後大陸內需可以跟美國一樣大，那全世界的經濟應該都得救了，也不會有問題。

　　全球幾個主要貨幣，歐洲固然有債務危機，日本債務高得不像話，大陸光是地方債務就十四兆人民幣，加上鐵道債務愈來愈多；此時美國就算債務增加，也只是恐怖平衡，國際資金能放哪裡？印度、俄羅斯、南美，敢放嗎？澳洲市場能有多大？澳洲原物料要賣到大陸，再出口到美國，那澳幣能漲多少？之前美國不顧其他國家感受大推量化寬鬆時，各國央行多次出擊，就算美元想貶都不讓他貶，為的就是救出口，試問美元要怎麼貶？

　　以台灣為例，台灣的外匯，保險公司的資金，不買美債還能買什麼？最近部份國家央行開始減持美債，多出來的部位馬上被保險公司等金融機構搶走，因為他們發現自己持有的美元資產還不夠多，除非有其他替代品，否則美債依然是市場上流動性最高的商品，又回到之前的觀點，所以不會出現經濟學家所講的問題。

從美國債務問題來看，在分析當前經濟問題時必須跳脫過去債務上限迷思，回來思考如何提振需求及讓經濟回到常軌，此時有三個重點：銀行流動性，減少炒作及貪污，救失業。

## ■ 銀行流動性要撐住，不應搞其他功能

銀行是維繫整個經濟體系裡資金流動的心臟，這個功能必須要好好保護，心臟停了，血液停了，經濟就死了，雷曼倒閉的後續影響是例證。次貸風暴對全球金融市場造成這麼大的衝擊，倒不是雷曼在次貸的損失部位有多大，而是雷曼倒閉後各大金融機構因投資損失導致資本不足，加上不知道哪裡還有地雷，為降低風險而緊縮流動性。企業與個人借不到錢，經濟活動就難以持續，造成重創。次貸反而提醒世人銀行在資金流動上扮演的重要角色，制定銀行風險規範的巴塞爾協定也緊急推出相關管理要求。

西方經濟學的核心觀念是追求利潤最大，以利潤最大作為選擇最佳方案的條件，這種想法實在很危險，而這就是最好的例證。銀行為了追求成長及利潤，除了在放貸本業設法把錢塞到消費者手上外，想盡辦法發展其他業務。台灣金融業向來喜歡學習西方知名金融機構作法，可能只會愈學愈糟，好的沒學到，光學壞的；美國傳統銀行學投資銀行，英國銀行學美國銀行，德國銀行又學英國銀行，雷曼、貝爾斯登、巴克萊、北岩、德意志等銀行死成一片，就是這樣造成的。

　　銀行把錢塞到消費者手上，美其名為主動行銷，其實是用各種手法引誘消費者花超過其能力的錢，不但害消費者還不出錢來違約破產，也危及銀行；中國人說積陰德，這種塞錢的做法其實不道德。銀行業憑著消費者對自己的信任，賣投資型商品，又施加壓力給理財專員，理財專員為了業績欺騙消費者，讓銀行形象受傷。銀行為了賺更多的錢，提供金融商品交易業務，一樣在業績壓力下搞出惡棍交易員損失，法國興業大虧，霸菱因此倒閉。銀行為了賺錢，學投資銀行設計新金融商品及投資，才弄出次貸風暴。

　　諸葛亮戒子書：「勤以修身，儉以養廉，淡泊以明志，寧靜以致遠」在佔領華爾街行動後，用諸葛孔明的智慧來看這幾年全球金融業的發展，真是再貼切不過了。銀行在整個經濟體系扮演輸送資金的角色，就不應該搞東搞西拈花惹草，應專注於貸放本業。史記袁盎晁錯傳：「千金之子不坐垂堂」，銀行在維持流動性的角色這麼重要，就不應該讓其他業務有機會拖垮銀行而危及流動性及全球經濟。在人的器官裡，心臟很重要，要輸送血液到每個角落。難道會為了追求心臟的效能最大化，開發心臟其他新功能，讓心臟學肺部可以呼吸，學胃可以消化，學肝可以代謝。心臟要是操勞過度出問題，人就死了。人體已經有肺、胃、肝了，不需要心臟來摻一腳。

　　一樣的道理，在金融體系裡，已經有投資銀行可發行新金融商品，已經有證券公司可進行交易，已有保險公司及證券公司可以賣投資型商品，為什麼還需要銀行來摻一腳？會開放銀行做這些業務，是錯誤的西方經濟學觀念所導致；為了追求個

人效用最大，華爾街人跑車、豪宅、遊艇拼命買，炫富養大了
貪婪，在貪婪心驅使下，再強的風險管理都沒用。瑞士信貸想
賺錢，就學高盛投入新金融商品交易的賭場，聽說瑞士信貸的
風管很強，那又怎樣，還不是培養了阿多博利這名惡棍交易員
賠了二十幾億美金。

　　想要穩住經濟減少金融風暴發生，就要明確銀行的角色，
約束銀行不要搞東搞西的，保護好銀行，就是保護好流動性。
瑞士信貸剛從次貸風暴中復原，就出了惡棍交易員的醜聞，執
行長下台後，該銀行痛定思痛，決定退出投資銀行業務，預計
在五年內砍掉約一千五百億元的資產，以後只專注在老本業私
人銀行業務，投資報酬率可望由目前的 10.7% 提升到 12.7%，這
才是明智的抉擇。瑞士信貸或許沒有機會成為全世界最大、獲
利最高的銀行，乍看之下此抉擇並不符合西方經濟學追求利潤
最大的觀念，但卻有機會成為最長壽的銀行。獲利成長又如何，
只賺個幾年就倒閉了，那從生命周期角度來看反而不划算。所
以說對金融業的長期競爭策略而言，會計的全部成本觀念，會
比經濟學的利潤最大化觀念來得重要。


## ■ 量化寬鬆變炒作，刺激景氣變貪污

　　當代總體經濟學引導市場的方法來來去去就是兩招，調整
利率跟注入資金，這真的很貧乏。利率高低及資金鬆緊，當然
是經濟體系的重要因素，但只是基本因素。這就像是一個人生
病時，例如罹患癌症，醫生只用高壓氧及打營養品，而未採取

其他更直接的治療措施一樣。氧氣可以提升病人活力，營養品可以補充體力，因整體變好而強化身體抵抗力，不表示就能把病治好，癌細胞可能因營養充足而加速生長及活動，反而讓病情更嚴重。拿醫學與經濟學作比較，癌症從發現至今可能不過一兩百年，但醫學界已研究出很多有效的治療方法，從早期的化療、放射治療、到最近的標靶治療。反觀經濟學也是三百年歷史了，對於金融風暴，除了量化寬鬆之外還是量化寬鬆，請問這麼多年來、這麼多經濟學家這麼多經費這麼多的研究，是做去哪裡了？

　　次貸風暴發生後，聯準會推出降息及注資來救市，大陸有樣學樣，引發的負面效果也一樣。這些措施所產生的經濟效益已證實很有限，寬鬆的資金沒用來放貸給企業及個人，而是變成國際游資拿去炒作，導致原物料價格、房價、股市大幅上漲，反而不利經濟復甦。大陸推擴大建設，也刺激了貪污，大部份的錢不是白白浪費掉，就是被貪官污走。降息及注資，對提振經濟稍有助益，但對於炒作大戶及貪官獲益更大。貪官怕被抓，污來的錢有一大部份會存起來，不會立即流入變消費需求，而是等逃到他國後再慢慢享用，全部花完可能是十幾二十年後的事；但因此導致國家債務上升必須償還，人民可享的福利減少，這是短期就可看到對需求的衝擊。另外，貪官因錢來得容易，專買奢侈品帶動物價上升，對消費也不利，所以必須阻止。炒作也是，炒作讓少部份人賺到大量金錢，大部份的人賠錢，會減少消費。富者更富下，消費奢侈品又會使物價上升。此外救銀行及流動性的錢變成國際游資，炒高原物料價格壓抑需求，

各國央行還須升息抗通膨，也不利經濟；所以貪官要抓，炒作要防。

要防貪污，法政及稽核體系功能很重要，這是會計與法政領域議題，但功能不彰時會影響資源分配，所以說經濟體系的關鍵不在經濟，就像風險的關鍵不在風險而在完美風暴；如果沒金融風暴，台灣銀行賣連動債也不會出事。

## 諾貝爾獎得主對解決歐債危機的看法

依據新聞報導：瑞典皇家科學院在 2011 年十月宣佈，美國經濟學者薩金特和席姆斯因對利率及通膨等「經濟政策與總體經濟之間的因果關係」研究有成，共同獲頒諾貝爾經濟學獎。薩金特與席姆斯兩人研究成果與世界經濟現況高度相關。其中沙金特與 1995 年獲獎的盧卡斯同為理性預期學派代表性人物，相隔許久時間，又見理性預期學者得獎，或可為近期愈來愈嚴重的全球經濟情勢帶來一點啟示。

瑞典皇家科學院盛讚薩金特及席姆斯為現代總體經濟分析立下基礎，並指出兩人研究對於瞭解衝擊與系統性政策變遷如何影響短期與長期總體經濟，貢獻卓著。諾貝爾獎委員會並稱：「薩金特與席姆斯所發展的方法，對於總體經濟分析而言已是不可或缺的工具。」

依據新聞報導：席姆斯提到當前世界金融困境，「要是我知道簡單的解決方法的話，我就會向全世界宣傳……但是很不幸，我得花很多時間慢慢鑽研數據。」不過他說：「想擺脫這團

亂，我使用的方法和薩金特發展出的方法非常重要。」兩人在
其他場合上還表示，歐元區危機的解決方法，從經濟上來看非
常明顯，問題主要在於政治。並表示：「歐洲現在的歐元問題，
全都和大家期待別人會怎麼做有關。」（所以這符合理性預期的
基本精神）。

　　從新聞報導以及薩金特和席姆斯所講的話，大概可以瞭解
到何以金融風暴會發生，以及為何到目前為此找不出解決問題
的方向了。他們說「薩金特與席姆斯所發展的方法，對於總體
經濟分析而言已是不可或缺的工具。」席姆斯提到當前世界金
融困境時說：「要是我知道簡單的解決方法的話，我就會向全世
界宣傳……但是很不幸，我得花很多時間慢慢鑽研數據。」

　　所以「對於總體經濟分析而言已是不可或缺的工具」，但對
歐債問題而言找不出方法，甚至連方向都沒有。「我得花很多時
間慢慢鑽研數據」，可以預見，一直到金融風暴結束，都不會看
到鑽研的結果；應該是到下輩子都看不到。

　　「問題主要在於政治」「想擺脫這團亂，我使用的方法和薩
金特發展出的方法非常重要。」請問為何其方法對解決政治問
題很重要？他們的到底是經濟分析方法還是政治分析方法？
「理性預期學派認為，政府干預經濟的任何措施都是無效。要
保持經濟穩定，就應聽任市場經濟的自動調整。」所以什麼事
都不用做，不用管，市場機制就會解決金融風暴？

　　諾貝爾獎是什麼樣的獎？是社會科學領域最高的學術桂
冠。普林斯敦是什麼樣的學校？是作者在睡夢中連想都不敢想
的學校。他們當教授這麼多年了，有這麼多的研究資源，手下

有這麼多天才級的學生，面對當前經濟問題時，卻只說：「沒有簡單的方法」。連拿到諾貝爾獎的人都這樣「無法以天下為己任」，金融風暴要解決，確實是難了。

## ■ 打不倒勇者

　　針對全球目前的經濟困境，作者雖然也沒有「簡單的解決方法」，但至少能提出明確的方向。挽救這次危機需要三支特效藥：穩固信心、流動性與轉虧為盈。在說明此方向之前，有兩個故事對思考解決金融危機的方向很有幫助，一個是「打不倒的勇者」這部電影，另一個是中國古代東晉的淝水之戰。

　　「打不倒的勇者 Invictus」是一部在 2009 年上映的電影，由克林伊斯威特執導，依據 1995 年南非舉行世界盃橄欖球賽期間，當時的總統尼爾遜曼德拉，與國家橄欖球隊隊長法蘭索瓦皮納爾同心協力，聯手凝聚國人向心力，讓剛擺脫種族隔離制度不久面臨分裂的南非能夠團結一致的故事。

　　南非自從幾百年前由荷蘭人占領開始，就施行種族隔離政策直到 20 世紀末，幾百年來南非白人占盡好處，南非產金、鑽石，豐富的礦產產權當然是握在白人手上，窮苦的黑人則被奴役為白人挖礦賺錢；過去不斷有黑人站出來反抗，下場不是被殺，就是被關進大牢，其中黑人領袖曼德拉就因為持續抗爭而坐了快二十七年的苦牢。

　　曼德拉（Nelson Rolihlahla Mandela）1918 年 7 月 18 日出生於南非特蘭斯凱一個部落酋長家庭。1938 年進入黑爾堡學院，

然後就讀於威特沃特斯蘭德大學，獲法學學士學位。1952 年在約翰尼斯堡當開業律師。1961 年六月曼德拉創建軍事組織「民族之矛」並擔任總司令。1962 年八月曼德拉被捕入獄，當時他年僅 43 歲，南非政府以煽動罪和非法越境罪判處他五年監禁。1964 年六月，他又被指控企圖以暴力推翻政府，改判為無期徒刑。1994 年，世界盃橄欖球大賽的前一年，被關了二十七年的政治犯在南非首次不分種族的大選中獲勝，曼德拉成為南非第一位黑人總統。

一般都認為曼德拉受了這麼多的折磨，當選之後一定會對曾經迫害他的白人展開報復，沒想到他心胸寬大，一心想把南非建構成偉大國家。剛就任總統時南非的狀況很不好，經濟不振、失業、匯率貶值等問題，在四千六百萬人的民生需求及黑白種族衝突交織下，他曉得仇恨只會傷害國家，因而他致力於促成族群融合，包括支持被視為白人種族隔離政策代表的橄欖球隊。

在旁人眼中只是平凡不過的球賽，在他看來卻是打破族群隔閡的最佳武器，堪稱獨具慧眼，見微知著。在他大力促成下，原本不被看好，最多只能晉級八強的球隊，竟然打敗了有史以來最強的紐西蘭黑衫軍，一舉奪得世界冠軍；在南非不分種族上下一心為自家橄欖球隊加油過程中，這場勝利讓全國融為一體，也為國家前途帶來契機。

## ■ 淝水之戰

西晉末年，五胡亂華，由漢人建立的晉朝因受攻擊，國都南遷，稱為東晉。那時中國北方由胡人各族佔領，各有國號。其中前秦的苻堅重用漢人王猛，國力強大，在相當短的時間內東滅前燕，南取梁、益二州，北併吞鮮卑拓跋氏之代國，西方兼併前涼，遠征西域，一統北方。王猛死後，苻堅帶領著百萬大軍南下，打算滅掉東晉統一中國。那時東晉積弱不振又分屬兩大家族治理，國都的正規軍只有八萬人；古代的戰爭裡軍隊規模很重要，以八萬對百萬，獲勝機會渺茫，然而淝水一戰，謝玄領著八萬精兵，利用各種巧妙情勢，渡過河水拼死一戰，竟然大獲全勝，苻堅慘敗退回北方，被羌族姚萇所殺，人死國滅。而在背後營造各種巧妙使東晉能獲勝的，就是當時的宰相謝安。

同樣是以極少勝多，赤壁之戰因三國演義的小說傳頌千載，謝安謝玄與淝水之戰較鮮為人知。身為東晉宰相的謝安早就看出苻堅剛統一北方，表面上聲勢浩大，其實根基不穩，各部族仍擁有自己的勢力，檯面上聽從苻堅命令，底下暗潮洶湧，百萬大軍隨時可能因利益衝突而瓦解。於是利用各族間的矛盾，以及苻堅的大意，巧妙佈局，囑咐謝玄提出渡河決戰的要求，趁苻堅部隊後撤時，快速襲擊，一戰功成。

有一個故事充份顯示謝安的人格特質。某次身為宰相的謝安與朝中大臣相約坐船出海遊玩，出遊時船身雖小，但風平浪

靜，萬里無雲，眾人吟酒作樂，作詩清談，好不快樂。過了一段時間忽然風雲變色，烏雲蔽日，狂風大作，小船在浪裡上上下下，眾人眼看船離海岸尚遠，隨時可能翻覆，又不會游泳，命在旦夕，眾皆驚慌呼救，有些人甚至哭了起來。

只看謝安依舊喝酒吟詩，十分快意，他見眾人驚慌，不但不回岸，命船夫將船駛向大海，逆風而行，破浪高歌。眾人見此更加害怕，大聲求他令船隻回航。此時他怒斥：「再吵，就不要回去了。」瞬間所有人都靜了下來，他命眾人都坐下，才叫船夫調頭返航。

## ■ 經濟學的轉輪聖王

像曼德拉、謝安這樣的人，在佛學裡稱為轉輪聖王，他們可以洞悉因果，找出關鍵，扭轉乾坤，成就十地菩薩的功德。

當前金融風暴難解的原因，就是在經濟學領域，沒有像曼德拉、謝安這樣的領袖。全世界有數十位諾貝爾獎得主，有上百位金融機構的首席經濟學家，有數不清的經濟學者、教授，擁有高薪、名聲、龐大研究資源，就是沒有一個人有能力找出解決風暴的關鍵，也沒有人能安定所有人的信心。我們有諾貝爾獎得主如孟岱爾，是最佳貨幣區域理論的發明人，不但搞出歐元這個爛貨市場，還認為應該將美元、歐元、與人民幣三者的匯率固定，甚至告訴中國領導人千萬不要援助歐盟。我們有諾貝爾獎得主皮薩里德斯堅持如果讓希臘倒閉退出歐元，將導致歐盟解體經濟崩潰。我們有諾貝爾獎得主如克魯曼，一下子

說大蕭條來臨，一下子又說美國將失落十年，要不然就是幫美國向中國施壓要求人民幣升值。我們有諾貝爾獎得主如薩金特：「解決金融風暴的方法要慢慢鑽研」。

古有云：「無大君之德，據大君之位，兇。」這些人都是諾貝爾經濟學獎得主，各國領袖及全球人民都相信他們話，各國政策都受他們的言論影響，但這些人要不然就亂開藥方，要不然就打擊市場信心，要不然就裝死，要不然就當政治打手，所託非人，這就是金融風暴會發生而且難以解決的根本原因。

## 解決金融風暴的方向

作者認為，要挽救當前金融危機，有三個方向，一是安定人心，二是撐住流動性，三是逆轉因果。當一艘船像鐵達尼號那樣撞到冰山，眼看快沈了，逃生艇又不夠，如果亂成一團只會讓死的人更多；反之，如果大家都冷靜下來，逃生艇雖然不夠，利用船上眾多物資，還是足以製作簡單的漂浮物讓全船的人逃生。

流動性是經濟的血液，銀行受創凍結資金經濟活動就會停止，所以必須穩住流動性，這個要靠各國政府一起行動；債多不愁，欠債不會死人，但沒了流動性一定會死，兩害相權取其輕，所以不要再理會信評機構的意見，沒了流動性，經濟崩盤了，哪來的償債能力？這些信評公司也真是搞不清楚狀況。

有了信心，也穩住流動性，再來就是逆轉因果。世界先進國家，日、美、英、歐盟諸國，欠下這麼多的債，不是一天兩

天造成的。想當年柯林頓當家時，美國政府是有盈餘的，債能欠，就能還，把欠債的過程找出來，逆轉這個過程，就能把債還清；這個不是在講古，也不是天方夜譚，而是做得到的，有佛祖一切遍知的智慧，就做得到。

## ■ 其他配套措施

在挽救全球經濟狂瀾部份，要做的事還很多。首先信心確實會影響群眾消費意願，整體需求若再緊縮將會衝擊經濟活動，所以類似羅比尼這樣長期、多次不合理的末日預言應予約束。現今人權觀念強調所有人都有發言的權利，也不表示就能無限上綱；既然不能限制他發言，至少要反駁他的言論，並譴責他所帶來的負面效應。媒體會報導真相，也會傳播恐慌，在911恐怖攻擊發生後，各大媒體不斷重播飛機撞大樓的畫面，很多民眾看著重播不斷受到驚嚇發出抗議，媒體才在民意壓力下停播，這是同樣的道理。

在政府政策部份，刺激經濟的考量要優先於債務上限。首先，對於失業人口要維繫基本生活，這雖然花錢，但這對於支撐整體需求及經濟活動是有幫助的。大陸政府要極積調整金融體系，讓中小企業可以借到錢，而不是大企業搬錢去炒作，這部份應該大幅開放外資銀行進入以切斷銀行與國有企業的關係，會有幫助；另外也要強化稽核及監督體制抑制貪污。這些並非經濟政策，但對於讓經濟重回軌道很重要。

　　美國及歐洲部份要推更多公共計劃促進就業，這些計劃必須能創造實際效益，而不是像凱因斯講的把錢丟到水裡。以台灣為例，太多地方需要政府投入資源。例如台北交通是大問題，但捷運慢慢蓋，還計劃一年通一條，為何不加人加錢加速蓋？托嬰及安親班費用太高，導致大家不敢生小孩，經濟動能逐漸枯竭。很多獨居老人因缺人照料而病死老死；然而政府推動臨時救業計劃，發薪水請人到辦公室來打蚊子，為何不補貼這些產業來促進就業？或推動公共服務？美國要做的另一項是幫想要保住房子的人不會被法拍，這樣才能穩住房市。

## ■ 現今大家爭執的是無意義的問題

　　相較之下，目前在經濟領域比較受人關注的議題，實在不知有何意義。第一個是否應援助希臘，去救一個已破產的敗家子有什麼意義？只是白白浪費子彈。「美國及歐洲諸國是否應降評等」，都已經欠了這麼多錢了，現在才來談債信有什麼用？調降信評錢就還得出來？調降債信讓政府無法發債借錢，經濟垮了拿什麼還債？為什麼之前不調降現在才調，根本就是本末倒置，落井下石。難道沒聽過什麼叫「騎虎難下」騎上了老虎的背，發覺不對勁就急急忙忙跳下來，只會被老虎咬死。

　　「升息抗通膨」，請問全球景氣是有多好？需求是增加多少？需求增加還不是炒家放出來的新聞，炒家把原物料價格炒高，導致通膨又抑制經濟，光升息不約束進行炒作的金融機構有什麼用？只會傷害經濟。

「人民幣匯率低估導致美國經濟不振」真是天大笑話，新台幣匯率從 28 跌到 33，經濟有比較好？該討論的不討論，老是搞這些沒意義的話題，全球經濟怎麼會有希望。

## ■ 連希臘一個小問題都不知如何處理，那如何因應即將來臨的衝擊

次貸風暴、希臘債務危機，不是全人類所面臨最大的問題，後面還有更多的未爆彈。

美國過去十年光是花在戰爭上的錢就超過兩兆美金。美國一直以追求國家利益為由，把手插到其他國家，干涉他國內政，害別人民不聊生，引來恐怖攻擊，然後再回報戰爭，敵人愈來愈多，早晚要出事。如今世界各國強權解體，茉莉花革命推翻強人統治後，只會讓局面更加混亂，網路、全球化、生物科技發達，讓有心人士愈來愈容易取得致命武器。美國打完伊拉克、阿富汗，現在可能要打伊朗。如果美國不學著與其他文明和平共處，戰爭早晚會把美國拖垮。

除了反恐戰爭，二次大戰後出生的嬰兒潮即將退休，賺錢的變少花錢的變多，醫療進步平均壽命增長，歐美等西方國家財政負擔更大。另一方面金磚四國人口眾多，經濟成長伴隨而來的是消費增加，對糧食及各項資源的需求愈來愈多，地球上的資源畢竟有限，如何養活全世界這麼多人口是一大問題；此外龐大需求推升物價的結果就是讓原本就貧窮的人變得更窮，

擅長投資及炒作的有錢人奪取更多財富，貧富更加懸殊，類似茉莉花革命及占領華爾街的衝突會更頻繁。

大陸市場規模愈大，資金的衝撞力也愈大，而其經濟及金融結構的調節機能還很古老，放鬆了變炒作，縮緊了變炒錢「一叫就鬆、一鬆就亂、一亂就緊、一緊就死」，傳統經濟學的調控工具愈來愈無法應付到處發生的問題，像這樣金融風暴起起伏伏的循環多來個幾次，中共政權可能就接近垮台了。

不論是解決現在或未來的危機，都需要更好的經濟政策，然而經濟學有問題，會導致危機擴大；要救世界經濟之前，必須先救經濟學。

## 地球上最大的作業風險

前面已提過，經濟學裡幾個比較重要的理論，完全競爭可實現價格與供需均衡，柏拉圖效率認為人類追求自利的行為可讓資源處於最佳配置，並讓市場最終達到均衡，全球化認為可以讓各國的經濟效益提高及創造社會福祉。我們來看看完全照這些經濟理論來走會產生什麼結果。

魚類資源一直是人類的主要食物來源之一，即使在現代，不論是經濟發達的國家，還是落後的原始部落，魚蝦貝類是每天要大量消耗的食物。這些海鮮主要來自大自然，人工養殖只是少數；大部份情況下，漁類資源是沒有物權的，誰抓到就算誰的，就捕魚的人來說，購買船隻的花費是沈沒成本，每次捕魚須支付的費用主要是人工及油料，相對之下是少數，因而捕

得漁獲的愈多，賺得愈多，而且當出海次數增加時可因規模經濟降低油料及人工平均費用。

從整個經濟體每個角色追求自身效用最大的角度來看，消費者為了提高效用增加海鮮的消費，漁夫為了賺錢多捕魚，政治人物為了選票，對捕魚所需油料予以補貼，並發展高科技協助捕魚；柏拉圖效率認為每個角色追求自身利益的行為，可達成供需均衡及資源分配最佳化，但過去幾十年的結果，卻是因濫捕導致漁類資源枯竭，多種海洋生物已絕種或接近滅絕。

如果從萬能的價格機制來看海洋資源耗竭的過程，就個別海洋生物而言，廣受市場歡迎的深海魚類遭到濫捕而減少，但市場需求不變推升價格，價格愈高利潤愈高，更加吸引漁夫捕撈，到最後整個物種滅絕，魚與市場一起消失。以鮪魚為例，東京有一個專門交易鮪魚的築地漁市，在完全競爭下供給與需求一直維持均衡，然而全球鮪魚因濫捕日益稀少，供給減少推動價格上升後還是達到供需均衡，價格上升後捕鮪魚的獲利上升，吸引更多漁夫投入撈捕鮪魚，導致鮪魚資源加速枯竭。等鮪魚產量少到一定程度，交易量不足以支撐，築地漁市將走入歷史。在此過程中築地漁市在完全競爭下一直維持供需均衡，但最後卻變成鮪魚滅絕，市場消失。

市場原教主義與柏拉圖效率假說認為，人類追求自利的行為，能讓資源最優配置，讓市場最終達到均衡。然而從漁獲資源角度來看，消費者、政客、與漁夫三者間追求自利的行為，不但沒達到均衡，反而讓魚群與市場一起消失。

　　更嚴重的是，市場消失並不是整個災難的終點，整個海洋是由一個很大很複雜的生物鍊構成，某個物種的消失可能導致生物鍊因缺了一個環節而斷掉，特別是珊瑚，珊瑚消失後所有熱帶海洋生物跟著消失，變成生態大浩劫，更嚴重的是就算不再捕撈消失的物種也不會再復生，這樣的衝擊將會是永遠而且無法逆轉的。

　　或許有人認為沒魚吃那吃其他動植物就好，姑且不論這會造成多少以魚類為主要蛋白質來源的窮人陷入困境，如果被滅絕的換成是雨林呢，可能連賴以生存的氧氣都沒了。

　　從追求效用極大的角度來看，只要是人，都有養育下一代的欲望，為了滿足自己的欲望，不論貧富能生的就儘量生，地球人口已經達到 70 億大關了。要吃飯的嘴多，糧食價格就上漲，巴西政府要發展經濟，跨國企業要獲利，巴西人民要工作賺錢，結果就是大量的砍伐雨林來耕種，雨林就愈來愈小。

　　依據最近新聞報導，聯合國完成首次對全球土地資源評估，指出全球有 1/4 的農地嚴重退化，多數可取得的耕地已成為農地，且因為導致土壤侵蝕及浪費水源的耕作方式，使農地生產力逐漸下降。但聯合國糧農組織（FAO）預估，到了 2050 年，全球人口預估將增至 90 億，農夫必須多生產 70%的糧食才能滿足市場需求。

　　為了維持生活品質，人口愈多，消耗的能源愈多，燃燒的氧氣就愈多，而吃飯的人愈多，種植面積加大，雨林就愈砍愈少。聰明的經濟學家想出了一個讓市場達成均衡的方法：「碳權交易」，國家或企業要製造溫室氣體二氧化碳，必須向他國或企

業買碳權；或許有一天會出現「氧權交易」時，離世界末日就不遠了。

　　十九世紀美國開發大西部，為了搶奪印地安人的土地，想出「財產權」的概念（此概念後來成為經濟學家推導污染等公害解決方法的基礎），因為印地安人並未向美國主張其土地的財產權，儘管已在這片土地上生活了幾千年，這些土地不能算是他們的。當美國政府派人與之釐清土地所有權，印地安酋長向美國政府宣誓主權時，說：「只要有風、有河流、有綠草的地方，就是我們的土地」，於是白人拓荒者就讓河流與綠草消失，全部變成耕地與牧地，奪走了印地安人的土地。當印第安人被屠殺殆盡時，印地安酋長面對白人的惡劣行徑，沈痛的說了一句：「難道你們可以買賣空氣嗎？」在一百多年前，這或許是一句笑話，但才過了一百多年，卻變成可怕的事實。

　　地球那麼大，天空那麼大，作者雖然不是大氣科學家，但認為各種氣體在整個天空不太可能一直處於完全平均分佈狀態。目前主要的森林雨林在南美洲及非洲，能源燃燒主要在北半球，氧氣及二氧化碳可能因各種因素分佈不均，因而當雨林消失氧氣不足時，總會有人先糟殃，只是不知道是誰。碳權交易又如何，氧權交易又如何，難道制定法律規定沒錢買氧權碳權的就不能生小孩？難道能強制與文明脫離的原始部落不要砍樹？過去西方國家以人權自居，嘲笑中國的一胎化政策，在未來有一天他們可能為了多吸一口氣而槍殺孕婦及小孩，甚至會屠殺弱勢種族，到那個時候他們的行為當然是「合法的」。

世人有做錯什麼事情嗎？世人並未做錯任何事，因為根據經濟學的理論，在「完全競爭」、「柏拉圖效率」、「比較利益」以及「理性預期」下，市場會達到均衡，資源的分配會處於最佳狀態。人類因為相信經濟學，相信諾貝爾獎得主的說法，走上了自我毀滅的道路，這就是地球上最大的作業風險。

## ■ 不正見

全球經濟活動及政府政策之所以會朝向自我毀滅方向走，是因為大家相信諾貝爾獎得主，相信經濟學家主張的理論，一旦其理論不是正確的，就會出現災難，這個在佛學上稱為：「不正見」。

這就像德國人屠殺猶太人一樣。日耳曼民族原本跟猶太人沒有怨仇，猶太人到處都有，有點像台灣的客家族群，與日耳曼人相處幾百年上千年了，除了猶太人比較傑出，比較有錢被嫉妒之外，也沒什麼大問題。然而希特勒在振興德國過程中，為了喚起民族意識，主張阿利安種族最優越的論點，還將猶太人污名化，很多德國人因為相信他的話而協助屠殺猶太人。納粹主義及侵略是不正確的，種族屠殺是不正確的，不正確的信念導致錯誤的行為，在佛學上稱為：「不正見」。

中國古代也有類似的寓言故事像是「曾參殺人」、「三人成虎」等，而解決方法就是要先破除原本的錯誤認知，所以作者的下一本著作就是要指出經濟學裡有很多理論本身的邏輯就是錯誤的、或是沒有用沒有價值的，藉此破除世人對經濟學的迷信，這是挽救全球經濟的重要關鍵。

# 第五章

# 雙元貨幣

## 雷曼倒閉引爆連動債損失

2008 年七月底美國知名投資銀行雷曼兄弟宣告倒閉,在台灣掀起一波延續美國房市泡沫的連動債風暴。雷曼兄弟是台灣連動債產品最大發行機構之一,不少民眾拿退休金、存款去購買。依據金管會的資料,國內金融業投資雷曼發行的債券、股票等金融商品總額共八百億元新台幣,四百億由各金融機構投資,另外四百億則透過銀行理專、保險業務員銷售給一般投資人,據統計約有五萬人受到影響。無怪呼雷曼宣佈倒閉時,投資人哀鴻遍野,銀行業名譽掃地。

大約在 2001 年,台灣銀行業開始投入財富管理業務,也開始販賣連動債。2000 年發生網路泡沫破裂,導致接下來兩年美國經濟不振,美國聯準會主席葛林斯班為了挽救美國經濟大幅降息,台灣跟著美國走,存款利率降到谷底,過去幾十年台灣的利率一直維持在高檔,忽然大幅下滑,靠利息過日子的定存

族收益大減叫苦連天。剛好遇到銀行推動財富管理業務賺取手續費，理專向定存族介紹連動債產品的「配息率」遠高過銀行定存，而且台灣民眾誤以為連動「債」是類似政府公債的東西比較沒有風險，紛紛大筆搶購。雷曼倒閉前連動債的收益相當好，有實際績效加持刺激在台灣買氣快速成長，短短六年時間就從零發展到九千億規模。業界人士透露，銷售連動債前三大行庫，各家銀行銷售餘額應該都已超過一千億，甚至有兩千億元以上。

太好賣的結果，全世界各大投資銀行把最複雜，甚至不保本的連動債商品都往台灣送，連結標的千奇百怪，幾乎無所不包、無所不連，台灣投資人全買單；有連結到美國博弈公司、綠能到三金（黑金、白金、黃金）、名牌精品、農產品連動債，玉米、小麥、大豆統統都有，還有連結投資大師「羅傑斯、巴菲特到索羅斯」的股神概念股連動債；這根本就是慾望蒙蔽了理智亂投資，卻也沒人管，不是風險管理沒效，而是沒在做。

## ■ 連動債事件仍會重演

雷曼倒閉時由於牽涉範圍太大，不只一般消費者，很多知名人士也受害、包含政府官員、民議代表、前任總統的後代、明星歌星等等。為了討回公道，受害投資人成立各種自救會向主管機關陳情，主管機關裁罰多家銀行，各銀行也深自檢討，強化商品審查的風險管理。台灣社會網路發達，上

網就可以搜尋到大量案例及檢討資料，本書不再贅述，就風險管理而言關鍵在於此類事件會不會再發生，答案是會。一朝被蛇咬，十年怕草繩，經過這麼大的教訓台灣社會包含銀行、投資人、主管機關確實心裡都有警惕，然而很明顯的銀行的檢討並未正視及認清此風險最根本的原因，過一段時間大家的警覺心鬆懈了，投資銀行推出新商品新玩法，銀行與理專一心想賺錢，還是可能會出事。這就像保險業務員不當銷售的行為不會絕跡一樣。

## 連動債風險的根本原因

台灣銀行業在推新業務時一般速度較慢。銀行的傳統業務主要是貸款，存在信用風險，錢放出去不一定能收得回來，必須小心謹慎。即使是信用卡，雖然收了不少手續費，但仍須承擔一定的信用風險。到目前為止快速成長的業務好像沒有不出事的，雙卡風暴就是各銀行將授信商品當成消費商品大力狂推才造成的。經歷亞洲金融風暴及雙卡風暴，企業及個人信貸都出過事，唯有財富管理業務，賣的是國外投資銀行或其他保險公司的商品，銀行的角色為賺取手續費，其他是發行公司與投資人的事，與銀行並沒有關係，而被認為是「無風險」收入。既然無風險當然不用考量風險管理，也不用計提資本，收到的錢都是賺的，賣愈多賺愈多，弄得一發不可收拾；這跟銀行閉上眼睛推信用卡及現金卡沒什麼兩樣，都是把有風險的業務當成沒風險的商品在推，所謂記取教訓只是嘴巴上說說。

　　作者是在 2003 年發現理專的風險及雙卡的風險，在 2007 年發現連動債的風險，這意謂著只要有心做風管，這些事件都不會發生。從亞洲金融風暴、雙卡風暴、連動債三件事接連發生來看，台灣銀行業在發展新業務上出現一個迴圈：「公司成長壓力→開發新業務→未能事先察覺風險本質→衝業績→爆發重大損失事件→緊縮業務→開發新業務」，台灣銀行業就在這個迴圈裡不斷循環，所以可合理預期損失終究會再發生，只是時間早晚。

　　索甲仁波切在《西藏生死書》裡有這樣的寓言故事：「我在街上走著，路旁有個深洞，我掉進去了；我爬起來，繼續往前走，遇到另一個深洞，我又掉進去了；我再爬起來……」，銀行業就像普羅大眾在地球這個濁世一樣，「煩惱覆心，久流生死，不得解脫」。為何會重覆掉到深洞裡，因為每遇到一個新的洞，就以為這個洞跟之前的都不同，是個淺的可以踩的洞，就踩上去了，結果這個洞跟之前的洞一樣深，就摔下去了。

　　還好銀行業有個優勢，就是業務種類有限，犯過的錯不容易再犯，總有一天有機會把所有的錯都犯完，之後就有機會不再犯錯。例如十幾年前多家新銀行剛成立時為了衝刺業績對企業過度放貸，剛好遇到亞洲金融風暴，其中幾家銀行因鉅額違約虧損而倒閉，後來放款就謹慎了。接下來改衝刺雙卡業務，整體銀行業也是賠了幾千億，後來對信用卡的發卡核卡就嚴格多了。接下來改衝刺財富管理業務，然後爆發連動債事件，賠了幾百億後很多銀行就不賣連動債了。然而銀行業只是記取已發生事件的教訓，而不是跳脫這個新種業務損失的輪迴。「善無

畏三藏禪要」裡解釋一般人在痛苦之中不斷輪迴：「煩惱覆心，
久流生死，不得解脫」，用這個觀點來解釋銀行的問題就是：
「貪婪蒙心，常遇風險，不得解脫」。有些新業務表面上看起來
與之前出事的商品或業務不同，但其實風險本質是類似的，此
時警覺心若鬆懈，損失就會重演。

## ■ 教訓慘痛，認知有限

　　雷曼連動債事件後部份金融機構已認知到財富管理並非無
風險收入，然而這樣的認知到底是建立在什麼樣的基礎上？這
樣的認知是否強到足以讓金融機構的風險管理提升到有效控管
的程度？能否讓銀行業脫離損失的輪迴？這就是關鍵了。我們
可以先來看看一般銀行業對連動債的檢討。檢討的成果很多，
在此只舉幾個比較典型的。

## ■ 投資人心態

　　銀行檢討後認為：在頭幾年連動債績效好時，不少投資人
嚐到甜頭而忘了投資學上「高報酬高風險」之鐵律，在理專的
解說下以為是「風險低、報酬高」或「類定存」商品，彷彿是
天上掉下來的禮物。

## ■ 銀行銷售誘因

銀行檢討後認為：過去銀行及理財人員承受業績壓力及高額通路服務費誘因，棒子加胡蘿蔔，刺激理專用盡各種方法銷售連動債商品，才會以不當話術讓投資人慘賠。

## ■ 深一層定理

老實說這些只能算是連動債表面的原因，而不是根本原因，這也是作者擔心的，以及為何在各界這麼多的檢討之後還特別以專章討論這個風險。作者十多年前曾提出「深一層定理」，此定理的目的是要針對學術界各大師提出的各種「理論」能否成立、以及是否正確完整進行深入探討，因年代久遠且當時未保存而佚失，沒想到這個定理會對風險管理有幫助。在風險管理領域「深一層定理」可用來解釋原因的層級與問題能否解決的關聯性。

當然，也有人指出更深入的原因：

### 台灣金融監管與司法制度對消費者的保護不足

依據新聞報導，一位歐系銀行法令遵循主管指出，歐美法院判例保護消費者，銀行銷售太複雜的商品給客戶，即使客戶已簽下合約，只要銀行無法證明當時確實讓客戶完全明白風

險，事後有爭議仍要負責賠償損失。「台灣消費者簽名後，就要承擔所有風險，真的只能自求多福。」

2011 年的最新案例，英國銀行業過去向客戶銷售某項保險產品，主要是針對抵押貸款與信用卡借款人，當失業或生病無法支付債務時提供保障。不過這些銀行為衝刺業績，把產品賣給自己本身為雇主、失業者或是不了解該產品的個人，在 2011 年五月遭到法院判定銷售行為有過失，必須對客戶進行賠償，預計英國銀行業少要支付總額約八十億英鎊的賠償金。英國銀行家協會發表聲明表示：「為提供客戶確定感，銀行與英國銀行家協會已經決定不再上訴」。

這個原因更接近核心，但仍不是最根本的原因。

## ■ 風險分析起手勢

請問，風險分析的起點是什麼？就像要施展一套劍法一樣，請問，劍法的起手勢是什麼？

「起手勢」並未收錄在「隨風飛舞十三式」中，因為這並不是一個方法，而是一個觀念；只是這個觀念很重要，將決定整個風險分析的成果是否真能產生效益。這個關鍵，這個起手勢，就是認清本質，認清損失事件的本質，認清商品的本質。如果沒認清本質，基於錯誤的認知來進行風險分析，得到的結果不會是正確的。至今還是有金融業認為連動債損失是：「投資人未記取高報酬高風險的鐵律」、「銀行人員在業績壓力下不當銷售」，當然，這是原因，但不是最根本的原因，而針對這兩點

的改善，並未解決最核心的問題，類似的損失在未來就還是可能發生。

這樣風險分析的觀念其實不困難，過去常聽人說起：「把一個問題講清楚了，答案就自然浮現」，差不多的意思，把一個事件的本質看清楚了，就知道能否徹底改善。風險分析的起手勢，雖然不是方法，卻會決定分析結果及改善能有多大效用。其實「認清本質」也可以當成辨識風險的方法，只這種方法太過於形而上，難以解釋怎麼辨得到，所以本書未提；然而連動債這件事，卻剛好是「認清本質以辨識風險」的最佳例證。

理專會出事，作者是什麼時候發現這個可能性的？答案是2002年，連動債可能出事，作者是什麼時候發現的？答案是2007年，因為作者在這兩個時點無意間發現了它們的本質。

2002年時作者剛回會計師事務所任職，某天到銀行辦事，那時理專相關業務剛出現；在領取號碼牌等候叫號時，一個理專拿了一份DM向作者推銷新的投資商品，直說投資報酬可高達20%。作者拿起DM看半天，實在看不懂此項投資的報酬數字是從哪裡得來的。作者只問了這個理專兩個問題，一個是「妳這個20%的報酬是怎麼算的？」另一個是「在什麼情況下投資會虧損，甚至血本無歸？」這名理專並未回答作者問題，只是反覆強調這是一個很好的投資機會；作者從接下來的對話中發現原來她也不瞭解這個商品，此時有兩點讓作者覺得不對勁：

- 為什麼理專會不瞭解自己所販賣的商品？甚至不知道什麼情況下會發生虧損？也就是說，既不瞭解商品，也不瞭解風險。

■ 銀行為何允許（其實是命令）自己的理專在不瞭解商品
　的情況下向一般消費者推銷？

　　有了這次經驗，作者告訴自己，絕對不要接受理專推銷的
商品，不管理專長得有多漂亮，早晚會出事，因為這項業務的
本質有問題。

　　另一個是連動債，作者在研究所唸書時是做資本市場實證
研究的，證券分析算是本行，對各種投資管道也很感興趣。當
時作者剛到外商壽險業營運風險管理處任職一段時間，找了個
空檔瞭解金融業相關商品。一看到連動債就傻了：「這是啥？」
債不就是債券嗎？為什麼有連結？還連到指數？連到指數的東
西怎麼可以說是「債」呢？只要是指數的東西就是高風險，這
是投資的基本常識，避險總有失效的時候；而且這些商品不但
有指數波動的風險，還有匯率風險，竟然打著保本的口號在銷
售：「這種商品根本不可能保本呀，為什麼 DM 上會寫保本呢？
這不是在欺騙消費者嗎？這樣搞不會出事？」最後還是出事
了，銀行出事了。

## ■ 連動債事件最根本的本質

　　連動債根本不保本，卻用保本話術銷售，理專根本不懂連
動債（全世界有幾個人真的弄得懂？），卻向一般人推銷連動
債，這是事件的本質，但還不算是最根本的本質。真正根本的
本質，是銀行提供財富管理服務的本質，或者，在台灣提供財
富管理服務的本質。

　　為何特別強調台灣？因為如果是在其他國家或許會有差異。連動債是一時的，只是一部份，財富管理才是全部，是根本，所以與其看連動債，還不如看財富管理的本質。在台灣提供財富管理服務的本質，就是你去找人來投資，就要負責任，不能說只負責銷售，出了事就要面對後果，特別是在台灣。

　　我們用比較長的說明來解釋這個本質。台灣金融業有幾個大家族，這些家族的負責人或主要成員在台灣有很高的知名度及地位。假設有一個人或企業，想找人來投資，先不管投資標的是什麼，因為本身知名度不夠高，或是人脈不夠廣，透過關係，找上金融業大家族的負責人，請負責人幫忙引薦投資人，也為這個投資案講幾句好話，讀者認為大家族的負責人會答應嗎？作者認為不會，不論是否有佣金，為什麼大家族要幫他這個忙？這些家族又不缺錢，這樣做，等於是幫這個投資案背書；會引薦的一定是自己的親戚朋友，是相信自己的人，一旦出事，面子往哪裡擺？所以作者認為大家族負責人不會同意。

　　有趣的事就來了，同樣一個人，同樣一個投資，這個人找上大家族所擁有的銀行，請銀行幫忙推薦，也提供佣金，那銀行會不會答應？答案是會。同一個家族，一個是家族負責人，一個是所屬的銀行，為何會有兩種截然不同的決定？這就是銀行財富管理業務在台灣的本質與風險。

　　在台灣，一般民眾投資理財的習慣是什麼，是「呷好逗相報」。假如有人發現或找到一個很好的投資機會，一般會把這個機會告訴親朋好友，等於是分好處給他們。這個投資機會可能是投資成立新公司，可能是增資，可能是借貸，可能是報名牌，

可能是包工程；過去幾十年台灣經濟快速成長創造這麼多財富，就是以這樣的方式進行分配。大部份的投資機會是不公開的，必須透過關係才拿得到，這也是為何在台灣人脈如此重要。像這樣的投資機會，報酬率 20%、50%算普通，賺個一倍兩倍也不算多。

撇開金額較大的投資案不提，小老百姓也一樣呀，最常見的是跟會，以前報酬率約 20%。找陌生人怕倒會，一定是親朋好友起的會或介紹的才會跟。所以在台灣，投資理財無所謂高報酬高風險，只有「是誰介紹的」，有些甚至只是「人情捧場」；只要是知名的、有錢的親朋好友介紹的，一定就是好康，或是一定得捧場。因而投資決策取決於彼此的關係與信任，而不是報酬與風險的衡量。

在這種環境背景下，讀者可以想想銀行提供財富管理服務會出現什麼樣的效應？一定是讚的啦。過去銀行業在民間一直是保守、穩健、可靠、高不可攀的代名詞，如果銀行有什麼投資機會，大老板早就自己搶去了，現在竟然有銀行在介紹投資機會，還把報酬算給你看，還幫你避險，還保本，理專長得這麼漂亮，人又美又懂理財，娶回家當媳婦最好，讓理專哄得心花怒放的連棺材本都掏出來買。作者滿好奇的，那些理專媳婦下場變怎樣。

銀行提供理財商品如果出事會怎麼樣？看倒會就知道了。作者結婚後跟著妻子住在娘家的小村子裡，一次到村裡廟口廣場吃親友喜酒，內人告訴我，新郎就住在娘家隔壁，新郎母親以前就是村子的會頭，二十年前倒了會，村子裡多人中獎，新

郎母親跑去躲了起來，二十年來不敢露面，一直到兒子要結婚才出現。都二十年前的事了，敬酒時也沒人給她好臉色看，雖然已經沒人再來要債，背後總有人指指點點說閒話，日子會多好過？表面上看起來財富管理賺手續費，無須資本也無風險，其實賣的是自己的名聲。投資沒有穩賺的，只要賠錢，銀行的聲譽就會受傷；所以銀行財富管理業務手續費賺愈多，名聲就愈差，這就是本質。

「投資人要謹記：高報酬高風險」，這真不知從何談起！銀行的理財商品投報能有多高？五六趴到十幾趴，一般民間跟會就二十趴了，而且每個月都能標，或是跟著有錢人投資賺個一倍兩倍是常有的事，從這個角度來看，不管銀行賣什麼商品，在一般大眾眼裡都是「低報酬」的商品；報酬都這麼低了，怎麼還會出事呢？怎麼會變成高風險呢？

以宸鴻返台掛牌為例，股價實力超過五百元，但訂價只有兩百二，抽到現賺三十萬，報酬率超過一倍。如果有人剛好認識宸鴻的大老闆或是有親戚關係，分個幾張就賺翻了；有風險嗎？答案是沒呀，高報酬低風險，在這種情形下要老百姓如何接受銀行的說辭。

「理專為了業績不當銷售」，真是令人無言。誰管理專有沒有不當銷售。銀行拉人投資就是要賺錢，賠錢就是不對。會賠錢，那就去買基金、買股票算了，為何要跟理專買連動債？從民眾眼光來看，以前政府公債利率十趴很正常，現在銀行賣連動「債」也是十來趴，公債是政府保證的，銀行賣債不是也說「保本」嗎，這就是保證呀，為何會賠錢？還說不關銀行的事。

　　如果銀行推的商品檔檔都賺錢，就算理專不當銷售，會有人抗議嗎？如果銀行推的每一檔都賠錢，就算理專當初都照實講，投資人照樣抬棺抗議。作者並不是說理專可以不當銷售，而是說這不是風險的關鍵。在台灣投資人只管有沒有賠錢，以風險性很高的股票市場為例，買賣股票本來就是賭博，當台股因國際局勢下跌時，股民還不是吵著要國發基金來護盤，還不是怪政府沒把經濟搞好才害他們賠錢；同樣的道理，在投資型商品賠錢時光強調理專無不當銷售沒人理會。

## 關鍵在於評估商品風險的能力

　　所以說，如果銀行想賺財富管理的錢，必須推薦的商品檔檔都賺錢，就不能賠錢，至少不能賠太多，必須有評估商品風險的能力，必須能避開地雷商品。連動債事件後，銀行業紛紛改善商品審查程序，並不代表這個風險就解決了。過去銀行的商品審查很簡單，主管機關說能賣的就賣，說不能賣的就不賣；在改善後審查邏輯還是很簡單，一樣是主管機關說能賣的就賣，說不能賣的就不賣，那有什麼理由相信這個風險已經降低。

　　舉個很簡單的例子，連動債事件後哪些理財商品賣得最好，高收益債與雙元貨幣應該算其中之一吧，那請問這兩種商品的本質／風險，與之前的雷曼連動債有什麼差別？事實就是各種理財商品不斷推陳出新，有些商品連主管機關都搞不清楚，那銀行為什麼還是依賴主管機關的判斷？

　　「以為這個新的洞比較淺，其實比之前的洞還深」。美國證管會在 2009 年八月十八日首次針對槓桿型 ETF 與放空型 ETF 發布警告，這種變形 ETF 風險很高，可能造成龐大虧損，變成長抱型投資人的地雷陣。問題是在美國證管會發布警告之前，這些商品就已經上市了，而且是因為那段期間股價激烈震盪導致投資人損失擴大，證管會發現不對勁才提出警告；台灣主管機關也跟著警告，還好還沒引進。從這裡就能看得出來，主管機關核可並不是獲利保證。求人不如求己，想推財管業務必須靠銀行自立自強。

## ■ 誰來為整體社會風險把關

　　另一個更根本的原因是，為什麼台灣人的錢要交給別人來投資呢？而且是這麼多的錢，為何要交給過度貪婪又欠缺道德的西方金融機構投資？如果一個很有錢的家族一直都是自己管理自己的投資，雖然投資的管道少，獲利不高，也還穩定。某一天，在聽了另一個不太熟但很有名的家族推薦，然後短時間內就把大量家產交這個不太熟的家族打理，這不是等於讓別人決定自己的生死嗎？怎麼就沒人想想出問題時怎麼辦？光聽信經濟學家：「要開放、要自由、要全球化、政府不要管」從整體社會角度來看，這麼可怕的事竟然沒人管，連動債都還沒完全落幕，又出了個高收益債，只能祈禱最好不會再出事？

## ■ 下個可能的地雷：高收益債

　　境外高收益債券型基金近年在台灣熱賣，基金規模自 2009年到 2010 年，從兩千兩百億新台幣暴增到四千四百億元，規模媲美連動債。這兩年全球經濟大起大落，走勢難測，使得具有固定收益的金融商品，如公債、公司債大行其道；其中，又以高配息率著稱的高收益債成為金融市場新寵兒，國內業者也紛紛搶搭列車，陸續募集相關產品或代理國外商品引進國內。以某檔國內熱銷已久的全球高收益債券型基金為例，基金規模不過四千億台幣，光是台灣投資人就持有超過三千億元，換句話說，這檔基金超過八成是由台灣人投資。這東西如果真的這麼好，美國人自己怎麼不買？還輪得到台灣。

　　目前大家都在擔心歐「債」危機不知何時會結束，作者是擔心歐「洲」危機是否會在明年 2012 爆發；雖然美國景氣持續復甦，但如果歐洲真的大衰退，部份區域的高收益債還是可能會中獎。高收益債的本質與雷曼連動債雖然不同，然而還是屬於可能大幅虧損的商品，過去就曾有高收益債虧損超過四十趴的記錄，同樣屬於長抱型商品，時間一長出事機率就高；此外投信界有個不成文的定律，那就是如果某商品出現熱賣潮，各通路一股勁的狂賣，通常會以慘賠收場。台灣賣了這麼多高收益債，接下來只能天天燒香求老天爺保佑。

　　這檔在台灣熱賣的高收益債基金配息相當穩定，甚至在 2008 年金融海嘯期間年化報酬率還有 9%以上，不僅吸引許多投

資人，連不少法人機構都大量申購。作者就說檢討保本話術與不當銷售起不了什麼作用，「道高一尺，魔高一丈」理專在賣這檔高收益債時，什麼話都不用講，只要把：「2008年金融海嘯期間報酬率還有9%」的數字攤出來，客戶就把錢掏出來了。

除此之外很多理專對投資人只宣傳優點、卻不說明風險，例如「每個月平均 5%到 8%的配息率，比定存好太多」，「每個月固定配息就好像領月退一樣」，「債券市場波動不如股票市場劇烈，長期持有可說是穩賺不賠」。有投信業者就直言，部分理專是把高收益債「當成定存在賣」。那檢討不當銷售能起什麼作用？

## ■ 商品審查，只對已出事的有效

最近台灣首富郭台銘為總統選舉站台，講了一句話很有道理：「經濟學家對研究過去很有經驗，但對未來通常沒什麼看法。」用這句話來檢視目前銀行業的財富管理業務，就變成：「商品審查對曾出過事的商品很有成效，但對還沒出事的商品沒作用。」也就是說，這段期間銀行業確實設法強化商品審查風險控管，然而大概只對連動債有用，對其他商品沒什麼作用，高收益債跟雙元貨幣就是最好的例證。關鍵就在於現行商品審查做法，就真的只是在審查商品，而不是徹底釐清商品的本質與風險特性，所以已出事商品知道有風險，審查就有作用，未出事的還搞不清楚狀況，審查起不了作用。

　　更根本的原因就在於，銀行評估商品風險的能力並未提升。部份銀行之前會買雷曼連動債，是因為相信國外銀行的說法，並非依據自己的判斷。連動債是專業的新金融商品，沒有相關能力就無法評估其風險。然而新金融商品的風險，並不等於財富管理的風險，後者的分析需要更完整的方法。以高收益債跟雙元貨幣為例，高收益債的本質與雷曼連動債有差異，但還是屬於可能大幅虧損的商品，而雙元貨幣雖然也是新金融商品，但原則上不會發生類似雷曼連動債的損失事件，這就是差別了。從結果來驗證，如果銀行的商品審查無法區隔連動債、高收益債、與雙元貨幣三者的本質差異，那就表示無法真正為銀行管控風險。

　　針對財富管理與投資型商品風險評估，在釐清本質與風險特性部份，作者另外發展了一套方法，名為：「拓璞類比分析法」。拓璞學，是一門高深的數學，作者數學不好，在十年前偶然間讀得拓璞學的觀念，從此成為作者分析方法的核心之一，在各地方都用得到；依據此概念，作者將投資型商品的風險分析過程做比較有系統的發展，然後建立了一個架構。經由此架構分析，就能區別出高收益債與雙元貨幣的差別。這只是個小方法，並未收錄在「隨風飛舞十三式」中。

## 連動債的「江湖理論」

　　企業是由很多人組成的，每個人都有自己的需求、想法、欲望，活著就要求生存，影響別人也影響自己：

- 基層人員怕業績不好被開除，又要養家活口，希望多賺點獎金過好日子。
- 中階主管想升官，有業績壓力，必須達成目標；業績難看時，每個月的業務會報就被修理，此時只要有業績進來，其他的，睜一隻眼閉一隻眼。
- 高階主管要維繫自己組織派系，家族負責人要面子、要出人頭地、要壯大版圖、要稱王稱霸，現有業務難以拓展，當然下令衝刺財富管理業務。
- 風險管理部門平常被嫌得還不夠嗎？連動債年年都賺錢，主管機關又沒禁止，沒客戶抱怨，也看不懂，多嘴幹嘛。

金融業就這樣在眾多層級、人員、角色互相影響下，形成文化，在此過程中很多事會走樣，很多原本大家認為應該怎樣怎樣的事，結果就不怎樣怎樣。潛藏風險，導致損失，雙卡風暴與連動債，不過是其中兩個結果。你說有人有錯嗎？沒人有錯呀！但就在人人沒犯錯的情形下，出了天大錯誤！此與柏拉圖效率假說相違背，也不是代理理論能解釋的，但文化與風險息息相關，套句俗話：「人在江湖，身不由己」，因而作者將此現象稱之為連動債的「江湖理論」，這就是「失落的紀律」的主軸與核心。把江湖理論以數學呈現，多角色的互動關係類似混沌、碎形等數學理論，但中看不中用，水車實驗有點像，但又不全然是。

## ■ 王者天下，與天地正氣

想瞭解連動債風險本質的人，應該先去看「王者天下 Kingdom of Heaven」這部影片。這是由大導演雷利史考特執導，奧蘭多布魯主演，在 2005 年五月上映的電影，描述的是中古世紀十字軍東征的故事。十二世紀時，由歐洲各國騎士組成的十字軍，在教廷號召下，成功拿下聖城耶路撒冷，從此與伊斯蘭之間紛爭不斷。

男主角法國鐵匠貝里恩是一個騎士的私生子，這名騎士驍勇善戰，立下戰功升為男爵，功成名就後為了彌補過往的罪，回到故鄉尋找自己的兒子。在歸途中受傷不治，臨死前將爵位傳給了這位鐵匠兒子，並要他立下誓言：「當面對敵人時要無所畏懼，要勇敢正直讓上帝愛你，即使會因此喪失性命也只說實話，保護弱者，不行不義之事」，囑咐他要保護國王與人民，成為一個頂天立地的騎士。

鐵匠貝里恩在無意中繼承爵位，麻雀變鳳凰，抵達耶路撒冷去觀見國王。當時耶路撒冷的國王是個年青而偉大的國王，但卻是個麻瘋病患，貝里恩見到尊貴的國王竟然染上被視為詛咒的麻瘋病驚訝的說不出話來，更令他震驚的是國王對他說的話：「沒有人能選擇自己的終點。一個國王能下令調動一個人，一個父親有權找回自己的兒子，但是記住這一點，即使你成為國王或是有權力的人，你的靈魂只歸你一個人所有，當你站在上帝面前時，你不能說：『是別人叫我這麼做的』，或是為自己

找藉口說：『那時不方便那樣做』，這不足以成為理由。你要記住」。

受到國王的啟發，貝里恩時時謹記父親的期許，在自己的領土上照顧百姓，當奉國王之命保護人民時，明知敵人兵力是自己的十倍以上，此戰必死無疑，仍領著僅有的三十名騎兵迎戰上千名伊斯蘭先鋒部隊。當偉大的國王駕崩，新任國王被敵人抓走，其他騎士棄城逃命時，貝里恩決定留下來保護耶路撒冷的百姓，他率領老弱殘兵，成功抵擋二十萬伊斯蘭大軍的攻擊，讓敵人主動提議簽和平協議，城裡的天主教徒得以安然離開，避免了一場屠城的慘劇。

貝里恩之所以願意跟隨父親遠赴耶路撒冷，是為了贖罪，然而他在耶穌基督被釘在十字架的地方祈禱了一晚，並未感應到上帝的啟示，因而他認為上帝不愛他。在貝里恩成功守護聖城耶路撒冷後，他的伊斯蘭朋友告訴他：「如果你的上帝不愛你，為何你能成就這樣的功業？」貝里恩的選擇，或許會讓自己失去性命，卻從上帝手上贏回靈魂。

我們回過頭來看看銀行各級主管在連動債這件事上所做的選擇：

- 高階主管：我們要追求成長，發展財富管理業務是必然的；我們有商品審查程序，想信底下的人會做好把關；如果理專有不當銷售行為，出事會被處罰，相信大家心裡都有一把尺。
- 中階主管：我們賣的都是主管機關核可的，沒必要自尋煩惱。

- 基層主管：反正上面要的就是業績，想那麼多做什麼，何必說實話惹人討厭。
- 前線業務員：拿得出錢來投資的就不是窮人，先把這個月的業績做到再說。

連動債的道理很簡單，講穿了就是一句話，賣連動債的人認為自己不用負責。所以才說，不用跟西方學什麼先進的作業風險管理，只要謹記千年前的教訓，就夠了。

## 金融業心態：交差了事

本章談到這裡，難道是要勸銀行業不要提供財富管理服務？這是不入流的風管人員的想法，作者不會做這種事。在作者眼中，風險管理是金融業建立優勢，形成策略十分重要的一環，不管是要做什麼，或是不做什麼，都有策略意涵，都是為了要擊敗對手，擴張版圖，但如果風管不夠強，就做不起來。

本章要提醒一件事，那就是目前銀行業在推廣財富管理業務時想得太少。發展財富管理的策略，有很多構面，有很多層次，要榨出利潤，要減輕損失，要避免摔到懸崖下，有太多的因素要考慮。台灣銀行業在經營財富管理業務上的策略，至少在連動債出事之前，只有一個字，「衝」，衝衝衝，聽到外商說連動債好就賣連動債，看到客戶有錢不管是做何用途的就叫他拿出來買，不管理專是不是瞭解商品先把業績逼出來再說。衝衝衝，即使雷曼宣告倒閉也繼續衝，這種策略在作者之前發明的「企業動物學」裡稱為「火牛陣」，趕了一群牛在牛尾巴上綁

上枯柴，澆上油點上火，燒得牛群往前狂奔，火牛陣或許可以讓金融業像田單那樣收復齊國，也可能像電影「澳大利亞」影片場景一樣衝下懸崖。

多年前作者在提供高科技業研發管理服務時，診斷找出的研發管理議題是幾十個上百個，雖然說是研發管理，但與企業運作的每個環節都有關係。很多顧問公司在輔導時只看一兩點，給幾個改善措施，頭痛醫頭腳痛醫腳，沒用的。要把研發活動看成一個很大的循環，就像在看全球各地的因素形成金融風暴一樣，一次至少要抓四五十個議題，一次要下八九十個改善措施，讓大循環的每個小點同時往相同方向移動，很快就看到改善效果。風管也是一樣，所以前一本書才會命名為：「打通風管任督二脈」。

作者更早之前為高科技業提供研發資訊安全服務時也是如此，作者幫知名高科技業者釐清其研發資訊風險，也是把公司上下各部門各功能幾乎摸遍了，光是找出來的資訊風險點，就寫了將近六十頁，風險多到數不清，把該公司的高階主管們嚇壞了。作者還幫此公司找出知識管理建置問題、研發流程改善問題、以及策略整合協調問題。

相較之下，銀行業在推財富管理業務時，只有一個字「衝」，這樣怎麼管得好？孫子兵法：「多算勝，少算不勝」，這麼大這麼重要的業務，管理只做一點點，想不出事都很難。沒有一切遍知，看不穿整個營運活動，看不出深淺，就找不出風險，也無法形成有效策略，這也是作者為何會介紹「一切遍知」這個觀念的原因。

　　另一個金融業比不上科技業的地方，就是人員交差心態嚴重。高科技業必須不斷推出新產品，營運活動走專案制，一個產品能否及時開發完成上市，必須走完公司所有流程，專案經理及團隊負成敗之責，而且產品上市後，還要接受市場考驗，所以專案人員不但要貫穿全公司，還要思考所有的努力能否確保產品會成功，專案經理的眼光必須是全面性的。

　　反觀金融業，公司龐大部門眾多，分工精細，一個流程切成幾十段，各自作業，不管他人瓦上霜，也不喜歡他人過問，太努力做事不但沒功勞還會被嫌，出了事就開始比賽打太極拳，設法把責任往外面推。久而久之就養成「交差」習慣，遇到事情不是先想根本原因是什麼，如何能徹底解決，而是想著如何交差，如何把工作丟給別人並撇清關係。這個屬於「失落的紀律」這本書要探討的議題，在此不提太多。

　　奇怪，同樣是金融業，外商就不是這樣。外商金融業某些地方跟高科技業有點像，成敗論英雄。台灣銀行業在推作業風險管理時，例如 RCSA 風險與控制自我評估，都是參考國外銀行或顧問公司做法，至於這些方法是否有效並不是考量重點。在推動時各單位必須照方法來做，執行時注重程序符合，而不是成果有效。只要沒照方法做，就是觸犯天條，只要照著做，就算「交差了」，反正大家都沒能找出重大風險。

　　同樣是推作業風險，外商壽險集團態度就不一樣。壽險業在此領發展較晚，在推動之前這家壽險集團問過各家顧問公司意見，一致的回覆是目前銀行業藉由檢視流程來辨識風險的方法，無法發現重大風險；雖然全世界都這樣做，但無效；因

而這家壽險集團決定不採用此方法，而是與顧問公司合作開發一套新方法，作者稱為目標導向法。在集團各子公司推動前，也是提供教育訓練，然而這家壽險集團不會要求子公司完全符合規定，可以調整作法，但一定要能發現重大風險。年度考核時如果沒找出重大風險，不管是不是照總公司方法做，那就是砍頭。

這家壽險集團要的是「有效的」方法，而不是把程序走完。損失事件收集也是，情境模擬也是，作者在做情境模擬時根本沒理會總公司提供的方法，而是自己想方法，但成果做出來，集團馬上拿來當範本，要各子公司照著做，還將作者的成果當標準來考核各子公司的成果。所以作者稱自己的方法是「最佳實務」，不算過分。

這家壽險集團在推任何風險管理制度時，事前的準備工夫很周嚴。總公司先有一套想法，再與各子公司一起討論如何實施，例如情境模擬，執行的時間才半年，但方法論的研究期間長達三年，與子公司之間就討論了一年。方法的架構很完整，把整個過程的階段切得很清楚，每個階段要怎麼做，產出什麼成果，都規範得很清楚，如何執行，可以達到什麼效果，執行時會遇到那些問題，如何因應調整，成果的品質標準是什麼，都弄得很清楚，在執行前，技術手冊就已經過多次討論及修改，這就叫做「謀定而後動」；整個過程非常有效率，沒有繁複的公文往返，重大決策在電話會議時達成共識就算數，不會有人推說不知道或不清楚，這才叫誠信。老實說，其方法論架構及專案管理比大多數台灣的顧問公司還要嚴謹，而且時間的掌握準

確到令人害怕，不要說台灣的金融業，連顧問公司都比不上，而且不是做做樣子，是真的有效。第一年推 RSA，第二年推 LDB、KRI，第三年推高階主管風險辨識，同年就執行情境模擬完成進階法資本計提，第四年做資本分攤。三年直上進階法，這個效率及效果大概全世界沒有任何一家金融機構能與之匹敵；而在這個過程裡，台灣算是先鋒部隊，是標竿，到後來，什麼都是：「先看台灣怎麼做」。所以作者稱自己的方法是「最佳實務」，不算過分。

作者在當顧問時在台灣金融業常常看到的就是「交差」，方法論有沒有效不重要，只要是顧問提供的、同業有做的就照做，千萬別提什麼太新奇的想法來自找麻煩，趕快做完就算交差了。商品審查也一樣呀，看看作業程序怎麼規定，該做什麼就做什麼，做完就交出去，至於商品風險高不高也搞不太清楚，會議上你看我我看你，簽呈上蓋了一堆印章，大多是看到別人蓋了就跟著蓋，反正出事情也不是自己一個人擔責任，那就等出事再說。這種心態，投資型商品跟財富管理業務的風險怎麼會降低。

## 第五個以風險為核心的競爭策略：出奇制勝

銀行業應不應大力發展財富管理業務？如同前面第四章提的，這個可以從國家產業整體發展來考量。如果從個別企業角度考量，銀行推財富管理業務，有需求、有市場、有優勢、有綜效，沒有理由不推；那剩下的問題就是：怎麼推？

　　推財富管理業務就是要提供投資型商品，如同前面提到的，這個可從很多個構面看很多個環節；其中一個環節就是所提供商品的風險性。挑商品就像在押寶，做生意本來就是在押寶，授信審查也是在押寶，想成功的唯一方法就是押對寶，此時就出現了作者所提出第五個以風險為核心的競爭策略：「出奇制勝」：如果金融業的風險管理足以察覺每種投資型商品的風險本質，有辦法排除會發生重大虧損的商品，有辦法認清消費者與銷售活動的風險本質（不是只有不當銷售問題），才有能力挑出不會大虧的商品並以適當的方式進行銷售，這不只是立於不敗之地，而是可以橫掃市場，建立強勢品牌。

## ■ 從積極面來看出奇制勝的意涵

　　以股市投資為例，什麼樣的人是卓越、了不起的投資大師？一個比較客觀的標準，就是看誰在股票市場上賺得多，賺最多的就最了不起。然而，這可能不是唯一的標準。試想，一個股市炒手，如果只敢買多不敢放空，算卓越嗎？當然只買多不放空，是人的習性，也是風險考量，如果排除這個考量後還是只買多不放空，能算是傑出的炒手嗎？

　　多與空本質是相同的，選擇買多而非放空主要是受到一般人平時習慣的觀念限制，其實做空比做多容易。做多時，會因市場人同此心導致在買進及賣出時容易因流動性問題而比較難拿到好一點的價格，反而是放空時遇到大家搶買，回補時遇到

大家搶賣，比較容易得到好價錢，融券放空還可以賺利息，那為什麼只做多不做空？

這就像部份經濟學家或投資大師只是一味喊空，或是一味喊多，能算了不起嗎？以前台灣在瘋簽賭大家樂時，就有類似的案例。部份不肖神棍打著寺廟名號，聲稱報明牌，把所有可能的號碼平均分成多組，把各組號碼全掛出，賣給不同人，因為所有號碼都有，一定有人中頭彩。中頭彩的人以為真的是神明顯靈，花大錢打金牌酬謝，神棍廟公再以這些「成功案例」為號召，繼續賣明牌，至於對那些買了明牌卻沒中的，就反駁：「別人有中呀，表示名牌準，你沒中，是因為你不夠虔誠。」

多與空的評估方法及道理是相同的，如果要強調自己神準，就要能賭多也賭空。以克魯曼及羅比尼為例，拼命喊空遇到次貸風暴，只是瞎貓碰到死老鼠，如果他們能準確預測 2010 大反彈才叫真本事。

回過頭來看銀行業務，也是同樣道理。以銷售投資型商品為例，當各銀行大賣連動債賺錢時，看人賺錢眼紅而跟風不敢踩剎車，是因為風管能力差；當大家害怕會出事而不敢大賣雙元貨幣時不敢踩油門，其實也代表風管能力差。風管能力差，不會只因受過教訓而改變，在未來還是可能出事。台灣銀行業在 2005 年時因跟風導致雙卡風暴，2008 年時又因跟風出了連動債，表面上大家都說已檢討並記取教訓，實際上風管能力並未提升，遇到不同商品時就重蹈覆徹。去了連動債來了個高收益債，現在只能祈禱歐洲危機不會發生。

　　電影院要如何才能賺大錢，除了設備好地點好之外，也要有好的電影才能吸引消費者花錢進戲院觀賞；3D電影阿凡達上映時出現排隊人龍，就是最好例證。那財富管理業務要如何才能既賺錢又不會被客戶罵？就必須能找出好商品，找出穩賺不賠的商品，或是不會大賠的商品，看準了押寶下手，這就是以風險為核心的競爭策略「出奇制勝」的極積意涵。

　　蘇東坡說他寫起文章來：「為文如行雲流水」，「當止則止，當行則行」這才是高手風範。從這個觀點看財富管理業務，當進場則進場，當退場則退場，當賣則賣，當不賣則不賣，這才是高手風範。關鍵就在於銀行是否有足夠的風險管理能力，能看清各種投資型商品的本質，而不只是跟著別人走，然後跟著別人掉下懸崖。

## ■ 巴菲特有價值投資法，銀行業有什麼？

　　巴菲特為何可以被尊為股神？吸引全球投資人買波克夏股票？因為他敢打包票，他有「價值投資法」，他有慧眼可以挑出價值被低估的股票，跟著他投資穩賺不賠，個案虧損難免但至少平均來看獲利超高。

　　相較之下銀行在推財富管理業務時敢打包票嗎？銀行有「商品風險辨識法」嗎？銀行有慧眼可以看出那些商品會讓客戶大虧嗎？銀行有本事告訴客戶「買我推薦的投資型商品絕不會大賠，或是買我的財富管理業務不會讓你血本無歸」？銀行想要推財富管理業務，就要有決心成為巴菲特，以此為號召就

可以橫掃市場，要不然就不要做。大多數銀行目前做法，跟散戶抱著家產學外資短線操作有什麼兩樣？

瑞士銀行在推私人銀行業務時是怎麼跟客戶說的：「不管你的錢是怎麼來的，只要進到我們銀行，就沒人查得到，沒人能扣押」，姑且不論道德，就是要這樣才能成就霸業。瑞士銀行的優勢被美國帶頭海外追稅給打破了，那下一個成就霸業的策略在哪裡？

很多銀行會認為：「我才不吹這種牛皮，出事會被客戶恨死。」這是駝鳥心態，像這種話銀行不說，理專會說：「你放心啦，這次跟上次不一樣，保證不會有問題」，「你看，這檔高收益債，在次貸風暴期間都還有 8%獲利，還會有比次貸更嚴重的風暴嗎？那你還擔心什麼？」「什麼此商品有風險，這都是主管機關規定一定要寫的，每檔都一樣，簽這個只是例行公事」「我們公司這麼大，你還擔心什麼，出了事你來告我」，理專不掛保證，客戶會掏錢？要提醒客戶投資風險？「我們銀行代理的這檔基金風險很高，你的錢可能會賠光，投資後一毛錢都拿不回來，但還是請你把退休金拿來買，好讓我們賺 5%的佣金」，理專要是真的這麼說客戶還會買？當客戶是白痴喔。要是這麼好賣，那高階主管要不要來賣賣看。這就是目前各金融機構管理不當銷售的盲點。

## ■ 從消極面來看出奇制勝的意涵

如果銀行無法建立絕對優勢（像巴菲特或是瑞士銀行這樣）來橫掃整個市場，那就必須有「劣勢競爭策略」。優勢與劣勢競

爭策略是作者八年前自己發明的，是與其他策略管理大師完全不同的策略分析思維。銀行在處於劣勢情形下，想要有個小品牌，賣幾個投資型商品賺賺小錢，發揮一些小小綜效，此時風險管理的能力與紀律更重要，這也是《失落的紀律》這本書會誕生的動機。

在劣勢時，銀行想要賺比其他銀行多的錢或占有更大的市場是不可能的，首要目標是確保自己不會像別人那樣弄得不可收拾。西方有句俗語：「在瞎子的世界裡，只有一隻眼睛的人就能稱王」。從這個觀點來看銀行財富管理業務，「當所有人都掉下懸崖，站在崖上人就算身高只有一百二十公分，也是全世界最高的人」，此時銀行的重點是如何藉由「有效的」風險管理避免自己跟別人一樣踩到陷阱，一起掉下懸崖。當所有的對手都陣亡，就是自己獲勝時：「用敵人的鮮血擦亮自己的品牌，那傷口還是敵人自己砍的」，這就是以風險為核心的競爭策略「出奇制勝」的消極意涵。

## ■ 唯善人能受盡言

推展財富管理業務，那是拿自己的信譽在賣錢；銀行如果要推財富管理業務，就要有成為巴菲特的勇氣，必須有強有力的風險管理做後盾，要有能力選出好的商品，並看穿財富管理業務的風險本質，要不然就不要推。如果銀行有能力能區別連動債、高收益債、雙元貨幣的本質，就有能力挑出不好商品；

唯有認清商品與銷售活動的風險本質，才不會陷入客戶抗議的場面。

《國語》有云：「唯善人能受盡言」，好話只能講給好人聽，「良藥苦口，忠言逆耳」只有好人能聽得進別人的忠言。本書講了很多忠言，但不期待每個人都聽得進去。

可能有讀者認為作者過度批評金融業人員的心態及人格，只會在事後說風涼話；其實作者在告訴大家，認清事實的本質，認清自己的陰影，鼓起勇氣面對，才是獲得全面勝利的基石。

# 第六章

# 重大風險辨識與監控

## 作業風險管理理論

不論是前一本書《打通風險管理任督二脈》,還是本書《風險空中預警機》,作者介紹了一系列作業(營運)風險管理的方法,也多次強調這樣的方法與目前銀行業承襲巴塞爾協定所使用的方法是不同的,作者的方法是有效的方法。作者不愛吹噓,口說無憑,因而在本書前五章介紹了使用隨風飛舞第五式「風險空中預警機」這個方法在 2010 年發現的幾個重大風險;這五個並不是全部的風險,只是作者所發現眾多風險裡比較經典的幾個;作者也不是只在 2010 年辨識重大風險,在 2008、2009 及 2011 都有發現重大風險。

前幾章示範重大風險分析成果,接下來要介紹的是作者所創方法的理論、哲學、與精神。首先登場的是「風險管理能量學說(Capacity Theory of Risk Management)」。

所謂「能量」，英文是 Capacity，原本是產能的意思。此概念來自於製造業衡量生產力與效率的產能觀念，由於「產能」這兩個字不夠優美，所以用意義相仿的「能量」來代替，但原意是指產能，也就是「風險管理產能」的學說。

## ■ 企業知識力指標與知識會計

這不是作者第一次從能量的角度來創造方法論，早在十年前，2001 年時作者就已從能量角度重新詮釋知識管理，發明了知識力指標與知識會計。2000 年是網路泡沫破裂的年代，也是知識管理風行全球的年代。那時作者任職的公司 Arthur Andersen Business Consulting 正是知識管理顧問服務的主要提供者。那時知識管理主要從組織及虛擬社群著手，藉由架設網站等方式為企業建立知識組織及管理體系，至於成效如何，見人見智。後來作者自行開發兩個知識管理方法論，一個是從流程出發，稱為流程導向知識管理方法論，另一個是從能量出發，稱為知識力指標與知識會計。

當年會有這種念頭，來自於兩件事刺激。一是當時的藍色巨人 IBM 以極高的價格併購一家科技公司，理由是這家公司有極高的知識價值。另一件事是當時有一本書介紹台積電的知識管理制度，稱台積電為「知識管理最佳典範」。那時作者很好奇，IBM 是如何評估併購對象的知識價值？知識管理最佳典範為何是台積電而不是聯電？那本書的作者說：「在台積電，即使是餐廳也瀰漫著一股書卷氣息」，換句話說其他科技業的餐廳只聞得

到美食的氣息？當然，那時美國有機構專門評鑑各企業知識管理的強弱並予以排名，Arthur Andersen 的知識管理排名全球前四強。作者只看過幾個評估項目，都很質化，所以很好奇他們是怎麼決定排名的？如何決定誰是第一名？

　　作者開始思考，知識管理之良莠難道沒有量化的數據可供參考。衡量一家公司賺不賺錢可以看稅後淨利、每股盈餘、投資報酬率等等，那要衡量一家公司知識管理好不好，知識競爭力強不強時要看什麼？作者嘗試著從量化的角度問一些問題，發現，這些問題都不是當時的知識管理方法可以回答的，因而自己開發了十二個衡量企業知識活動力的指標，為了產生這些指標數字，也規劃了知識會計制度；寫了一本書，不過沒出版。作者將當時檢視的問題列在下方，讀者有興趣可以檢視自己公司的知識管理，看看作者當時的想法有沒有道理。

## ■ 自我檢視知識管理的效度

- ■ 請問對貴公司而言，最寶貴的知識資產是什麼？記錄在哪？
- ■ 請問這些知識資產數量有多少？存放的位置在哪？以何種型式存放？
- ■ 這些重要的知識資產每月、季、年以多快的速度增加？
- ■ 這些重要的知識是否在消失當中？
- ■ 與競爭對手比較，貴公司的知識資產是多還是少？

- 這些重要的知識資產的使用情如何？哪些人是主要的使用者？
- 針對這些知識資產，是否有相對的管理措施？
- 這些知識資產如何在日常工作中發揮效益？如何協助公司達成目標？
- 貴公司有多少知識工作者？這些知識工作者分佈在哪些部門？這些知識工作者對企業競爭力的提升扮演什麼角色？

## ■ 作業風險管理質化評鑑

多年之後作者進入風險管理領域，遇到同樣問題，那就是風險管理評鑑，特別是作業風險管理，算是非常質化的管理制度，要如何判斷那家金融機構的作業風險管理比較好？作者並不瞭解目前各評鑑機構的做法，或許連他們自己也說不明白。從質化的角度，作者列了幾個這些機構可能採用的評估項目，例如：

- 風險管理公司治理
- 高階主管承擔責任
- 獨立的風險管理部門及職務
- 風險管理政策程序
- 前中後台職責劃分

然而，感覺上，這些項目好像每家金融機構都做得到。在評鑑時，相信不會有任何一家說自己沒公司治理、高階主管不

承擔責任、沒獨立的風管部門。這種組織的東西，用圖畫一畫就有了，那怎麼分辨哪家做得比較好，哪家比較不好？

## ■ 有生產，才有生管

當遇到這樣大哉問的問題時，作者習慣用類比的方式來思考。暫且撇開金融業，我們來看看比較具體的製造業，先看工廠，例如說，什麼樣的工廠是好工廠？或者，哪家工廠的生產管理是卓越的？

工廠，就是要製造產品，生產線就是要有產量，所以生產管得好不好，應該與產量有關吧！假使某一家公司被評鑑為「生產管理最佳企業」，但檢查後發現這家公司的年產量是零，一個產品都沒生產，這樣會有人相信它是「生產管理最佳企業」嗎？

由此作者提出一個衡量生產管理效能的標準（此提出指的是璞拓類比分析法的一個步驟，而不是真的提出一套標準），那就是產量；誰的產量高，誰的生產管理就好，例如甲工廠年產量為一萬個，乙工廠年產量五千個，雖然我們不能直接說「甲公司的生產管理比乙公司好兩倍」，但至少可以說甲廠的生產管理比乙廠好。有數據就比較客觀了點。

此時會有人質疑，只看產出，那看不看投入呢？甲廠雖然生產一萬個，但其生產要素的投入是十萬單位，乙廠雖然只產五千個，但只投入了兩萬單位，所以其實乙廠比較好。所以作者修正標準：「在同樣的生產要素數量之下，產量較高的公司，代表生管做得比較好」

　　此時還會有人質疑，看產出及投入，那看不看品質？就算甲廠的產量與要素投入比和乙廠相同，但甲廠產品中有一半是瑕疵品被退貨，而乙廠的瑕疵產品只有一百個，那還是乙廠的生產管理比較好。所以產量與要素投入比是一個指標，品質是另一個指標。

## ■ 有風險，才有風管

　　生管就是要管理生產，以此類推，風管就是要管理風險。沒有生產，就沒生管可言，再以此類推，那沒有風險，風管還會存在嗎？如果一家金融機構在推動風險管理多年後，連一個重大風險都沒發現，能算是「風險管理最佳」嗎？這就是作者的風險管理的核心理念：找出風險，才有風險管理，而且必須是找出重大風險，才算有風管價值。

## ■ 風險管理能量學說

　　所以如果從量化角度來看，一家金融機構的風管能力比較強，應該是指這家金融機構：

- 能辨識出較多的重大風險
- 能在同時有效監控較多的風險
- 能採取較多的改善措施將較多的風險降低

　　也就是說，一家金融機構如果能找出比別人多的重大風險，並予以監控改善，代表此金融機構風險管理的「能量（產

能）」比別人強，所以風險管理的績效比別人好，這就是能量學說的核心涵意。

有沒有金融機構用這種觀念在推作業風險，答案是有，至少某外商壽險公司是從這個角度在推動作業風險的，至少有做到第一項。作者當年建置制度時每年集團總部都會派人來台灣打考績，其中針對「風險自我評估」的評鑑，不是只看是否已執行，而是看有沒有找出重大風險。在每一季呈給總公司的報告，列舉的都是重大風險，如果不夠重大，會被挑戰，而且列為不及格。

## 隨風飛舞十三式

我們要從能量學說的角度來看風險辨識與監控的方法。在這裡，所謂 Operational Risk 指的不只是作業風險，而是「營運風險」，其概念與企業整體風險相當接近，這個在前一本書「打通風險管理任督二脈」已解釋過。作者所創風險辨識與監控的方法，主要是「**隨風飛舞十三式**」簡單說明如下：

- 第一式「**隨風飛舞**」：此為目標導向風險辨識評估方法（Objective Approach）。
- 第二式「**風的痕跡**」：建立企業作業風險報告與指揮體系的方法。
- 第三式「**疾風**」：讓風險辨識評估從每一至兩年執行一次，變成每季執行一次的方法。

- 第四式「**風舞九天**」：由最高階主管來辨識企業整體風險的方法。

- 第五式「**風險空中預警機**」：藉由觀察外部環境變動來辨識及監控風險的方法。

- 第六式「**風襲千里**」：以多種顧問分析方法來找出風險的方法。

- 第七式「**風動**」：重大風險監控方法。

- 第八式「**天羅地網**」：常態性且結構性的風險監控（辨識）方法。

- 第九式「**無孔不入**」：常態性且針對性的風險監控（辨識）方法。

- 第十式「**草木皆兵**」：常態性且普遍性的風險監控（辨識）方法。

- 第十二式「**天女散花**」：遵法風險管理方法。

- 第十三式「**如幻似真**」：作業風險情境模擬與資本計提方法。

　　本書主要介紹「第五式：風險空中預警機」，其他方法只約略提及。第一式到第四式是一套方法，屬於目標導向法範疇，在前一本書已簡單介紹。「第六式：風襲千里」屬於「管理學－機制主義學派」範疇，是作者十年顧問生涯的精華，所涉及的顧問分析方法太多，無法一一介紹。第七式到第十式主要針對風險監控，「第十式：草木皆兵」應該是目前風險監控所能做到的極限了。「第十二式：天女散花」目前只有概念，方法架構還

沒整理。「第十三式：如幻似真」博大精深、浩瀚無邊，是作者在 2008 年做的，目前尚未整理。

## ■ RCSA 為何無法發現重大風險

在此要特別強調，這裡的風險監控方法與巴塞爾協定的完全不同，巴塞爾協定的監控方法例如 KRI 太過於狹隘，而第七式到第十式是「有效」的風險監控方法，而且是在金融業裡實施過證實是有效的。

還有很多營運風險管理的方法是「隨風飛舞系列」未收錄的，像是策略風險分析方法、「天地正氣」、風險文化等等；資訊風險分析方法收錄在「閃電系列」。

## ■ 風險辨識方法分類

由於作業風險範圍太廣，相對應的風險辨識方法太多，為了加深讀者印象，作者將之分類說明。在前一本書時，作者曾簡單解釋重大風險的產生因素，包含：「外部環境變動」、「高階主管想法」、「策略、目標」、「營運活動」、「管理制度、內控制度」，這些因素與各風險辨識方法對應如下：

- 第一式到第三式「目標導向法」：是針對「策略、目標」這個部份。
- 第四式「風舞九天」：是針對「高階主管想法」的部份。

- 第五式「風險空中預警機」：是針對「外部環境變動」部份。
- 第六式「風襲千里」：是針對「營運活動」部份。
- 第十三式「如幻似真」情境模擬：是「外部環境變動」、「營運活動」、「管理制度、內控制度」這幾個部份合起來。

## 風險辨識方法分類

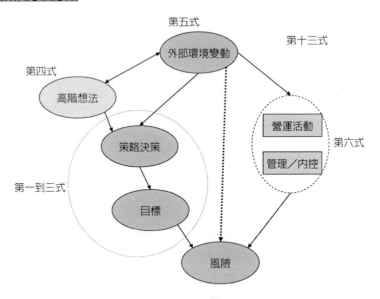

　　在此讀者可能感到疑惑，「情境模擬」是作業風險資本計提進階法，怎麼會變成風險辨識方法？這是因為作者 2008 年以情境模擬執行資本計提所需的損失估計時，發現這是辨識重大風險非常好的一個方法，同時發現了重大風險辨識的本質，也發現了巴塞爾協定一個很嚴重的盲點，因為這個盲點，導致

照著巴塞爾協定執行風險辨識與評估的企業永遠找不到重大風險。

## ■ 重大風險辨識方法效度比較

在比較各個方法的效度之前，首先界定什麼是「重大風險」。為了讓讀者易於瞭解，我們從一般風管人員比熟悉的「投資組合——胖尾（Fat Tail）」的角度來看，然後從統計分配的角度來解釋各重大風險辨識方法的效度。

一般的觀點認為金融業的營運風險損失事件大致上呈現右尾分配，左邊面積比較大的是發生頻率較高但金額較小的損失事件，右邊則是發生頻率較低但金額較高的事件，最右邊的 5% 裡大部份是指 VAR，衡量市場波動的風險，例如涵蓋市場可能發生的 99%的波動，而超過 Var 的部份，也就是剩下的百分之一，則是人人聞之色變、導致金融機構倒閉、發生機率極低，但損失極大的「尾端事件 Tail Event」，也是本書所指的重大風險事件。

由於尾端風險是統計概念，而統計是由損失金額及機率所組成，所謂尾端事件的損失金額太大，件數太少，如果局限於此量化定義，會導致重大風險的範圍過於狹隘，而限制了風管的效用，也容易使我們對重大風險的經驗統計結果受到挑戰。為此我們除了以尾端事件為基礎，也用質化方式補充重大風險的涵意，大致上分成以下幾種類型：

## a. 導致公司重大虧損，甚至破產

所謂重大虧損也是見人見智，部份企業對重大虧損的容忍
程度可能比較低，所以將之區分成幾個層級；最輕微的是損失
金額達到年度盈餘的三分之一，或是達到幾十億，或是吃掉全
部盈餘，最嚴重的是虧損幾百億，吃掉資本額的一大半等等。

## b. 聲譽形象重大破壞

在作者的觀念裡，聲譽算是損失的一部份，而不是風險；
其實聲譽風險是不存在的，只有聲譽損失存在，但聲譽跟損失
的管理是存在的，是連成一體的；對某些企業而言，聲譽很重
要，例如豐田汽車，之前因刹車品質不佳形象破滅而嚴重衝擊
營運，導致銷售額及市占率衰退，雖然沒有財務損失，也算是
重大風險。

## c. 高階主管被撤換

例如面板主管被關，國內某半民間機構因資安事件導致董
事長被撤換，或是國外某大企業董事長與一級主管墜機，波蘭
總統及內閣成員摔飛機等等，雖然無財務損失也可獲得理賠，
但嚴重衝擊企業營運及接班佈局，所以算是重大風險。

## d. 異常或非正常營運情況

例如一連串的錯誤，導致原本以為有效的控制制度失效，或內控已設計職務分工，但因集體勾結而失效；連動債依政府規範銷售，卻因政治壓力被迫賠償，這些算是比較異常的狀況。其實金融業最容易出現重大風險的地方，就是很多高階主管認為這樣的異常狀況不會發生，未預先思考因應措施，最後異常狀況還是發生了，措手不及處理失當，反而損失更嚴重。

## e. 高階主管認為重要

從目標導向法出發的「隨風飛舞」、「風舞九天」等方法，所謂重大風險，是指各處級主管，或高階主管等大多數人認為是重大的風險，或金融機構負責人認為重大的風險，這裡採用的是主觀判斷及多數決，理由是為了讓風險管理與經營決策做更深入的結合，所以不一定看是否有實證數字支持。依過去經驗此類風險約占所有重大風險的一半。

以上都有具體案例事件佐證，由於篇幅有限，未來若有機會撰寫其他風險管理書籍，或是撰寫「百大風險」範例與分析時再個別介紹。

接下來要比較「隨風飛舞系列」各方法的辨識效度差異；這裡談的「風險辨識效度」完全針對重大風險部份，不考量其他枝微末節的小風險。我們將前面依據「尾端事件」定義的百

分之一的重大風險，將效度分析鎖定在這範圍而將之設定為100%，再來看各方法的辨識效度。例如某金融機構已辨識出三百個風險，只有十個符合前面界定的重大風險定義，把這十個重大風險當成 100%，來比較各方法可辨識出這十個風險裡的哪幾個，以此檢視各方法的辨識效度。

在此將隨風飛舞系列的風險辨識方法分成以下四組：

- 第一組：第五式「風險空中預警機」，可辨識約 5%～30%的重大風險
- 第二組：第一式到第四式，可辨識約 30%～75%的重大風險
- 第三組：第六式「風襲千里」，可辨識約 5%～15%的重大風險
- 第四組：第十三式「如幻似真」，可辨識約 5%～10%的重大風險

這些數據是依據幾年來作者實際經驗值，加上專業判斷估計的，有一定的準確性。各組方法的估計值之所以會有差別，除了各公司本身差異外，主要是產業特性。因而在此將產業分成四類來說明：中型壽險公司、大型壽險公司／中大型國內銀行、大型綜合銀行、大型跨國銀行。

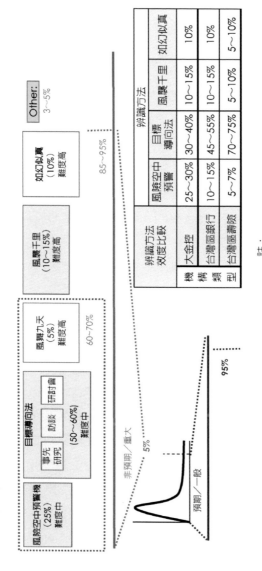

各辨識重大風險方法的效度比較

## ■ 中型壽險公司

這裡所謂的中型的壽險公司，是指在台灣約三十家壽險公司裡排名在中間，公司業績佔台灣壽險市場約 3～5%，專注於台灣市場的壽險業者。這樣的公司，各風險辨識方法的效度如下：

- ■ 第一組：第五式「風險空中預警機」，可辨識約 5%～7% 的重大風險
- ■ 第二組：第一式到第四式，可辨識約 70%～75%的重大風險
- ■ 第三組：第六式「風襲千里」，可辨識約 5%～10%的重大風險
- ■ 第四組：第十三式「如幻似真」，可辨識約 5%～10%的重大風險

此統計資料與中型壽險公司的產業特性有關。首先，保險公司與銀行相比，受外部環境影響項目較少，等一下會解釋原因，作者實際操作發現，就算努力收集外部環境變動，最多發現兩到三個重大風險，因而約占所有重大風險的 5%到 7%。

壽險公司業務固定，近百年來賣來賣去也就是幾種商品，加上壽險公司各部門分工明確，銷售、商品設計、核保、收費、客戶服務、理賠、精算、投資等，各有各的專長，不會混淆，組織及權責很明確，作業流程比較單純，因而藉由各處級主管進行風險辨識，足以找出大部份的重大風險，比重約占 70%。

另一個特色是最高階主管所辨識出來的風險，與處級主管差不多，頂多差一到兩個。

此外藉由流程分析或情境模擬，還是可以發現少數重大風險，各自大約占 5%到 10%。

另，如果是由處級或最高階主管辨識出來的重大風險，大多為已知、過去、或正存在的重大風險，雖然不是新的風險，但整個風險辨識與評估過程具有溝通的效果，一方面讓所有處級以上主管都得知公司有這樣的風險，平時可留意，另一方面可以交流相關資訊與意見，並討論改善方法。

相較於目標導向法，第五式「風險空中預警機」所找出的重大風險大部份是針對未來，因應環境變動部份，例如次貸風暴影響投資意願，導致投資型商品的業績目標無法達成等等，但約有一半仍屬於已知風險，因為像這樣重大的環境變化，各主管都會密切觀察，不會等召開風險辨識會議時才知道。

此時，透過流程分析與情境模擬，可以找出潛藏在企業裡的重大風險，而且是出乎所有人意料的風險，因而特別重要。

以上是從比例來看，如果從個數來看，中型壽險公司的重大風險約為四十至五十個，其中光靠「隨風飛舞」、「風舞九天」就能找出約三十至四十個重大風險，而「風險空中預警機」可找出約二到三個重大風險，另「風襲千里」、「如幻似真」，各自可找出約三個重大風險。這些方法找出的重大風險可能會重複。後面三個方法比較能找出未來性、潛在的、不為人知的重大風險。

# ■ 大型壽險公司／中大型國內銀行

影響各類型金融機構本身的重大風險數量多寡的因素有好幾個，分別是其業務與社會大眾生活密切頻繁度、組織與作業流程的規模、複雜度、變化程度。以壽險公司為例，拋開投資型商品不算，產品不外乎壽險、醫療險、儲蓄險、意外險等等，人一生會買幾次保險？平均可能三到五次，接下來就是繳款，每年繳一次，一繳二十年，然後等理賠，會理賠的都是壞事，大部份的人都不希望碰到。民眾與壽險公司往來的業務項目、次數較少，所以來自外部環境導致壽險公司重大風險的機會就低，所以使用「風險空中預警機」能發現的重大風險，就比銀行少。

與壽險業比，銀行業務種類不但多，而且與民眾生活息息相關，薪資轉帳、存款取款匯款、辦貸款繳房貸、刷卡及繳卡費等等這些都是，一般民眾一個月要遇到十幾次甚次幾十次都算正常，所以環境、法令、民情變化帶來的重大風險就比較多，「風險空中預警機」能發現的重大風險比例會升高一倍，約 10%到 15%。

另一個影響因素是營業範圍大小，中型以下壽險公司大多僅限台灣地區，大型的壽險龍頭部份已跨足對岸，除了台灣環境變化衝擊外還要考量大陸的環境波動，大陸比台灣大多了，變化程度更大衝擊也更大，因而「風險空中預警機」能發現的重大風險會較多，約 10%到 15%。

在台灣，中型壽險公司的內勤員工人數約六百到一千人，人數較少，部門劃分簡單，全台各地的通訊處數量有限，組織簡單權責明確，風險比較容易發現。大型龍頭壽險公司人數多部門多，銀行的業務種類比壽險多，有很多功能獨特的部門；部門一多，分工較細，權責區分，就會開始「不管他人瓦上霜」，此時處級主管因權責範圍較小所知有限，能找到的風險就比較少。因而處級與最高階主管能辨識出的重大風險會比較少，比例調降到 45%到 55%。

大型壽險公司與中大型銀行，部門多分工細，除了容易權責不清之外，作業流程也會跟著複雜，三不管地帶增加，潛藏的作業風險就會增加，藉由流程分析或情境模擬可發現的重大風險會增加，所以「風襲千里」、「如幻似真」可發現的重大風險也會增加。

從數量角度來看，大型壽險業與中大型銀行的重大風險總數量約為六十到九十個。

## ■ 大型銀行／大型跨國銀行

大型銀行民營銀行與中大型銀行差別在於業務項目，目前台灣只有前幾大銀行在消費金融業務較為發達，這幾大銀行會比其他中型銀行或公營行庫面臨較多的重大風險。這是因為銀行的各個業務受環境衝擊不同，例如傳統存放款業務（的作業風險）受環境衝擊較小，企業貸款的作業風險比個人貸款受環境影響較小（這是針對營運風險，而非信用或市場風險），金融

商品交易所受的影響也小，但信用卡、財富管理受環境影響較大；此外部份大銀行已在海外各國有眾多營業據點，還會受世界各地環境變動影響，因而將「風險空中預警機」能發現的重大風險比例調大幅上調至 25%到 30%。

另大型民營銀行與跨國銀行因業務種類繁多、組織龐大、作業流程繁雜，經由部門切割後流程變得較為零碎，各部門的管理範圍縮小，部門主管所知有限，因而採用目標導向法所能發現的重大風險變少，但因部門間認知差距擴大，潛藏更多風險，所以「風襲千里」、「如幻似真」等方法能找出的重大風險會更多。

從數量來看，消金業務與財富管理業務發達的大型銀行，整體重大風險應該有一百到一百四十個，而在海外有眾多據點的大型跨國銀行，因考量各國分支機構問題，重大風險可達一百五十至兩百個。


## ■ 重大風險辨識的後續效果

要找出重大風險是困難的，要找一百多個重大風險更困難，但最困難的，則是如何在發現重大風險後，後續年度能持續找出重大風險。前面介紹的重大風險辨識方法中，特別是第一式到第四式，在第二年以後能發現的重大風險數量將降低，因而後續年度的重大風險，主要受外在環境變化程度、企業內部變化例如組織結構改變、或是經營策略改變影響，所以第五式、第六式、第十三式會變得更重要。

## ■ 重大風險特性在部門別的分佈

　　剛剛是從金融機構的產業特性及規模來解釋重大風險的數量及分佈，另外還可以從金融機構內各部門的功能職掌來看重大風險的分佈情形及特性。此部份結果只針對「隨風飛舞」所發現的風險來比較，未涉及其他風險辨識方法的結果：

## ■ 行銷、產品開發、業務

　　在執行各部門目標導向法風險辨識時，行銷、產品開發、業務等部門所找出的重大風險最多，特別是行銷與業務單位，在所發現的風險裡，重大風險的比例最高可達到六成（這也與目標導向法的風險定義有關，因為其定義為：會導致目標無法達成的因素），而在執行第二輪、第三輪風險評估時，新增的重大風險仍可高達三成。這是因為這三個部門受外部環境因素影響特別高，各年度難免有市場環境或法令規範的異動，因而可持續找出重大風險；此部份可藉由「風險空中預警機」來提升重大風險辨識與評估的效度。

## ■ 中端行政部門，例如核保、理賠、客服或是銀行的信用審查、中台後台等等

　　針對中端行政部門執行風險辨識及評估時，所找出之重大風險約佔該部門所有風險的二至三成；在執行第二輪、第三輪風險評估時新增重大風險約有一至一成五。此數據會因部門性質差異有所不同。

　　中端行政部門的風險主要來自於跨部門作業議題，偶而會有外部環境或法令異動所引起的，因而風險空中預警機的風險辨識效果比較差，目標導向法效果還可以，「風襲千里」的效果會較好。其實，此部份的風險是「風襲千里」主要發揮的地方。

## ■ 後端支援部門，例如財務、人事、精算、總務、稽核、風管等

　　針對後端支援部門執行風險辨識及評估時，所找出之重大風險約佔部門所有風險的一成，在執行第二輪、第三輪風險評估時很容易找不到新的重大風險。

　　其實後端支援部門對於監控整個公司的重大風險扮演很重要的角色，儘管後端部門自己的重大風險較少，如果在風險辨識時跳脫部門本位意識，努力協助找出公司重大風險，會有很好的效果。

後端支援部門比較少受外部環境衝擊，主要是法令異動與主管機關規範所引起，此類風險通常很重大，例如個資法、金保法、IFRS 等等，此時風險空中預警機的發現會讓人覺得這是大家都知道的事，若能搭配情境模擬來評估風險則可提供很高的價值，這個領域是情境模擬最能發揮的地方。

## ■ 金控的重大風險

國內近年流行金控，每個金控下都有多家金融機構，像銀行、壽險、產險、證券、票券等等。前面的重大風險統計，主要針對個別金融機構，像是個別銀行或個別壽險公司，如果是金控的重大風險可從兩個角度來看，一是旗下各金融機構重大風險的加總，例如旗下有大型銀行、大型壽險公司等，那重大風險數量就是各家子公司重大風險的加總。另一種角度是直接看金控層級的重大風險，然而這些風險大多與經營策略、公司治理、大股東背景、企業文化有關，而且會受是否有實體金控組織的影響，目前還不在研究範圍內。

## ■ 兩百個重大風險！

一家大型銀行或壽險公司會有上百個甚至兩百個重大風險，很多人乍聽之下會認為是天方夜譚，其實一百多個重大風險只能算還好。作者當年在執行情境模擬時，就發現了三個莫明其妙的重大風險，那時還是因為時程太趕，如果全面執行一

定能找出更多重大風險。目前大部份金融機構可能連一個重大風險都找不到，看到「兩百個重大風險」這樣的數字，也難怪無法接受。其實，金融業負責人及高階主管心裡能容得下多少重大風險，正是風管能發揮多少效用的重大關鍵，因而「風險管理能量學說」，對金融業負責人及高階主管，有更深、更重要的涵義，那就是「神性指數」。

## 能量學說核心概念：神性指數

很久很久很久以前，作者曾經在聯合報副刊上看到一篇故事，大意是說：有些人是天使，有些人是魔鬼。在一國政府裡，需要天使也需要魔鬼。國家政府裡如果充斥魔鬼，人人不幹正事整天鬥來鬥去，當然會滅亡，這種例子在歷史上到處都是。但政府裡也不能只有天使，每個人都很守規矩都依法行政，國家機器可能會難以運作。所以大臣裡必須有天使也有魔鬼，國家才能運轉興旺。如果國家政府是一輛馬車，由兩匹馬拉著，左邊那匹馬是天使，右邊的馬就必須是魔鬼，而帝王，必須能駕馭天使與魔鬼，馬車才能跑得又快又穩不會翻覆，所以帝王是「神」，因為只有神能同時駕馭天使及魔鬼。作者以這個概念為基礎，詮釋「風險管理能量學說」對金融機構領導人的涵義，那就是領導人的「神性指數」。

我們用另一個故事解釋。前面章節曾提過，南非第一任黑人總統曼德拉是個偉大的領袖，即使是這樣的領袖，內心也有陰暗的一面。在「打不倒的勇者」這部片子裡描述了一段故事。

曼德拉每天凌晨都會早起跑步，其隨扈為了保護他會陪伴在身旁。某一天早上天還沒亮時，曼德拉照往例穿著運動服出門跑步，在大門遇到隨扈時親切問候對方，還問隨扈家裡狀況如何，家人是否安好等等。這名隨扈是個白人，剛加入保護曼德拉的隊伍，回答曼德拉的問候之後，也順口向曼德拉家人問安；沒想到曼德拉一聽到隨扈問起家人，當場臉色一沈，取消跑步，轉身走回官邸。

原來曼德拉坐了二十七年的黑牢，又獻身獨立運動，長期與家人疏離，雖然很想念妻子女兒，然而因感情不佳很少聯絡，即使當選總統，妻兒也很少來看他，讓他倍感寂寞，這名白人隨扈隨口一問剛好碰到他的傷心事，因心情不佳取消跑步。

即使像曼德拉這樣偉大的領導人，內心多少有些陰影，陰影的多寡會決定領導人的偉大程度。當內心有陰影，聽到風險時會將陰影的負面情緒激發出來，所以金融機構負責人或高階主管聽到風險時的反應，可代表其內心陰影大小多寡，以及其本身控制情緒的能力。

## ■ 從命理角度看神性指數

中國人的古老命理觀念認為一個人只要膽子大，運氣好，就會成功；運來鐵成金，膽子大的人敢賭，運氣來時擋都擋不住。賭命的人首重氣勢，必須相信一定會成功，一鼓作氣，不管有什麼潛在問題或風險都當成沒看到，以免影響信心，就如同項羽破釜沈舟，於鉅鹿親率二萬精兵渡河大敗秦軍，一戰功

成，此時如果有人敢提醒此舉風險太高，馬上會被以擾亂軍心為名就地處決；但這是賭命。從歷史角度來看，運氣總有用盡的時候，如果不退場一直賭，早晚全輸。項羽不聽范增之言，最後自刎於烏江邊。

辨識風險是很重要，但會影響軍心士氣；風險總是存在，萬一在該衝時以為有風險不敢衝，錯失良機，這個世界上就不會有傳奇故事。

所以從經營事業角度來看，信心就是象徵天使的那匹馬，帶領企業往前衝，而風管則象徵魔鬼的那匹馬，讓信心蒙塵，喪失前進的動力，裹足不前。如果領導人能在看到機會的同時也看到風險，掌握契機向前衝，不被風險影響到信心，又能依據風險預作防範，防堵其他災禍，這樣的人是神；只有神能同時駕馭天使與魔鬼，平衡兩者的力量，而擁有神性的，才是偉大的企業家。

## ■ 企業風險能量象徵領導人神性

菩薩有分等級，神性也有高低，每個企業家都有神性，但有多少？企業家能掌握機運，問題是能掌握多少機運？能察覺風險，問題是能察覺多少風險？一個企業家，能掌握一個機運跟風險並妥善運用，另一個企業家，能同時掌握十個機運跟十個風險並妥善運用，那後者的偉大，將是前者的十倍，因為他洞燭先機的智慧是前者的十倍，而他能承受風險對其信心影響的壓力也是前者的十倍。這個作者稱為神性指數。

　　從這個角度來看，在規模相當的金融業裡（像是銀行），大家面臨及可掌握的機運都差不多，因而能找出多少風險並予以管理，就代表企業負責人偉大的程度。一個金融機構若能找出一百個重大風險並予以管理，其偉大程度，將是能找出五十個重大風險的金融機構的兩倍，也是只能找出十個重大風險的金融機構的十倍，這個就是從風險管理能量來解釋的神性指數。

## ■ 風險管理與修行

　　作者所創造的風險管理能量學說，不只代表風管的績效，也代表企業負責人的神性、偉大的程度。金融機構領導人，如果能找出上百個重大風險，還能談笑生風，理性以對，冷靜思考解決方法，穩定部下信心，展現解決一個個問題的毅力，這就不只是金融業負責人，這是菩薩，是轉輪聖王；因為只有三地以上的菩薩才能去除內心的陰暗面，能永恆的為其他人帶來光明。所以風險管理，其實是金融業負責人修行成佛的道路。如果負責人能維持在禪定境界，不斷為周遭的人及世界帶來光明，其功德成就將不亞於聖嚴法師。

　　佛祖在解釋空性的概念時曾提到：「須菩提！如我昔為歌利王割截身體（譯：歌利王把我的身體砍成一段一段），若有我相、人相、眾生相、壽者相，應生瞋恨。」何以企業高階主管及負責人在聽聞風險時會有負面反應，那是因為內心有陰暗面，因為信心不足害怕失敗，因無法保持在空性及禪定的境界。如果我們把佛祖的這段話寫成金融業的版本，就會變成：「須

菩提！我前輩子曾當過台灣某金控董事長，有個不長眼的風管人員來向我報告，我的公司將面臨重大風險及虧損，那時候如果我有我相、人相、眾生相、壽者相，我就會大發雷霆的把這個風管人員開除。」

風險，只是世界不斷變化的小小體現，是「無常」，而聽聞者有負面反應甚至失去理智，是起了「無明」；禪定修行，可以去無明，斷煩惱根，而重大風險，正是檢視負責人修行程度的考題。此時風險管理的能量指的是負責人的心量，負責人的心量愈大，能夠容納的重大風險愈多，代表其神性愈高，風管的效能也愈高；這是能量學說的內在涵義。

所以才說，世上的一切活動，都能體現空性的概念，風險管理只是企業諸多管理方法與制度的一環，然而在大成就者眼中，一樣代表空性，一樣能成佛，檢討風險管理的空性意涵，就是修行的道路，這就是「一切遍知」的理念。

所以佛祖才說：「須菩提！是法平等，無有高下，是名阿耨多羅三藐三菩提。以無我相、無人相、無眾生相、無壽者相，修一切善法，即得阿耨多羅三藐三菩提。」也就是說企業負責人在制定經營決策時，不是為了個人、家族的利益，不是為了稱王稱霸，而是把經營當成修行，利益一切有情眾生，一樣可以成就「無上正等正覺」。而重大風險，正是檢視負責人禪定功力的重要工具，「一切遍知」也是必然會經歷的過程。

## ■ 印度微型銀行

阿庫拉是印度最大微型貸款銀行 SKS Microfinance 的年輕執行長，年輕時在農村擔任社區工作者，親眼目睹了低收入民眾因無處借錢，被地下錢莊剝削，立志尋找解決貧窮的方法，幫助窮人擺脫被剝削的宿命（這就叫作「發菩提心」）。

阿庫拉後來赴美國留學獲得芝加哥大學博士學位，畢業後到麥肯錫印度分公司擔任研究員，研究微型貸款商業模式，然後以此經驗創辦了 SKS 微型貸款銀行。

每個人都想賺錢，每個人也都想做善事，但常以必須賺錢生活為藉口，只剩賺錢而把行善忘了。阿庫拉與微型銀行就是最佳範例。台灣的銀行業想賺錢，可以學華爾街賣連動債，也可以像瑞士銀行那樣專攻私人銀行業務，也可以像阿庫拉那樣成立微型銀行幫助窮人脫離困境。

## ■ 初發心與菩薩行願

作者並不是說台灣銀行業都應該發展微型貸款業務，也不是說只要推微型貸款就能賺錢，而是說一個人不管是想做什麼事，都會有一個一開始的念頭，這個起點，佛學稱之為初發心；事無好壞，同樣做一件事，做事的人可能是天使也可能是魔鬼，端看做事的人的初發心是什麼。例如某一個人選擇從事金融業，一開始時內心想到的是自己的笑容，自己有一天像華爾街

高階主管那樣，住豪宅、開名車、駕遊艇、帶著名模出國玩樂一擲千金不手軟、享受榮華富貴時內心滿足的笑容。也可以想到的是別人的笑容，想到窮困的人因為獲得貸款有機會脫離困境時感激的笑容。這種價值觀的東西無所謂好壞，甘迺迪當總統化解古巴危機救了全世界，也不代表他最早想當總統時就只想著拯救世界，這裡只是強調，人人都有權選擇自己的人生，只是有些人的選擇總是會讓世人佩服。孟加拉學者尤努斯因發明微型貸款商業模式在 2006 年獲頒諾貝爾和平獎，而華爾街發明 CDO 的金融業卻被罵貪婪，一樣都是靠銀行業務賺錢，有人成佛了，而有人……。

　　初發心，是非常重要的概念，但也是鑽研空性的第一步，想瞭解初發心的概念必須禪定到一定程度才有足夠的基礎，作者因自己本身不夠格，從未向別人解釋過這個概念。要做善事又要能賺錢很困難，台灣一直希望大型保險公司推平民保單以協助窮人，但賠錢生意沒人做。然而一件事，如果一開始就認為不可能，那就永遠沒希望。善事與賺錢能兼顧當然不容易，也不是短期內能做到的，甚至不是五年十年能做到的，然而可以將這個善念守護在自己內心，慢慢思考慢慢想，把它當成是一件能做到的事來思維並堅持下去，終究會走出一條路，這個就叫做「菩薩行願」。在這個過程中會經歷很多災難考驗，這些考驗是必要的，是為了驗證「道心堅定」，當在磨難過程中，證明了自己可以為了完成菩薩行願而放棄一切，包含財富、名聲、自己的身體、家人，就能道心堅定；在此過程中如果能搭配修行禪定及空性，就有機會體會什麼是：「觀自在菩

薩行深般若波羅密多時，照見五蘊皆空，渡一切苦厄」比較初階的概念。

空性是難以理解的概念，然而金融業負責人只要心存善念，藉由「菩薩行願」的方式一樣可以修行成佛。

## 風險空中預警機

隨風飛舞第五式在前一本書裡原名「傳說」，然而這個名稱無法表達此方法真正的涵義，所以改名為「風險空中預警機」。如其名，這個方法的精神與軍事上的空軍偵察相同。**空中預警機**（Air Early Warning），是為了克服雷達因地球表面弧度限制，同時減輕地形干擾，將整套雷達系統裝置在飛機上，從空中搜索各類空、海、陸上目標。藉由飛行高度提供較佳搜索效果並提前預警，延長容許反應的時間與彈性。1993 年台灣空軍執行「鷹眼計畫」，向美國購買了 4 架 E-2T 空中預警機，2000 年時又買了兩架。這是因為 1990 年代是台海較為緊張的時代，不論是大陸的戰機，或是佈署在沿海的飛彈，從發射或起飛之後，不到一個小時就能抵達台灣，所以購買空中預警機加強監控對岸軍事活動，爭取反應時間。

國家安全很重要，防範敵人攻擊很重要，所以空中預警機很重要。對金融業特別是銀行業而言「風險空中預警機」有同樣的涵義。就軍事上，防的是來自敵國的戰機或飛彈攻擊，就金融業而言，各種環境變化，包含經濟、政治、法令、氣候、社會、民情、生活習慣等，都是可能導致損失的因素，不知何

時會發生，也不知速度有多快，只知道來自四面八方，所以金融業如果想避免風險事件發生，及早因應降低損失，就必須仰賴空中預警機的功能，持續辨識及監控來自外部的風險。

就金融業而言「風險空中預警機」是指：**藉由大量且持續的搜尋及追蹤最新新聞資訊，掌握所有可能影響金融業的外部環境變化趨勢，以及新類型的損失事件，作為內部進一步分析風險之起點，並透過內部分享提升風險意識及落實管理。**

很多金融機構高階主管會關心最新發生的重大事件，藉此檢討公司各項業務是否會有類似風險，這種做法與「風險空中預警機」的概念相符，然而通常偏重損失部份，例如在次貸風暴或日本大地震發生後，評估自家銀行潛在的授信暴險；這樣的做法用意良善，只是系統性、完整性、持續性不足。部份金融機構的市場風險部門也會隨時注意最新新聞，但大多僅限於可能導致市場價格波動的事件。

風險空中預警機執行的類型大致可區分為以下兩類：

- 已發生之外部損失事件
- 環境變化而引發的未來風險

此方法在採用時，通常會先從收集外部損失事件開始；這樣有幾個優點，首先損失事件的鐵證如山，說服力強。企業在討論未來可能發生的風險時，最常遇到的困擾就是被質疑：「這種事情真的會發生嗎？真的有這麼嚴重嗎？」因缺乏具體事證導致某些風險被排除在外。外部損失事件為已發生，比較不會被質疑其可能性，且損失金額也可作為嚴重程度的佐證資料，所以很適合作為風險辨識的起點。

　　另一方面，藉由持續收集損失事件並予分類統計，可得出區域差異特性等有用的資料，以大陸為例，根據作者追蹤，大陸地區常見的銀行損失事件有以下類型：

- ATM 詐欺
- 信用卡詐欺
- 內外部勾結詐貸
- 客戶未經授權進行鉅額金融商品交易
- 內線交易
- 網路銀行遇駭客
- 貪官情婦洗錢
- 賣假債券證券
- ATM 領錢時側錄或偷卡
- 內部挪用公款、收賄
- 流動性不足急吸收存款而購買假存單
- 系統不穩定及當機
- 盜個資辦卡

　　大陸幅員遼闊人口眾多，怪事特別多，以上只是舉例。金融業除了收集大陸地區損失事件，還可搭配個案研究，詳細分析每類事件的手法及特性，並與台灣比較，如此可獲得寶貴經驗，協助台灣金融業西進大陸時防範外部詐欺事件，這也是「風險空中預警機」的功用。

　　從外部損失事件切入的缺點，就是效果持續性差。一開始時，因為之前較少接觸，當看到這些外部損失事件會覺得很新鮮，也有提升風險意識的效果，一段時間後就會發現大多為同

類事件重覆發生，新類型事件並不常見，新鮮度降低管理效果就變差。

另一個缺點是缺乏前瞻性。損失畢竟是已發生事件，各金融業或多或少發生過，因而比較難從此找出未曾想像過的風險類型，從風險辨識角度來看，效果其實很有限。

## ■ 從環境異動中找出潛在風險

另一個角度是觀察環境變化找出潛在風險，就像本書前面介紹的幾個風險，這是能找出真正具未來性風險的方法，例如作者在 2007 年時因發現連動債其實不保本而看出潛在風險，在 2002 年時因理專不懂其所賣商品而看出風險，2003 年時與金融業朋友討論銀行發卡態度時發現雙卡風暴，2008 年時從謝國忠先生的評論中得知次貸風暴將暴發，2010 年從大陸銀行挖角台灣信用卡人才看出潛在政治風險等等。這樣的風險辨識才稱得上及早發現、及早因應、藉由風險管理提升競爭優勢。

這個方法能創造極高價值，缺點是難度太高。全台灣每天有多少人在看新聞，沒有兩千萬也該有一千萬吧，全台灣有多少人能從中看出潛在風險，可能不到幾百個吧，從這裡就可體會有多難。潛在風險通常不會在新聞中直接指出，必須從眾多新聞裡拼湊蛛絲馬跡，尋找風險的人若能具備策略分析、風險管理、營運活動、及不同領域風險專業，對於找出新聞裡隱含的重大風險會有很大幫助。但由於門檻太高，在前一本書才會將此方法命名為「傳說」，意思是傳說中的方法論。

## ■ 風險空中預警機是很重要的方法

　　「風險空中預警機」在隨風飛舞系列有很重要的地位，不
但可辨識未來性風險，能監控外部環境變化，還能當作其他風
險辨識方法的起點。本書前面曾提過德國國家發展銀行在雷曼
宣佈倒閉後十分鐘內犯了錯而被媒體喻為全球最愚蠢的銀行，
此類事件唯一的預防及解決方法，就是以「風險空中預警機」
的觀念建立外部環境監控及通報體系。

　　「風險空中預警機」是博大精深的方法，應用範圍廣，除
作業風險還可用在市場風險及信用風險，特別是針對 Factoring
業務的授信風險監控非常好用，這個是有具體事證的。然而此
方法卻是所有方法裡最困難的，表面上看起來很簡單，入手很
容易，但要做出效果卻很困難。

　　「風險空中預警機」的應用範圍不限於風險管理，對金融
業形成經營策略及發展新業務都很重要，例如信用組合風險與
授信風險策略，此部份有些已在前面風險介紹過。全球商業環
境波動快且劇烈，風險增加時新的商機也變多。銀行業想賺錢，
最好是賺高報酬且低風險的錢，這種錢有，但反應慢速度慢的
人找不到。例如日前北韓領導人金正日才過世，馬上就有人把
腦筋動到北韓的違約債券上。1997 年時法國巴黎銀行把 1970 年
代提供給北韓的一系列不良銀行團貸款重新包裝，十多年來無
人聞問，投機者現在突然對這些債券產生了興趣。作者並不是
說北韓違約債券是絕佳的投資機會，而是說像這種因環境變化

產生的機會每天都在全球各地發生，總有些是高報酬低風險的，然而這些機會必須是隨時監控外部環境變化且反應快速的人才能掌握，就像巴菲特用其獨到的眼光及價值投資理論，四處尋找股價遠低於其公司價值的投資機會，而造就了股神的美名一樣，這才是賺錢的真本事。

## 隨風飛舞第七式：風動

隨風飛舞第一式至第六式談的是風險辨識與評估，第七式至第十式談的是風險監控。透過「風險空中預警機」、「隨風飛舞」、「風襲千里」等方法，找出幾十個上百個重大風險是很正常的事，如果沒找到這麼多風險就代表辨識方法有問題。風險指的是尚未發生但可能發生的損失事件，或已發生但在未來還會重覆發生的事件，所以除了研擬改善方案外，監控很重要。監控旨在掌握風險事件是否會發生以及早因應，另一方面環境異動會導致風險發生變化，會因不可測的事件導致風險的衝擊升高，必須從監控環境異動中察覺風險變化，而針對重大風險進行監控的方法即為「風動」。

巴塞爾裡與風險監控有關的方法為 KRI（關鍵風險指標），KRI 的問題在前一本書已探討過。這裡不談 KRI，「風動」是風險監控的方法，而不是 KRI。這裡討論的是如何有效監控風險，而不是如何研擬有效的 KRI；KRI 不會產生效果，但風險還是要監控。

　　重大風險通常不是單一因素造成的，例如次貸風暴，其因素多到可以塞滿一整張投影片還放不下。想掌握風險變化，必須先掌握影響因素，例如連動債風險初期最重要的是監控雷曼是否會宣告倒閉，歐債危機則是監控歐盟各國推出的救市作法以及歐元是否會解體，因而在監控前必須先找出這些因素，此時風險分析就很重要。風險分析不只是評估衝擊大小與發生可能性，必須瞭解風險的成因，釐清風險與環境變化的關係，才能找出應予監控的因素。風險分析是高難度高專業的工作，這也是為何本書花大量篇幅介紹重大風險分析範例。

　　依作者經驗，一個風險分析出幾十個因素，是稀鬆平常的事，這麼多因素會導致風險監控困難，此時須執行兩項工作，一個是因素的挑選，另一個是因素的分類。因素的挑選是個很難解釋的工作，很重要，也有理論基礎，只是這個理論基礎很難解釋。想瞭解因素挑選理論之前，必須先研究彼得聖吉的「第五項修練」，裡面有關於系統思考（System thinking）的介紹。系統思考是之前作者服務的公司 Arthur Andersen Business Consulting 的重要方法工具，也是「風襲千里」裡會用到的分析方法之一。在第五項修練，彼得聖吉說：「由於因素太多過於龐大，導致系統思考的分析方法無法運作」，這是說系統思考雖然是好方法，但難度高不可行。此問題有理論可以解決，這跟用來挑選風險因素的理論是同一個。這個理論很難解釋，已經形而上到有點玄了，所以不多作解釋。

　　依據巴塞爾定義，作業風險是：「內部作業、系統、流程、外部事件等造成的」，這種講法雖然沒講錯，卻很好笑。請問，

風險管理之預警機制

有哪個風險不是「內部作業、系統、流程、外部事件」造成的？信用違約是外部因素，市場波動也是外部事件引發，所以才說作業風險根本不是「作業風險」而是「營運風險」，是「企業整體風險」的概念，因為巴塞爾的定義已經涵蓋了所有風險。作者檢視了一下，這四個來源確實可以作為風險因素分類的構面，但不是全部。除了這四個構面外，還可增加一到兩個，分別是組織與管理制度。

### 外部觀察與作業風險的來源

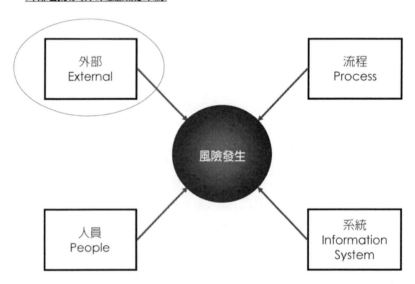

巴塞爾定義的四個作業風險來源之一是人員，除了內部詐欺，其實組織結構的問題對風險的影響比人員更大，此外大部份的內部詐欺主要來自職責分工不佳，如果內控的分工完善，除非集體舞弊否則內部詐欺不易發生。而且金融業裡很多風險

來自部門間權責不清、認知不一、互踢皮球；但巴塞爾卻無「組織」這個分類，而且目前所有針對「人員」的檢討裡看不到有任何與「組織」有關的議題，由此就可看出其風險監控的盲點。

　　金融業人員素質較佳，待遇比較好環境穩定，內部詐欺雖然不是沒有，但機率不高，除非是非常極端的情形，損失也不算重大（惡棍交易員其實是內部控制有問題，而不單純是交易員問題），名譽損失是比較大。銀行業作業風險針對人員部份的檢討每次都是：「人手不足、能力不足、內部詐欺、訓練不夠」等等，了無新意。這幾個項目看不出有什麼監控價值。

　　相較之下組織結構引發的，像是權責不清、灰色地帶沒人管、各部門認知差異等等，造成的問題更多更大；例如連動債，就算有理專覺得自己在欺騙客戶，最多選擇調部門或離開，缺乏適當的權責及管道向上反映。雷曼宣佈倒閉時也無部門負責監控通知，導致理專繼續賣，這種風險才是最有管理價值的，有效的監控可以協助金融業真正減輕事件發生機率及損失。

　　另一個與流程很接近的風險來源是管理制度是否完善及落實。流程確實是個問題，根據過去品質管理與流程改善的觀念來看，95%的錯誤是流程設計的問題，人員因素只佔 5%；儘管此數據可能不是那麼可信，金融業的特質是流程必須符合各種法令規範，異動頻率較低，作者認為主要的流程問題在於灰色地帶、部門間銜接等。與流程息息相關的是管理制度的適當性與落實執行，然而這裡的監控評估，與巴塞爾規定的控制評估又不同。在「風動」裡必須針對每個重大風險思考目前的管理

制度與控制是否足夠,而不是從一般的角度來看內控制度。現行的控制評估大多是形式上給個分數,不會認真思考管理制度能否有效防範風險發生;此項差異,來自於十多年前作者從台電學來的風險管理觀念,這個屬於「風險管理的策略」的領域,留待未來在「失落的紀律」這本書中探討。這也與台灣重視形式主義,不重視經濟實質有關,導致控制評估只是做做樣子。

重大風險通常是多個、多種不同類型的因素所導致,在監控時不能單看一個構面,要儘可能涵蓋所有層面,既然最少可找出五到六個構面,就要儘量全都考量,少了一個構面就可能因偏差而使監控有漏洞。從這個角度來看,巴塞爾協定要靠找出個別 KRI 來有效監控風險,是天方夜譚。

所謂「構面」只是將風險因素予以群組、彙整的工具,在監控之前,其實必須針對每個因素設定監控點及事項,此時必須執行「事件演進分析」,找出演進路徑裡每個關鍵的時點及監控事項,然後針對每個監控事項記錄監控結果及演變軌跡。由於每個構面有多個因素,在實際監控時會發現每個因素的結果方向可能不一致,有好有壞。如果所有因素的變化方向都一致,都指向好或不好的一面,很容易判斷,但當因素變化方向不一致時,就必須彙整所有因素的變化,對這個構面的監控結果下個結論。等所有構面的結論都出來後,就可以對風險趨勢作出判斷,同時執行衝擊大小及發生可能性的評估。這樣的風險評估成果的可信度較高。

## ■ 風險監控慢工出細活

　　從這裡看得出來，風險監控的工作其實很繁重，這是事實。以作者過去經驗，是用分的，一個人大概可以負責五到十個重大風險的監控與追蹤。感覺上好像很少，這數量跟銀行業有數百個，甚至上千個 KRI 相比簡直是小巫見大巫，其實如果認真做，五個就做不完了。風險管理不但要重量，質更重要，必須質有到水準，量才有意義。KRI 設一堆，花那麼多人力物力，什麼效果都沒有，那還不如老老實實的把幾個重大風險看好了。

　　在作者的經驗裡，投入多少時間與效果好壞常呈正比。作者之前所創「策略分析－神兵系列」的第一個方法論「玄鐵」就很神奇，那個方法把整個策略分析過程濃縮成四個會議，一次一天，每隔一到兩禮拜開一次，等於是四天搞定。有個全球最知名的策略顧問公司出身的朋友看了我的方法，很氣憤的講了一句：「你這方法太離譜了，要是會有效，那我們公司的服務就不用賣了。」我安慰他，策略分析的方法有很多種，有一天的、一週的、一個月的、一年的。策略分析可以用一天就做完，也可以用一年，甚至兩年做完，同樣是執行策略分析，但時間不同品質也不同；作者當時發明的策略分析方法是「一日法」，效果可能無法跟「一年法」比，但有一定的效果，要不然客戶不會願意付錢，也不會買第二次服務。

　　風險管理也是一樣，在執行「風險空中預警機」時，一則新聞可以看個十分鐘，也可以兩秒鐘看完，作者無法保障十分

鐘可以看出什麼東西，但只看兩秒鐘的絕對不會有效果。風險監控也是一樣，俗話說慢工出細活，大概就是這個意思。

## ■ 風險概況與萬劍歸宗

「風動」這個方法對金融業很重要，因為其結果是推論金融業「風險水準高低概況」的重要來源。常常會有人問：「請問貴公司的作業風險是高還是低？」作者不方便說這是外行話，因為這是金融業最高主管常會面對的問題，從政治角度來看，最高層及更高層要的是這種大方向的結論，然而這種問題，在信用、市場、甚至精算風險都還好，就是作業風險答不出來。

第一個遇到的問題，就是風險辨識本身。大部份的金融機構連重大風險都找不出來，因為心虛，像「我們銀行沒有重大風險」這種話實在很難說得出口，講出來了也沒人信。過去十年銀行業出了這麼多事，很難讓人相信沒有重大風險。所以重大風險辨識很重要。

如果一家金融機構可以辨識出上百個重大風險，那他們對於自身作業風險高或是低所作出的結論，會比較有人願意相信。此時「風動」就很重要。必須找出可能影響每個重大風險的因素，予以監控，再用嚴謹的方式評估每個風險的衝擊大小及發生可能性，然後如果能將上百個重大風險評估的結論彙整出來，或許就能得到「作業風險有多高」的結論；這樣的結論比較有公信力。

　　所以金融業如果真的把「風動」這個方法做實了，接下來就是產出整體風險水準的結論，然而這個部份難度很高，作者將此方法命名為「萬劍歸宗」但未收錄在「隨風飛舞十三式」裡，就是因為這個方法還沒想出來，連方向都沒有。

　　作者是在 2008 年執行情境模擬及進階法作業風險資本計提時遇到這個問題的，那時因為用的是總公司提供的彙整構面，所以暫時不用考慮這個問題。那時總公司只是分成十二個構面來彙整所有損失，並未解釋這些構面如何產生的，就作者瞭解總公司是參考外部資料庫的做法，並沒有方法論可言。由於那時使用的十二個構面，已比巴塞爾界定的作業風險損失七大類好太多了，因而作者不打算再回頭參考巴塞爾的觀念。如果有人能想出這個方法，確實會讓人很佩服。


## ■ 風動的由來

　　風動這個名字，來自武林高手的對決，可分成幾個層級。一個習武之人武藝高強的條件之一是眼光精準，即使對手出招再快，在高手眼裡也會變成慢動作，看得一清二楚，看清對手的出招來路，自然能針對要害予以反擊。這樣的眼光或者說視力分成兩種，一種是自己不動而對方出招速度快，另一種是自己移動速度快而對方出招速度也快，後者難度較高，聽說這種稱之為動態視力。空軍戰鬥機飛行員與敵人纏鬥過程中，在高速飛行下不斷變化方向，同時要搜尋對方位置（早期的戰鬥機沒雷達追蹤），聽說靠的就是動態視力。

　　俗話說得好，「眼觀四面，耳聽八方」，人眼所見不過前方約 130 度，視線以外就看不到，萬一有人從背後偷襲就很危險，所以更厲害的高手會鍛鍊聽力。看不到就用聽的，藉由對方攻擊時發出的微弱聲響來察覺閃避。更更厲害的高手能在一片黑暗中，完全靠聽力與敵人過招，有些「盲劍客」的電影就是描述這樣的情節。

　　武功練到絕頂的高手，整個人的身體都出現變化，這就是所謂易筋經裡的易筋鍛骨，所有「眼、耳、鼻、舌、身」等感官的敏銳度都變強。對手出招時會推動空氣產生氣流，也就是風，這樣的氣流會改變周遭空氣的流動，絕頂高手就算眼不看，耳不聽，靠著皮膚感受空氣流動的變化，一樣能察覺對手的招數來路，這就是「隨風飛舞第七式：風動」名稱的由來；這是將所有感官功能全開的監控方式。

　　武功絕頂的高手，超越再超越，練功時進入的寂靜的世界，一切感官滅絕，意識卻更清楚，此時能感受到他人的意念，對手的出招之前，總會興起要攻擊哪個部位及如何出手的意念，此時就能察覺，類似這種境界，在佛學上稱為「他心通」。就像作者的師父，不用開口他還是能知道你最近發生了什麼事，心裡在想什麼，被什麼事情困擾著。

## 常態性風險監控體系實務

　　風動是針對重大風險來監控的方法，然而風險四處潛藏，不能只靠風動；如果金融業沒找出重大風險，風動就派不上用

場了，所以需要常態性的風險監控做法。「風動」是高難度高專業的監控工作，而「常態性風險監控」則是在設定之後，任何主管都可以執行的監控工作，所以才稱為「常態」。這個方法會形成一個嚴密的監控網，所以稱為「監控體系」。這些方法都已在金融業實際運用獲得很好的成果，都有令人讚嘆的案例，所以才稱為「實務」，而不是理論。

　　「常態性風險監控體系」是由三個方法組成，依建構的難易度排序，分別是「第八式：天羅地網」、「第九式：無孔不入」、「第十式：草木皆兵」。這三個監控方法與「目標導向法：第一式隨風飛舞」共用同一個理論基礎，名為「蝙蝠俠理論」。

## 蝙蝠俠理論

　　身為全球金融中心的高壇市，這幾年來犯罪率持續攀升，現有警力已無法抑制不斷增加的犯罪活動，於是請蝙蝠俠出來幫忙。蝙蝠俠一出手果然不同凡響，馬上滅了黑道氣焰。然而黑道也聰明了，專挑蝙蝠俠不在的時候犯案，於是警方跟蝙蝠俠商量，請他在晚上時儘量出來打擊犯罪。一開始還有效，聰明的黑道很快的記住蝙蝠車的聲音，一聽到蝙蝠車靠近馬上散夥，等蝙蝠車遠離就出來鬧事，警方只好請蝙蝠俠每天晚上出來巡邏。蝙蝠俠自稱俠義之士，當然不可能拒絕，只好每天晚上八點開始，騎著蝙蝠車以高速在高壇市每條巷弄來回穿梭，直到天亮，以嚇阻犯罪。

　　雖然警方願意補貼蝙蝠俠汽油錢，但是每天晚上都要騎車狂飆十個小時，真的很辛苦，冬天天氣冷，蝙蝠俠一邊騎車一邊發抖，又不能上廁所，凌晨時蝙蝠車的引擎聲還會吵到居民安寧，看在治安改善的份上大家也都儘量忍耐。然而這樣無意義的飆車日子真的讓蝙蝠俠內心很不是滋味。

　　某天半夜，竟然有不長眼的流氓在搶劫時被蝙蝠俠撞見，轉身想跑被蝙蝠俠一腳踢開飛了十公尺，撞到一根電線桿癱軟在地上，電線桿受到撞擊，掉下一個東西把搶匪打暈了。蝙蝠俠走近撿起來看，是一具數位監視器；這具監視器勾起了蝙蝠俠的好奇心，騎上蝙蝠車四處趴趴走時，特別留意路旁電線桿，發現監視器數量還不少，幾乎遍佈高壇市每個角落。

　　「可能只是裝飾用的吧」蝙蝠俠心裡懷疑，馬上到警察局向局長求證。經過查證，才得知過去幾年為了打擊犯罪，高壇市曾補助各社區或住家安裝監視器，連接到各自的記錄硬碟，警方都是在發生犯罪事件後才來調閱看看是否有拍到罪犯，算一算全市至少有一萬八千多個。蝙蝠俠聽了很不高興對局長抱怨：「你們有這麼多監視器，裝好了也不用，叫我一個人像白痴一樣在巷弄裡鑽來鑽去。」於是跟警方商議，成立一個部門，專門監看這一萬八千多具監視器，一有異常馬上通知蝙蝠俠；在監視器看不到的地方，就派警員加強巡邏。從此蝙蝠俠不用每晚壓馬路，除了打擊犯罪，大部份的時間可以在市中心的飯店休息。

　　高壇市花了這麼多錢裝了這麼多監視器卻不用，很令人不解不是嗎？然而，金融業的行為同樣令人不解。一家銀行有多

少員工？幾千個上萬個吧，每個員工都有領薪水，而且每天都在企業的每個角落執行各項工作，經年累月的，但是當企業要辨識風險時，卻另外成立了作業風險管理部門，找了作業風險人員來辨識風險，再設 KRI 來監控風險，這不是跟放著監視器不用，請蝙蝠俠來巡邏是同樣意思。

金融業有這麼多人員、主管，都是高學歷，有幾十年產業經驗，對公司又瞭解，這些人才是辨識重大風險及監控的主力，而不是作業風險人員，這就是目標導向法裡「隨風飛舞」、「疾風」、「風舞九天」，以及「常態性風險監控體系實務」的理論基礎。由於本書旨在介紹重大風險辨識與監控的方法，加上篇幅有限，所以只介紹到這裡。

# 第七章

# 行駛於迷霧之中

　　小時候母親在阿里山工作，偶有機會上阿里山玩，然後與母親一起搭朋友的車回家；一般下午四點就要從隙頂出發下山，因為過不了多久就會開始起霧，到後來霧會濃得只看得見前方車燈有照到的地方，然而山路蜿蜒，到處都是急轉彎跟懸崖，這讓第一次搭這種車的我相當驚恐，天黑後視線更差，母親的朋友依然以平均四十公里時速在開。原來當地人對路況很熟，有多少轉彎相隔有多遠都知道，早已開出節奏感，過一個彎、開一段、再下一個彎，就算看不遠，從車速及開車時間就能概算離轉彎及懸崖有多遠，快到時才開始剎車，真是神奇。

　　目前全球經濟情勢，就像在一團迷霧中開車，打開霧燈只能看到眼前約幾十公尺距離，以四十公里速度行駛，看起來好像還好，其實懸崖可能就在前方百公尺處。然而如果從另一個角度來看，先抓出發點到懸崖的距離，再依平均行車速度乘以開車時間概算，大概可以知道離懸崖還有多遠。

# 財務紅線

《富爸爸窮爸爸》作者羅伯清崎曾提出財務紅線的觀念，就個人或企業而言，不論借了多少錢，只要收入扣掉最基本的開銷，還能支付利息，就算有償債能力，儘管還得慢，只要持之以恆就能還清；反之，如果連利息都付不出來，倒閉就無法避免。

就國家而言，一般以舉債利率升破 6% 被視為財政難以負荷的警戒線，包括希臘、愛爾蘭與葡萄牙都曾因此提出國際紓困；然而這是單純從價格角度來考量，就像是只看前方車燈照得到的地方，其實還應考量債務規模的影響。

舉例來說，我們假定一國的財政收入是 GDP 的十分之一，政府最基本開銷佔財政收入的六成，也就是說能用來支付息的金額約 GDP 的 4%，如果發債利息為 2%，當債務規模達到 GDP 的兩倍時，就會連利息都難以支付，無法靠自己的力量解決債務問題，到那時會發生什麼樣的情況？

經過這幾年次貸風暴與歐債危機的觀察，衝擊會分成幾個層面。首先持有政府公債的金融機構會大幅虧損，不論是銀行或保險公司，因資本不足而無法放貸，導致流動性緊縮及金融風暴。其次，投資人的資產減損，不論當初沒將這些資產花掉的原因為何，可能會為了補充這些資產減少開支，導致需求下滑與經濟衰退。第三，國家將因預期破產，人民擠兌、資金逃離導致金融體系崩潰，政府借不到錢，運作全面停擺，經濟也會崩盤。

|  | 2012 利息 | 2012 清償 | 債務總額 | 約當利率 |
|---|---|---|---|---|
| 英 | 67 | 165 | 1611 | 4.2% |
| 法 | 54 | 367 | 2193 | 2.5% |
| 義 | 72 | 428 | 2500 | 2.9% |
| 德 | 45 | 285 | 2634 | 1.7% |
| 美 | 212 | 2783 | 15527 | 1.4% |
| 日 | 117 | 3000 | 12441 | 0.9% |
| 俄 | 9 | 13 | 45 | 20.0% |
| 加 | 14 | 221 | 535 | 2.6% |
| 中 | 41 | 121 | 1069 | 3.8% |
| 巴 | 31 | 169 | 1073 | 2.9% |

　　以上不是什麼很高深的論點，問題是全球前幾大經濟體會不會走到這一步？從理性預期角度來看，早在政府財政惡化之前，破產的可能性就會反映在價格裡，像是公債發行利率或是信用違約交易價格，所以觀察價格的波動就能得知該國是否會破產。然而價格就像濃霧裡的車燈根本看不遠；部份研究機構甚至認為只有當西班牙和意大利國債收益率升至 6%以上，歐債危機才會升級，事實真的是這樣嗎？這就像車燈已照到懸崖邊，剎車還來得及嗎？

　　前面已舉例說明，如果債務規模太大，即使公債利息只有2%也可能拖垮財政。這一次我們就從「全部成本法」的觀念來看看全球經濟離懸崖還有多遠，幫歐洲、美國、大陸、其他新興市場算算他們的帳。

## ■ 歐元區最近的數據衰退

2012 年第一季，歐洲傳來很不好的消息。依據最近公佈的 PMI 數據，歐元區第一季 GDP 可能萎縮 0.1%，將是繼去年第四季 GDP 下滑 0.3%後連續第二季走下坡，意味歐元區正式步入衰退。

其中，歐元區兩大經濟體德國與法國的經濟表現都比預期糟。德國三月綜合 PMI 降至 51.4，不如前月的 53.2；製造業 PMI 更從 50.2 跌至 48.1，為去年十一月以來最低。法國綜合 PMI 則從二月的 50.2 降到 49，是四個月來谷底。

南歐國家情況更糟，葡萄牙 2012 年經濟成長估將萎縮 3.3%，萎縮幅度是 1970 年代以來最深；分居歐元區第三、第四大經濟體的義大利與西班牙也深陷衰退，資優生荷蘭的情形也不理想。

## ■ 歐洲的問題很明顯

冰凍三尺非一日之寒，歐元區的衰退並不令人意外。過去十幾年，南歐國家因加入歐元區而失去了競爭力，靠政府支出在維持經濟，其他歐洲國家社會福利令人稱羨，也是靠舉債在充場面，如今各國政府必須刪減赤字來達到歐洲財政統合的條件，少了奶水經濟當然好不起來。

不論是希臘或南歐國家，歐元區的問題很明顯，經歷次貸風暴衝擊，南歐歐弱國的經濟原本就已受到重創，失業率居高

不下，卻因匯率受歐元鉗制無法貶值挽救出口，在減赤壓力下又不能藉由擴大政府支出來刺激經濟，加上倒債預期導致企業及資金外逃，失業率更高，內需市場進一步委縮。推動經濟成長的三頭馬車都失靈了，結果就是經濟衰退，這與作者在去年底分析預測是一致的。

## ■ 歐元區正奔向懸崖

義大利的債務占 GPD 比例高達 120%，葡萄牙是 110%、希臘在減記之前是 160%、愛爾蘭是 105%；西班牙已接近 80%，過不了多久就會跟著破表。過去這兩年，歐盟的救市行動全朝向縮減赤字，幫助南歐各國籌錢還債。

歐洲央行在去（2011）年冬季為金融機構挹注了超過 1 兆歐元的資金，讓部份國家的銀行機構利用這些便宜資金收購本國公債以防止信用緊縮。在此同時歐盟國家推動財政統合，還成立 EFSF 與 EMS，並將救市資金增加到七千億歐元，除了對希臘紓困，藉由換債減記了其一半債務，讓大家一時間覺得危機已緩和。

然而如同作者在去年的分析，歐債的問題是屬於「坐吃山空」型，經濟問題不改善，沒有賺錢，哪有錢還債？甚至因政府減赤，內需緊縮，導致失業率上升，財政收入減少，最後減赤目標無法達成而必須進一步舉債度日，變成惡性循環。這個本質並未改變，在此情況下歐盟國家所做的努力，只是把問題延後。

　　最近又傳出葡萄牙肯定會步希臘後塵，西班牙可能也需要援助，甚至已穩定的希臘還需要第二次減債。光是今年歐洲各國要到期的債務就兩兆歐元，相較之下七千億只是杯水車薪，可能在兩年內耗盡，最後還是必須與其債權人進行債務減記協議，重演 1980 年代拉丁美洲的戲碼；屆時歐元將面臨解體，部份國家經濟崩潰，而金融危機的衝擊將會蔓延到美、大陸、拉丁美洲；而唯一的希望是全球經濟在這兩年內大幅復甦，我們先來看看美國的情形。

## 美國的復甦可能是強弩之末

　　2011 年來美國景氣相當樂觀，已持續三年復甦，依據 2012 年三月份公佈的數字，消費者支出增加 0.7%，已是連續七個月增加，所得也增加了 0.2%；美國勞工市場的改善，更是近期美國經濟的一大驚喜。二月份非農就業人數再增 22.7 萬，連續第三個月就業增幅超過二十萬。無怪乎連馬凱老師都說美國經濟已走出泥沼。

　　令人好奇的是，美國這段期間的復甦動力來自哪？老實說，好像還沒有人能說得清楚，講來講去都是「景氣循環」這種很虛的說法。內需消費占美國 GDP 70%，應該是復甦最大來源。從景氣循環角度來看，靠的是人民所得增加帶動消費者支出，再帶動企業獲利再回到人民所得增加。

　　依作者在這段期間的觀察，美國失業率降低及民眾所得增加的速度是很慢的，但同時可看到儲蓄率降低、信用卡刷卡金

額增加，也就是說美國人的消費確實成長了，但有一大部份來自吃老本及借錢，真正來自所得增長部份並不多。支撐美國經濟的另一大部份，陶冬說是四大經濟體灌水的結果，而且美國內需裡最重要的房地產依舊不振，那這樣的復甦能持續嗎？

依據陶冬的說法，美國除房地產以外，其他產業的就業已回復風暴前的水準，也就是說經濟復甦已經到頂了。全球景氣還是不好，美國內需市場有限不可能不斷成長。更何況，美國藉由財政支出來刺激內需的措施將到終點，像是美國的減稅措施可能屆期退場，高達一兆美元的聯邦預算強制削減即將上路等等。

也就是說能拿來刺激內需的工具，量化寬鬆、減稅延長、儲蓄減少、刷卡增加、利率降低、政府赤字，能用上的全用了，整體消費才改善這麼一點點，這就像把所有的特效藥都用上了，病情只好一點點，但特效藥快用完了，而且負作用隱隱浮現，能不令人擔憂嗎？

在眾多的經濟預測裡，有幾組人馬認為美國經濟成長難以持續。華爾街美國公債主要交易商預期美國經濟轉強的跡象在 2012 年下半可能淡化，陶冬也認為再過兩個月成長會更加遲緩，債券天王葛洛斯也開始發布警訊。唯一的希望就是美國房市復甦。

## ■ 美房市短期內復甦機會不大

美國房市復甦是全球經濟唯一希望，只是這個希望很渺茫。全美房屋市場在五年前開始陷入 1930 年代以來最嚴重衰

退，很多人都期待這場危機儘快結束，然而多項數據指出美國房市不但毫無起色，甚至依舊疲軟。

信評機構標普（S&P）發表一月份房價指數，2012 年一月全美房價年減 3.1%。若和去年十二月相比，月減 1%，已是連續第九個月下跌。二月新屋銷售較前月下跌 1.6%來至 31.3 萬棟。這是美國新屋銷售連續第二個月走跌，且該數據也創下 2011年十月以來最低。

此時美國商務部也公布數字，二月營建支出較前月下滑1.1%，為七個月來最大跌幅，不但比一月的 0.8%跌幅更糟，也遜於經濟學家預估的 0.6%增幅。主要是因為州政府、地方與聯邦政府大砍預算，對營建業造成影響。

2011 年因為「機器人簽字」，也就是在銀行雇員完全沒有審核法拍屋文件的情況下便簽署法拍的離譜狀況曝光後，銀行大多減慢了法拍速度，導致房市的下滑看起來有緩和的跡象。今年五大主要銀行在二月與全美四十九個州達成和解協議，意味著法拍程序將重新加速。分析師認為房價將面臨新的衝擊，可能抑制建商推出新建案。

房價還在跌，法拍屋還在出，儘管聯準會試圖壓低長期利率刺激房市，然而歐債問題未解，全球景氣不明朗，巴塞爾又大幅提高對資本的要求，銀行自然是保守為上，保留力氣因應未來的潛在威脅；銀行不願意貸款，民眾想買房也難，導致房市難以復甦，甚至變成是惡性循環。看起來美國房市很難在兩年內看到快速復甦。

然而這兩年內可能會衝擊美國經濟的變數太多。油價上升削弱消費支出，大陸生產成本上升也將帶動物價，還有美國大選以及美伊戰爭這兩個不確定因素。

## ■ 兩年後美國可能觸及財政紅線

兩年後若因歐債引發連鎖效應，美國可能因債務太高而觸及財政紅線。

2011 年 12 月美國的債務占 GDP 比正式超過 100%。目前總債務金額為 15.5 兆，每年利息支出超過兩千億，財政收入約為一兆多，算起來利息支出約為收入的一成多；表現上看起來還好，其實很不好。美國經濟還很脆弱，需要財政刺激，萬一真的與伊朗開戰，兩年後債務可能升到二十兆，以目前的債券利率趨勢來看，約有三成的稅收必須拿來繳利息。到時候如果歐債危機真的引爆，美國要拿什麼救經濟？

其實美國的財政結構比表面上來得糟。波士頓大學經濟學教授勞倫斯克特里考夫在彭博網發表專欄文章稱：來自於社會保障和醫療支出的巨大的財政缺口，意味着美國事實上已經破產。

美國有 7800 萬的「嬰兒潮」世代，他們退休之後將享受高額的社會保障和醫療保險福利。這些福利的年均成本按今日貨幣計算大約為四兆美元。另外過去十年美國在伊拉克、阿富汗等反恐戰爭中受傷的士兵，在未來需要醫療及照護的開銷粗估約為四兆。光是這些開銷就足以拖垮美國財政。

　　這個問題 IMF 也看到了，IMF 認為美國：「按照一定的折現率，今日財政缺口相當巨大。」並估計：「填補財政缺口需要經年累月的財政調整，每年的調整幅度相當於美國國內生產總值（GDP）的 14%」，等於是美國的財政收入必須年年成長一倍，才能支應未來的開銷，如此怎麼調整得過來？也不知道 IMF 有沒有算錯？

　　美國經濟裡當然也有好消息，美國企業變得更有效率和生產力，標普 500 成份企業 2011 年員工平均營收達 42 萬美元，遠高於 2007 年的 37 萬美元。

　　過去一年美國最先導入的一項技術能取得蘊藏豐富的頁岩油和天然氣，有龐大能源可外銷海外，預期二十年後美國的經濟規模將會增長，但並這不足以抵銷美國沈重的財政負擔。

　　如同作者在「空中預警機」裡所做的分析，美國可以印鈔票，不會有倒債的問題，最可能的就是繼續舉債，然後印鈔還債及利息；十年後歐元可能已解體或是變成小歐元，人民幣尚未成氣候，世界各國可考慮持有的主要儲備貨幣不足，美國仍是全球最大進口國，因而美元的下跌幅度有限。聯邦公開市場委員會的會議紀錄中明載美元貶值的目標，二十年內至少要貶值三分之一以求經濟平衡，這表示美國早就心裡有數。

　　然而這樣做還是可能出現不可測的結果，勞倫斯克特里考夫認為：如果投資人及各國央行不再購買美國發行的公債，努力尋找人民幣等替代品，美國還是有可能必須加稅還債，屆時嬰兒潮世代的退休福利將被大幅削減，年輕人面臨直上雲霄的稅率，喪失工作和儲蓄的動力，最終會導致貧困人口、稅率、

利率和消費者價格急劇飆升；這是在未考量全球商品供需的看法，老實說現在很難預測到時候會出現什麼樣的場面。

## 大陸經濟成長出現雜音

2012 年三月的兩會期間大陸總理溫家寶將今年 GDP 目標值下調到 7.5%，這是過去八年來大陸首次將經濟成長率訂在 8% 以下，引發市場對大陸經濟前景的憂慮。隨後匯豐發布最新的 PMI 指數（3 月份指數 48.1，2 月份則為 49.6）顯示中國大陸製造業活動已連續五個月出現萎縮，下降到四個月以來低點。在此同時 IMF 副總裁朱民、李顯龍、摩根大通紛紛提出中國經濟正在軟著陸或硬著陸的看法。

過去幾年為因應次貸風暴衝擊，大陸投入大筆資金刺激經濟，汽車機電等行業投資過大產能過剩，過熱的房地產在政府打壓下可能出現泡沫，鐵公路建設負債過高必須降溫，加上油荒電荒工荒等問題遲遲未改善，衝擊製造業導致出口萎縮；種種跡象顯示大陸經濟成長有下行風險，東南沿海各省的經濟成長也呈現明顯下滑趨勢。

不過還是有很多機構保持樂觀看法。華爾街主要投資銀行包括德意志銀行、摩根士丹利、野村證券、蘇格蘭皇家銀行等此前對於今年中國經濟的預測範圍大概在 7.9%～8.6%，近期均上調至 8.2%～8.8%，認為中國經濟軟著陸難免，但不至於硬著陸。

儘管目前多空雙方對於大陸未來經濟前景看法分歧，至少可以得出兩個結論；第一，這些看法都是依據短期經濟數據來

分析，頂多加上過去兩三年的觀察，而不是真的從長遠的經濟結構找出答案；這就像在霧中開車，只注意前方幾十公尺的路況，而不是從地圖上比對目前車子對離懸崖還有多遠。第二，大陸經濟長期發展，已不再樂觀，不像過去三十年那樣維持一貫快速的成長。

作者不認為跟著這麼多經濟學家對大陸的短期經濟概況進行預測會有什麼意義，8.2%又如何！8.4%又如何！再過幾個月就知道結果了，對企業決策沒什麼幫助。另一方面，那畢竟是經濟學家的工作，風險學家應分析結構，找出可能發生重大危機的因素；而目前，大陸確實已出現這樣的跡象，那就是僵化的調整機制愈來愈難維持經濟平衡發展，容易出現重大變故，以及可能碰觸環境負荷上限的問題。

作者的觀點與一般「大陸經濟將崩潰」的唱衰論點不同，是從作者自己發明的經濟理論來分析觀察；在證明當代經濟理論的錯誤之後，作者把觀點移到自己創新的經濟理論。

## ■ 大陸的經濟調整機制問題

從「因果、循環、一切遍知」的觀點來看，經濟體系是由很多活動構成，就像一個大池子的水，有無數的水分子在運動，組成眾多的小水流互相影響，在風的推波助瀾下激起漣漪或浪花。（藉由水的流動來闡釋的理論，可參考作者在 2000 年發明的「大禹管理哲學」）。

　　經濟的循環，從正向角度來看，靠的是人民所得增加帶動消費支出，帶動企業獲利再回饋給人民所得增加；這是一個很大的循環，是由很多大、中、小循環構成的，這麼多循環與無數的水分子互動影響激盪，彼此可能互相抵消稀釋力量，也可能互相吸引增強力量，當一個循環突然加速，就可能導致另一個角落的循環突然減速，甚至受到破壞；某一循環加速的力道愈強，另一循環減速或受到的破壞就愈大，在各循環互相激盪下就可能爆發重大風險事件，此時經濟的協調機制對市場發展方向與力量的控制就很重要。

　　如果只在意經濟成長與衰退，單看循環的方向與速度就可以，然而如果要分析風險與危機，必須對結構與調節機制作更深入的觀察。

　　經濟體系的循環裡，能量的來源就是資金。對一個經濟體系裡注入資金，不只會增加活動能量，還會因為循環彼此的作用發揮乘數效果；這個算是經濟版的「能量學說」，或是「大禹哲學」。必須澄清這裡指的「注入資金」與傳統經濟學的貨幣政策裡探討的：透過控制貨幣供給或是調控利率，來調節經濟活動的概念不同。這裡指的是實際進入老百姓口袋裡的錢。

　　例如企業靠出口賺到一千萬美金，然後五百萬變成薪資與紅利給員工，這樣企業與員工就多出一千萬美金可以運用，這筆錢會使經濟體系的某些循環加速，例如來購買房地產，或是炒作農產品價格；此時如果央行再釋出六千萬人民幣，企業與員工可以用較低的利率借到錢，對經濟的影響會加大，但如果央行改成抽走六千萬，企業與員工口袋裡還是有錢可以使用，

也可以向民間借貸，因而民間的財富才是實質有影響力的，貨幣政策的影響力會因民間財富增加而變小。

當民間相當富有，財富是國家的幾十倍，貨幣政策的影響力將大幅降低，主要透過傳達政策方向，帶動民間資金轉向，但不一定有效，就像騎在一頭大象背上要控制其速度與方向一樣，很困難；必須思考如何提升民間自我調節機制的成熟度，以及政府支出要從何處切入才會產生效益，這才是市場經濟的精髓，以及市場管制的理論基礎。

早期大陸為均貧，經濟活動力弱，普羅大眾與民間企業既沒機會也沒資金，土地全部是國有，政府不但有土地還控制企業，典型的國強民弱，還握有槍桿子，出了問題政府有絕對的力量可以壓下來。

過去三十年大陸出口大幅成長，成為世界工廠，賺到很多外匯，加上外來投資，等於是把世界各國的錢快速且大量的灌進來（並轉入民間企業與老百姓的口袋裡），次貸風暴時為了救經濟，中央與地方共灌了十八兆人民幣大力建設，這些錢已藉由各種方式進入企業、高官、民間的口袋裡；導致大量的能量在經濟體四處亂竄，各種商品價格亂漲，「糖高宗」「蒜你狠」「薑你軍」「豆你玩」「向錢蔥」，以及地下經濟活躍，民間高利貸大行其道。

大陸是獨裁體制，經濟活動的調節機制原本就不成熟，而且國家太大，中央訂定政策，地方官員也有自己的對策。大陸還有很多地方很窮困，看到沿海各省富起來了，發展工業促進經濟自然成為所有地方官的重點；各地方有志一同的衝經濟，

發展的項目大同小異，導致資源過度往同一方向分配而出現偏差，對於各種破壞也視若無睹。加上貪污盛行，權錢交易、官商勾結、權貴政治的普遍腐敗，讓資源的運用更加扭曲，造成更大的破壞及浪費。過去國富民貧時地方官能調動的資源有限，破壞力較弱，而今民間富有，利益團體結合地方官謀取不法利益，破壞力更強。

## ■ 自由市場學派起源自漢朝

大陸目前經濟亂象與兩千年前的西漢很相似。《漢書‧食貨志》：「諸官各自市，相與爭物以故騰躍，而天下賦輸或不償其僦費」。漢初行無為而治與民休息，經濟自由放任，造成商賈勢力抬頭，富商豪強占山占海，壟斷鹽鐵山澤之利，囤積居奇炒高價格，然後放高利貸，累積大量財富，進而兼併土地，農民生活因苦，不是流離失所，就是淪為奴隸，市場經濟的問題早在兩千年前就出現了。

在西方經濟學追求效用最大、利潤最大的觀念下，每個人都想賺錢，就像池子裡的水分子都會設法大力運動。然而西方經濟學並沒有發展市場、管制市場、健全市場的想法，任憑市場發展；演變到最後，大陸這麼大的經濟體，其調節功能就只剩下宏觀調控與「打地鼠」式的調整方式；「一叫就鬆、一鬆就亂、一亂就緊、一緊就死」。有一個地方出問題，就丟資源打壓，丟入的資源反而增強經濟體系裡循環的能量，在另一個地方掀起浪花，只好再丟更多資源打壓，變惡性循環。

最後當貨幣政策失靈時，就只剩嘴皮子。路透專欄指出，在聯準會、歐洲央行（ECB）和主要國家當局已用盡貨幣政策的情況下，各國央行現在只能依賴嘴皮子來傳達他們將如何治理經濟、進而影響金融市場，只是沒什麼效果；就是這個意思。

如今，民間有大量的資金與機會，到處炒作問題從生，就算不搞暴動造反，光是經濟問題就很難處理。目前大陸的宏觀調控是「打地鼠」、「鋸箭法」，表面看起來好像解決了問題，其實只是暫時壓制，底下說不定正蘊量更大的能量，一但爆出重大事情壓不下來，很容易出大亂子，所以溫家寶才憂心的說：「中共領導制度若不改革，文化大革命的歷史悲劇可能重演」。

大陸的困境愈來愈明顯。看起來不錯，其實風險很高的，很可能會衝擊到台灣的產業及金融業。


## ■ 由此觀察台灣金融業西進策略

在第一章裡作者曾對世界各主要經濟體對台灣金融業全球佈局的優缺點概略分析，分析裡可看出大陸市場對台灣金融業有諸多優點，可以服務既有的台商客戶、搶占快速發展中的市場、各項基礎建設也還可以；只是大陸機會多，風險也高，所以對於台灣金融機構都把重心放在大陸，作者不太認同。到不是說金融業不應西進，而是過度重視大陸市場而忽略了其他機會。

## ■ 地方平台債務違約

　　根據大陸國家審計署 2011 年 6 月 27 日發布的審計報告，地方政府債務總額為人民幣 11 兆（其實少算了三兆），其中的 8.5 兆是銀行貸款，占了近 80%。由於地方政府建設性債務暴漲出現在 2008 年下半年以後，以 2 至 5 年的平均還款期計算，真正的還債高峰出現在 2011 至 2013 年。由於地方政府的收入與支出不相稱、土地出讓金減少使得以土地抵押的平臺貸款的還款能力降低，地方政府融資平臺貸款可能出現違約。

## ■ 房地產導致銀行曝險大

　　WIND 資訊顯示，截至 2012 年 4 月，已公布的 75 家房企資產負債率創下新高，達接近 80%。除了監管機構公布的十兆左右銀行貸款，占銀行各項貸款的比重為 19.6%，還有其他用各種非房貸名義貸出但最後流向了房地產市場的貸款，以及那些初始就以房地產為抵押物的貸款，合起來房地產相關貸款總額保守估計已超過二十兆。占銀行各項貸款的比重接近 40%

　　今年從大陸總理溫家寶的談話及中央「冒頭就打」的態度來看，房地產調控政策放鬆的可能性不大，房價如果下跌 10% 至 15%。將加大商業銀行資產品質風險，導致違約風險提高。

　　據某地產市場研究部統計，截至 2012 年 3 月 11 日，萬科、恒大、保利和富力等五大房企發布了 3 月份及第一季業績。五

大房企第一季的簽約總金額為 820 億元，同比降低 11%。其中，恒大第一季業績同比下降達 58%。便經過三月份小陽春，大型房企也沒有能夠實現業績的明顯增長，資金壓力大、去庫存難的局面沒有改變。

　　房地產銷售停滯、價格下降可能造成開發商資金鏈斷裂和貸款違約，並連帶房地產相關行業連鎖風險；房價的下跌還會波及土地及相關行業，從而影響其他商業貸款和地方融資平台貸款質量。

## ■ 陸高鐵恐無法還本金

　　大陸高鐵今年底客運專線和城際鐵路的營業里程可達 1.3 萬公里，將超越日本和德國，寫下全球高鐵運營里程最長的新紀錄。不過高鐵多年來經營卻始終虧損，沒有盈利，世界銀行發布報告指出，高鐵的債務危機已經浮現，鐵道部財務司公布《財務及經營數據報告》指出，鐵道部所屬運輸企業 2011 年上半年盈利 42 億人民幣，總負債首破 2 兆，負債率為 58%。如果沒有長期融資安排，幾乎無法償還本金。

## ■ 錢早晚要還

　　面對地方政府債務、房地產債務、鐵公路建設債務等等到期無法償還問題，為了降低對經濟的衝擊，大陸政府最後一定會設法展延、寬限、或是由國家舉債挹注，以待經濟回溫。面

對將來內部發展不平衡的可能動盪，以及歐債威脅，大陸還有太多的錢要花。目前，大陸中央財政發行的國債餘額大概為 6.8 兆，與地方政府債務兩者相加為 17.5 兆，大約占大陸 GDP 的 43%左右。看起來是還好，但如果加上房地產相關信貸債務，就超過 80% 了。

　　與美國嬰兒潮類似的問題，大陸十五年後將進入「老齡社會」，將面臨「未富先老」、「未備先老」等難題，國家財政開銷將會變得十分龐大而沈重，一延再延的債務早晚要償還，又遇到財政支出暴增，到時還是會重演目前的歐債問題。由於大陸的調節機制差，如果美國有辦法逐步刪減開支改善財政，而歐洲經歷痛苦走出困境，到時候反而可能出現歐美強而中國弱的情形。因而 2025 年最多是人民幣，美元，小歐元三強頂立，美元仍是霸主，人民幣取代美元的機率不高。

## ■ 西進應與南進並重

　　大陸接下來經濟成長會放緩，不一定能消化這些財務負擔。IMF 日前在報告中警示，信貸危機是中國銀行業一定時期內面臨的最重要的風險之一。此時台灣銀行西進並與大陸互相摻股，等於是把自己綁在炸藥上。

　　當然各金融業的特性有差異。一般而言，證券經紀的風險較低，產險也低（證券自營業務有市場風險問題，經紀業務有違約及信用風險，承銷業務有內線交易問題，產業則有巨災風

險問題），萬一遇到重大災變要放棄也較容易，能西進就儘量西進。但銀行與壽險比較難說退就退，風險會比較高。

不只是風險考量，大陸是人治社會，政策方向容易變動，且為大國心態，台灣金融業實力太小很難對其產生影響，最近幾家已在大陸設分支行的各金控銀行想向大陸申請增設分行卻遭婉拒，變成就算有萬丈雄心也沒機會拓展版圖，反而東南亞國家好講話多了，而且成長速度也不慢，現在經濟也起來了，佈局得早的日本受益很多，相較之下過去台灣製造業集中西進卻可能被大陸當成落後產業淘汰掉，如今金融業有可能步後塵。也難怪，星展銀行一方面大力投資發展中國業務，一方面宣布以 73 億美金收購印尼銀行 PTBank Danamon，希望藉此拓展在東南亞最大經濟體──印尼的業務，等於是兩邊押寶。

## 大陸瀕臨環境負荷上限

經濟持續高速發展將近 30 年，大陸的發展模式被冠之以「中國模式」美稱，作為評量其他金磚國家經濟發展良率的基礎，似乎認為所有開發中國家都應仿效中國模式，特別是俄羅斯。很多經濟學家預測大陸將在 2025 或 2020 年超越美國變成第一大經濟體，人民幣將取代美元成為國際儲備貨幣；他們稱這樣的經濟發展很偉大，作者卻覺得很可怕。

經濟發展不可能與政治、文化、環境等脫節，然而「柏拉圖效率」認為經濟個體制定（消費）決策時，只要考量自己的需求，無需在意其他人的偏好，甚至無需考量其他環境因素（因

為價格會讓其他因素達到均衡），導致經濟學家對於經濟走向的分析預測通常是以該國過往的經濟數據為基礎，比較少考量環境或政治文化等結構性因素，或假設這些因素不會改變，此時容易因過於狹隘而出現偏差。

如果從整體角度來看，大陸經濟成長的天花板已經浮現了；大陸要超越美國，代表經濟活動產值要增加三倍，工業產值至少增加兩倍多，所產生的污染以及對資源的需求，不是大陸環境可以負荷的。

大陸所面臨的環境負荷天花板，可以簡單的從空氣、水、土壤三個角度來看。空氣是最明顯的，大陸每年這麼多出口商品，靠的是耗能產業與大量污染排放，其次這幾年有錢人大增，大陸已超越美國成為全球最大的汽車市場，大城市除了交通打結嚴重擁塞，汽機車排放也讓空氣品質惡化。

第三個問題是大量燒煤。由於生活水準提升，電器使用增加，加上工業產值年年成長，電不夠用，主要依賴燃煤發電。另一方面貧窮人口還是占大多數，長江以北冬天天氣嚴寒，貧窮人家只能透過燒煤取暖。煤是便宜的能源，也是污染最嚴重的能源，這讓各大城市的空氣品質差到很可怕。2008 年北京奧運時，就曾因擔心空氣品質太差損及形象，禁止北京市民燒煤取暖。加上初春沙塵暴來參一腳，北京市到處都是灰濛濛一片，路上車上樹上身上都是塵土，連中南海的高官都快受不了考慮要遷都。現在都已如此，想想看，經濟產值要增加三倍，空氣會變成什麼樣子，可能重演 1952 年倫敦煙霧事件，因氣候變化

形成煙霧導致英國首都倫敦有 4000 人在五日內死亡，一旦北京或其他大城市出事，經濟發展可能就會急踩剎車。

## ■ 水資源與地層下陷

　　水，是另外一個大問題，不論是鄉下或大城市，水資源嚴重缺乏。大陸還在城市化過程中，大量人口往城市遷移，人口眾多而擁擠，光喝水就是一大問題。儘管都有專屬的飲用水來源，像是北京，根本不夠，近來北京市人均年可利用水資源量已降到 100 立方米左右，遠低於人均年 1000 立方米的國際缺水警戒線，北京已成為世界上最缺水的特大城市。

　　大陸國家發改委副主任彭森曾表示，中國人口眾多，食品需求量大，無法依靠進口解決農產品供應問題，必須設法提高糧食產量。中國華北平原供應了全中國超過一半的小麥及三分之一的玉米數量，然而華北平原的供水量 80%來自地下水，目前已經超抽 1000 多億立方公尺，專家估計如果依靠自然循環來補充這些地下水，至少需要上萬年。

　　位於華北平原中央的河北省與北京市自 1999 年以來的持續乾旱，飲水不足只能超抽地下水，過去為了保護水源曾訂下「抽一年休三年」的規則，現在幾乎是年年抽，地下水位正以驚人的速度下降中，北京附近的深井目前已達到 1,000 公尺之深；如此深層的地下蓄水層是無法自行補充的，一旦地下蓄水層消耗殆盡，北京周圍就再也沒有什麼水資源了，而且此流域的供水量將會短少 40%。

透支水資源已嚴重威脅生態安全，平原區地下水位持續下降，地下水供水能力衰減，「地下沙漠化」並危及植物生長，地面沉降範圍快速擴展。如果情況持續惡化，恐波及南水北調工程。

儘管大陸當局為了解決北京用水問題發動南水北調工程，然而大陸學者認為，2020 年北京人口將達到 2500 萬，「南水北調」的效果將被人口增長及經濟發展抵銷。如果有一天地下水真的抽完了呢，又因地層下陷嚴重導致南水工程遭到破壞，北京會出現什麼情形？想想就害怕。

鄉村也沒比較好。這兩年西南連續乾旱，別說農作灌溉，連人都沒得喝，一窮二白的都快活不下去，難怪往城市跑。其次是污染，由於大陸廣大的農村看起來跟非洲差不多，地方官為了發展經濟，根本不考慮污染問題，工廠為了省成本，廢水直接往河裡倒，下游飲水就拉警報，就算是水資源豐富的珠江流域，早已發生多起飲用水污染問題。幾年前作者就開始觀察這種污染事件，其實應該設指標來監控的，當愈來愈頻繁時，就知道快出大事了。

## ■ 石油與稀土

在土壤方面指的是石油與稀土，不過這是全球都將面臨的問題，不只是大陸。石油是非常重要但有限的天然資源，儘管藉由科技創新可以降低工業產出對石油的依賴，也可用氫燃料取代交通工具的部份石油消耗（作者是在十多年前看到這個問

題的，所以提出「研發政策白皮書」，發明諸多研發管理方法，就是想為這個問題盡一份心力），但石油還是很重要，隨著金磚五國內需大幅成長對石油的消費量提升，前景堪慮；然而經濟學家只看原油價格波動，很少在意石油長期供應問題，實在令人難以理解。

另一個是連研發管理都無法解決的問題，那就是稀土；冶金、機械、石油、化工、玻璃、陶瓷、紡織、皮革，科技愈發達，創新的材料愈多，耗用的稀土就愈多，跟石油類似，早晚有用完的一天。大陸原本是稀土大國，是全球最大的稀土蘊藏、生產、出口和消費國，共 17 種稀土裡，大陸就佔全世界總產值絕大多數。然而根據大陸國土資源部全國礦產資源儲量通報顯示：截至 2005 年底，大陸稀土儲量為 8731 萬頓，約占全世界的百分之五十五；到 2010 年底時稀土儲量已下至 5500 萬頓，短短五年降幅達到百分之三十七。

雖然近期日本在太平洋海底發現大量的稀土蘊藏，估計蘊藏量高達 900 億噸，是陸地運含量的 800 倍，但水深可達 3500 到 6000 公尺，且可能埋藏在 70 公尺厚的泥層中，開採成本也將是陸地上的幾十倍。一旦稀土短缺價格飆升，對全球所有產業都會造成很大衝擊，特別是科技產業。台灣以科技立國，主要出口商品都會用到稀土，所以說，被大陸統一是早晚的事，只是到那個時候，可能是跪著求大陸來統一我們。

# 2014 可能很危險

2011 年底我們對歐債危機接下來的發展過程進行模擬分析，現今美國與大陸的情勢更加明朗，綜合前面算帳結果，我們拉一下時間，發現 2013～2014 可能是全球金融下個危機爆發的時點。

### 歐債違約2014情境演變

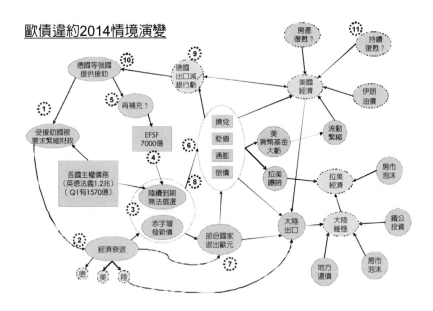

歐債仍然是風暴起點，與作者去年預測的差不多，引爆點將會是義大利與西班牙，而不是希臘。

西班牙在 2012 年四月標售 3 批政府公債，原本設定的發債目標額度為 25 至 35 億歐元，最後標出的總額僅 26 億歐元，市

場購債需求疲軟，發債利率則明顯上揚，飆升至 5.7%，義大利公債的殖利率同步上揚。歐債危機再度警鈴大作。

## ■ 西班牙銀行債務危機與房地產

與希臘不同，西班牙面臨的不是主權債務危機，而是銀行債務危機；西班牙迅速膨脹的銀行債務問題，根源自雷曼兄弟倒閉前的房屋建設繁榮期，那時德國銀行對西班牙同業借出了高額貸款，造就西班牙國內龐大的房市泡沫，也是導致西班牙深陷債務風暴的直接禍首。

從 2007 年以來，西班牙金融機構已查封 33 萬戶房屋。馬德里研究諮詢公司預估今年西班牙房價將下跌 12% 至 14%，創 2007 年以來最大跌幅。資產管理公司預估，隨著失業率升高，未來幾年銀行查封房屋數量將增至 60 萬戶，銀行業被迫設法出售房產，將蒙受龐大損失。

## ■ 銀行借錢買公債加深危機

2011 年秋末歐洲瀕臨金融崩潰，逼得歐洲央行出手救援，先後推出兩輪 LTRO 向銀行業大舉注入 1 兆廉價資金；此舉直接撐住歐洲銀行的流動性，並間接支援南歐各國政府，化解了市場恐慌。

其實投資人對歐元區的財政早已失去信心，過去兩年來已有將近 1000 億歐元資金，從法國、意大利與西班牙公債市場流

出，迫使這些國家的銀行用歐洲央行提供的廉價資金支撐自己國家公債，西班牙銀行買了 670 億，購買的國債總額目前已達到創紀錄的 2458 億歐元，而義大利銀行也買了 540 億。這些公債是西班牙銀行業以 3.5%和 4.5%的殖利率吃下的，如今，殖利益率已經飆破 6%，西班牙銀行業蒙受了更大的損失。義大利銀行業也經歷了同樣的不幸。

西班牙央行 3 月 28 日公布的數據顯示，當前該國銀行業正面臨重大融資問題，截至去年底，銀行業貸存比率已高達 145%。由於大量房地產貸款壞帳未完成提撥，預計銀行壞帳問題將繼續惡化。麻煩的是，西班牙政府削減支出只會令當地房市、銀行更難以走出困境。

另一方面，西班牙全國失業人數達 530 萬人，失業率高達 23%，相當於美國在大蕭條谷底時的水準，25 歲以下勞動人口失業率達 48%。西班牙首相拉霍伊在四月表示，由於經濟前景較預期更為悲觀，該國今年將無法達成減赤目標，西班牙主權債務重整風險升至歷來最高，研究機構指出，可能在今年年底或明年需要歐盟紓困。

這個跟作者去年底的預測相符。南歐弱國原本已經濟不振，失業率居高不下，然而挽救經濟的三頭馬車，匯率部份因受歐元鉗制而無法貶值挽救出口，在歐洲財政統合的減赤壓力下無法藉由擴大政府支出來刺激經濟，加上倒債預期導致企業及資金外逃，失業率更高，內需市場進一步委縮。結果就是經濟衰退；如此一來政府不但無力償債，還會因赤字擴大進一步舉債，拖累銀行業而引發新的危機。

　　目前看起來，除了西班牙可能需要紓困，預計葡萄牙將在今年底前成為歐元區「第二個希臘」，需要向歐盟 IMF 尋求更多援助，因為首輪 780 億歐元的紓困款仍不足以挽救該國困頓的經濟。而希臘可能在 2012 年底前、最晚 2013 年需要另一套紓困方案。也就是說光是這三個國家 2012 年就可能用掉四千億，後面還有愛爾蘭義大利等著尋求援助。

　　高盛估計 2012 年歐洲約兩兆歐元到期債務總額，其中義大利的到期債務為 3371 億歐元，超過「歐豬五國」中其他四國（希臘、葡萄牙、西班牙和愛爾蘭）到期國債的總和；義大利的債務占 GPD 比已超過 120%，同樣面臨高失業率及經濟衰退，如果發債不順利，就需要歐盟支援，這時就要看口袋有多深。

　　目前 EFSF 的資金約七千億歐元，在大陸的支援下或許可以擴充到一兆，再加上 IMF 的資金援助，以目前的紓困速度來看大概可以撐兩年。也就是說如果美國經濟無法在兩年內大幅復甦，帶動全球經濟成長，那 2014 年就可能是歐債危機的引爆點。作者也在祈禱不會走到這一步。

## ■ 歐債引爆時將蔓延

　　一但歐債危機引爆，會立即蔓延到美國與拉丁美洲。前幾天美國聯準會主席柏南克特別提醒，美國主要貨幣市場基金持有的資產有約 35%是歐洲資產，一旦歐元區崩盤，美國也會受到波及；美國金融業將不只要面對歐洲的曝險，還要應付廣泛的市場波動，包括全球股市下跌、信用成本升高、資金來源減

少、流動性緊縮等等；這將導致這幾年難得的復甦變成泡影，甚至出現另一場金融風暴。

美國經濟如果再出現衰退，必然影響大陸出口及全球對原物料的需求。由於大陸同時面臨房地產等泡沫破裂問題，以及地方債務償付壓力，能救市的銀彈有限，經濟成長將大幅放緩。研究機構估計大陸經濟成長如果減少三個百分點，拉丁美洲商品價格可能暴跌 30%（大陸內部曾估計如果經濟成長低於 6%，可能因失業人口大增而引發暴動）。

拉丁美洲經濟過度依賴原物料出口，一但價格下滑將會衝擊出口獲利。另一方面拉美各國對西班牙銀行的曝險過高，西班牙如果宣佈退出歐元區，國內銀行被民眾擠兌而倒閉，或是銀行因鉅額虧損被債信評等打入垃圾級，可能會引發拉美金融危機；此時如果碰到巴西房市也泡沫破裂，衝擊就會很嚴重。

## ■ 非常時刻要有非常手段

易經裡有〈大過〉一卦，講的就是目前歐洲及全球主權國家債務積重難返的情勢。

從大過的卦象來看，中間四陽爻，兩端各一陰爻，劉君祖老師解釋說「就像棟梁中間過重，兩端脆弱不足以支撐，必難以負荷而撓屈下垂，一旦超過承載的平衡點，即可能斷裂」，就像目前歐洲各國債務過大，經濟不振，失業率又高，銀彈用罄，無法挽回頹勢，「陰陽分布極不平衡，整體結構隨時有崩潰的危險」。

易經的精神是「危機與轉機相生」，即使在這麼危急的情況下，仍要設法找出轉機，救亡圖存，所以〈大過〉卦的卦辭是：「棟橈。利有攸往，亨。」是指大過之時危如累卵，生死一線，英雄豪傑卻能鎮定應付，扭轉乾坤，反敗為勝。

像歐洲這樣負債超過負荷的非常情況，一般決策者可能因承受不起這樣的壓力而徹底崩潰，然而非常人憑智慧膽識，卻可立非常之功；此時必須有聖人出來以大方法創造奇蹟，所以說非常時刻要有非常的手段。

可憐的是經濟理論是錯的，經濟學家用錯誤的理論限制了決策者的思考方向，不但無法找出正確方法，也讓問題愈積愈嚴重，就像在霧中開車，只看到前方幾十公尺車燈照得到的地方就覺得路況還不錯，等看到懸崖時才要剎車就已經來不及了，整台車衝出懸崖，這就是兩年後我們要面對的全球經濟。

# 附錄

# 作者專業資歷與作品清單

| 作品系列清單 | |
|---|---|
| 會計系列 | ■ A Comparison of Earnings vs. Cash Flow Accounting Information - A Theoretical and Empirical Analysis<br>■ The Han's Model<br>■ 知識會計 |
| 研發管理系列 | ■ 第一代：研發管理<br>■ 研發流程改善<br>■ 研發專案管理<br>■ 研發知識管理<br>■ 研發資訊安全<br>■ 第二代：研發管理基本實務 |
| 資訊安全：閃電系列 | ■ 第一代：快如閃電<br>■ 第二代：閃電奔雷<br>■ 第三代：雷神之鎚<br>■ 第四代：雷震王庭 |
| 策略分析：神兵系列 | ■ 第一代：玄鐵<br>■ 第二代：倚天 |
| 國家安全：殺氣嚴霜系列 | ■ 沈舟：以虛擊空<br>■ 玉石：突如其來如，焚如，死如，棄如<br>■ 絕地：人必先置於死地而後生<br>■ 風伏 |

| 作業風險管理：<br>隨風飛舞十三式 | ■ 第一式「隨風飛舞」<br>■ 第二式「風的痕跡」<br>■ 第三式「疾風」<br>■ 第四式「風舞九天」<br>■ 第五式「風險空中預警機」<br>■ 第六式「風襲千里」<br>■ 第七式「風動」<br>■ 第八式「天羅地網」<br>■ 第九式「無孔不入」<br>■ 第十式「草木皆兵」<br>■ 第十二式「天女散花」<br>■ 第十三式「如幻似真」 |
|---|---|
| 不退轉系列 | ■ 上卷：堅定<br>■ 中卷：忿怒<br>■ 下卷：遍照 |
| **金融業風險管理專業資歷** | |
| 保險業營運風險管理 | 配合總公司規劃營運（作業）風險管理制度，包含導入建置及後續實際運作，主要工作項目包含：<br><br>1. 壽險業 12 個主要流程營運風險評估 Risk Self Assessment<br>　依據總公司之規範，規劃整個風險評估的流程及研討會作法，界定風險評估範圍，涵蓋 12 個主要作業流程，包含：市場研究與行銷、產品開發、業務活動、核保、收費、傭金、保全變更、理賠、投資、財務、會計、精算、資訊等。針對每一個主要作業流程舉辦 4 場風險評估會議，包含風險評估教育訓練、釐清年度營運目標、辨識風險、釐清風險現況、控制評估、風險評估、研擬改善計劃等，除了協助各部門主管產出風險評估報告，還針對每個流程的重大風險撰寫彙總報告供高階主管參考。此風險評估作業每年舉辦一次，從 2006 年開始至 2009 年共舉辦四輪約 40 次風險評估作業流程。<br><br>2. 壽險業公司整體營運風險評估<br>　依據總公司規範，規劃公司整體風險評估的流程以及研討會作法，此風險評估工作由公司一級主管，即各執行及事業單位主管 |

| | 共十人共同執行，主要工作內容包含：高階主管風險評估教育訓練、風險評估所需之環境異動資料收集與彙整、設計風險辨識問卷、發送問卷及彙整收集資料、準備及召開風險評估會議、召開研擬改善方案之會議約 10 場，撰寫風險評估報告，完成後續簽核流程。<br><br>3. 損失事件收集與建立損失事件資料庫 Loss Data base<br>依據總公司規範，規劃損失事件收集流程、準備資料並為公司所有主管提供教育訓練、設計損失事件問卷以及記錄表格、每一季皆訪談二十多位主管以收集損失資料，並將所收集之資料彙整為損失報告呈報管理階層，並定期追蹤改善進度。<br><br>配合總公司建置損失事件資料庫系統，規劃系統操作作業流程、提供使用者教育訓練，並將系統問題提供給總公司作為改善方案。<br><br>持續觀察台灣金融業環境變化，並收集外部損失資料，以供後續情境模擬分析之用。<br><br>4. 訂定關鍵風險指標 Key risk indicator<br>配合總公司建置 KRI 之作業，針對總公司劃分的 KRI 類別，與公司相關主管討論可行的 KRI，提供給總公司，並參與跨國會議討論各 KRI 之可行性。<br><br>針對總公司訂定的 KRI，釐清計算方式、指派資料提供部門、規劃資料收集表格，以及收集流程，並於每季向各單位收集 KRI 資料，製作彙整報告，將 KRI 報告呈報管理階層，回答管理階層與總公司問題。監督 KRI 變化，並於必要時與相關部門主管討論可能的風險及改善措施。<br><br>5. 營運（作業）風險定期報告 Operational risk Quarterly Report<br>依據總公司之要求，每季與所有一級主管訪談以辨識重大風險，並針對由各一級主管負責的風險改善方案追蹤進度，編製風險報告，將報告呈報管理階層及總公司，與總公司開會檢討報告內容。<br><br>6. 重大損失事件情境模擬 Scenario Analysis<br>配合總公司計提營運風險資本的需求，提供可能的損失情境並參與跨國會議討論可行性，針對總公司界定的 12 個情境類別，規劃 35 種情境事件，並規劃每個情境事件的模擬方式以及與會主 |
|---|---|

| | |
|---|---|
| | 管,召開會議邀請相關主管共同模擬每個情境的損失概況、損失金額,以及發生可能性,並產出模擬事件報告。將 35 份模擬報告予以彙整,呈報管理階層,並將報告送交總公司以此概算台灣子公司應計提的營運風險資本。<br>7. 風險損失原因分析<br>　針對已發生之重大風險或損失,深入分析根本原因,釐清風險與損失的責任歸屬,以協助各部門主管研擬改善計劃。 |
| 銀行業信用風險管理 | 國內某金控消金業務 Basel2 IRB 信用風險模型建置與導入專案:<br>協助該金控所屬銀行針對消費金融業務,依據 Basel II 之規範,建置信用風險模型,工作內容包含:違約樣本定義、資料收集欄位設計、資料收集、違約樣本之 EAD 計算、違約樣本之 LGD 計算、違約預測模型建置。 |
| | 國內某銀行消金業務 Basel2 IRB 信用風險模型建置與導入專案:<br>協助該銀行針對消費及企業金融業務,依據 Basel II 之規範,建置信用風險模型,工作內容包含:違約樣本定義、資料收集欄位設計、資料收集、違約樣本之 EAD 計算、違約樣本之 LGD 計算、違約預測模型建置、人員訓練。 |
| 金融業內稽內控 | 台灣某金融資訊中心內部控制制度改善專案:<br>針對該公司現行內部控制制度,包含銷貨及收款循環、採購及付款循環、固定資產循環、維運循環、薪工循環、融資循環、投資循環、研發循環、電子計算機循環,覆核所有內控制度文件並檢視其合理性、與訪談相關部門主管以瞭解落實情形及現況,研擬改善方案並修改整個內控制度。 |
| 保險業及金融業資訊安全管理體系規劃與建置 | 台灣某保險業資訊安全管理制度建置專案:<br>依據國際標準 BS7799 之概念,開創資訊風險評估方法論,協助客戶釐清作業流程、釐清系統架構及資訊流、查核資訊控制現況、研擬改善項目、撈取資訊資產、建立資訊資產報告、評估資訊資產風險、撰寫資訊安全政策、程序、表單,為客戶建置整個資訊安全管理制度,輔導客戶彙集制度運行之證據,協助客戶選擇認證單位,並陪同客戶完成認證單位檢查程序,取得資訊安全國際標準 BS7799 認證。 |

| | |
|---|---|
| | **台灣某金融資訊中心資訊安全管理制度建置專案**<br>協助客戶針對其十三項業務中的九項釐清作業流程，包含與各行庫資訊系統往來之資訊流、釐清系統架構及資訊流、查核資訊控制現況、研擬改善項目、撈取資訊資產、建立資訊資產報告、評估資訊資產風險、撰寫資訊安全政策、程序、表單，為客戶建置整個資訊安全管理制度，輔導客戶彙集制度運行之證據，協助客戶選擇認證單位，並陪同客戶完成認證單位檢查程序，取得資訊安全國際標準 BS7799 認證。 |
| 銀行業資訊風險評估 | **台灣某公營行庫一般資訊作業風險評估**<br>依據國際知名會計師事務所資訊風險評估方法論，針對國內某公營行庫一般資訊作業，進行現況釐清及風險評估，包含檢視相關作業流程、訪談相關資訊主管、檢查作業流程中各項表單及證據、檢視實體資訊環境、執行測試作業、提出風險評估報告，向客戶說明風險評估結果及應改善項目。 |
| | **台灣某民營銀行一般資訊作業風險評估**<br>依據國際知名會計師事務所資訊風險評估方法論，針對國內某民營銀行一般資訊作業，進行現況釐清及風險評估，包含檢視相關作業流程、訪談相關資訊主管、檢查作業流程中的各項表單及證據、檢視實體資訊環境、執行測試作業、提出風險評估報告，向客戶說明風險評估結果及應改善項目。 |
| **其他領域專業資歷** | |
| 策略分析與管理 | **開創策略分析與管理方法論：**<br>針對客戶需求，以及公司拓展市場的需求，自行開創策略分析與管理方法，並成立團隊為客戶提供顧問服務，內容包含：策略分析教育訓練課程、釐清產業結構現況與趨勢、尋找機會與威脅、產業定位分析、釐清現況及尋找願景使命方向、研擬願景使命、形成策略主題、策略檢視與評估、策略目標展開、目標溝通與資源協調、二十多張資料收集與彙整表格、國內外策略分析案例、研討會討論方法等。 |

| | |
|---|---|
| | **國內某製藥業策略分析專案：**<br>依據自行開創的策略分析與管理方法論，協助客戶釐清願景及擬定發展策略。專案範圍包含客戶的四家子公司以及管理總處共五個單位，為每個單位提供服務包含：策略分析教育訓練、策略分析資料收集、釐清產業結構現況與趨勢、尋找機會與威脅、產業定位分析、釐清現況及尋找願景使命方向、研擬願景使命、形成策略主題、策略檢視與評估、策略目標展開、目標溝通與資源協調。並將五個單位的成果彙整，為整個集團舉辦願景研討會，擬定整個集團的願景。 |
| | **國內某食品業策略分析專案：**<br>依據自行開創的策略分析與管理方法論，協助客戶釐清願景及擬定發展策略。專案範圍包含客戶兩大事業主體，為每個單位提供服務包含：策略分析教育訓練、策略分析資料收集、釐清產業結構現況與趨勢、尋找機會與威脅、產業定位分析、釐清現況及尋找願景使命的方向、研擬願景使命、形成策略主題、策略檢視與評估、策略目標展開、目標溝通與資源協調。 |
| 研發管理 | **開創研發管理方法論：研發致勝**<br>將為客戶提供研發管理資訊系統導入過程中所累積化工、軟體、機械、電子等產業的研發流程知識，與 Arthur Andersen 管理方法論，開創一套完整的研發管理方法論，主要內容為：包含研發流程改善、研發專案管理、研發知識管理、研發資訊安全等等。作者於 2004 年獲邀至北京演講；此著作已於 2005 年出版。 |
| | **國內某電子業研發管理改善專案：**<br>客戶為消費性電子產品代工大廠，依據自行開創的研發管理方法論，協助客戶改善研發流程效率，縮短新產品開發時間；專案範圍涵蓋台灣、香港、大陸三家子公司，包含行銷、業務、客服、研發、品管、工廠、採購、倉庫等所有部門。先針對新產品開發所有作業流程進行診斷，找出近百個問題點，診斷報告達 60 頁，再分階段改善，主要改善範圍包含：研發與技術組織調整、技術人員與單位整合、設計審查組織與權責、階段審查組織與權責、專案管理團隊與組織、研發人才保全、成本管理、客戶需求管理、ID 修改與客戶審查、洗板、打板、手插件、新料打樣、試作備料、試作、客戶端 |

| | |
|---|---|
| | 測試、階段評審、技術移轉、簽樣與彩圖、軟體 BUG。並依階段報告改善成果，同時提出新的改善項目。此外還協助客戶選擇及培養專案管理人材，將改善成果寫成作業程序並提供全面性的教育訓練以落實專案成效。此專案在客戶認可改善成效後順利結案。 |
| | **資訊系統開發流程研究：**<br>研究資訊系統開發相關作業流程，包含客戶需求、系統分析、程式設計、系統測試等活動，繪製作業流程，並研擬相關作業的問題點及管理方式。 |
| | **台灣某化學公司研發管理資訊系統導入專案：**<br>協助專案人員釐清化工業整個研發流程，繪製流程圖並分析重要管理議題，訪談相關部門釐清需求，並協助系統分析人員研擬系統規格。 |
| | **台灣某機械業研發管理資訊系統導入專案：**<br>協助專案人員釐清工具機業研發流程及製造流程，繪製流程圖並分析重要的管理議題，訪談相關部門釐清需求，包含協力廠商相關作業活動，並協助系統分析人員研擬系統規格。 |
| | **台灣某電腦品牌暨代工公司研發管理資訊系統導入專案：**<br>協助專案人員釐清電腦研發流程及專案管理機制，繪製流程圖並分析重要的管理議題，訪談相關部門釐清需求，並協助系統分析人員研擬系統規格，以及系統導入後續服務。 |
| | **台灣製藥業研發流程改善專案：**<br>釐清整個新產品開發循環，包含產品定位分析、研發資源配置、產品開發、新產品試作等作業，繪製流程圖並分析重要管理議題、研擬各議題的改善作法、完成成果文件及新流程的導入。 |
| 研發資訊安全 | **開創研發資訊安全管理方法論：**<br>結合四個產業研發流程及管理知識，與資訊安全管理方法論結合，開創全球第一套「研發資訊安全管理」方法論，並為台灣頂尖高科技公司提供顧問服務。內容包含：高科技業競爭優勢與研發資訊安全、研發營運模式分析、研發資訊系統架構分析、研發資訊流分析、研發資訊資產分析、研發資訊風險評估方法、研發資訊資產辨識與分類方法、研發資訊機密性評估方法、研發資訊正確性評估方法、研發資訊可用性評估方法、研發資訊控制現況評估方法等。 |

| | |
|---|---|
| | 台灣某筆記型電腦代工公司研發資訊安全管理制度建置專案：<br>為台灣某知名筆記型電腦代工公司 750 人的研發團隊規劃及建置研發資訊安全管理制度，包含：釐清整個研發循環作業流程，涵蓋先進技術、硬體、軟體、佈局、美工、機構、工業設計、電源、關鍵零組件、散熱、系統整合、測試、等部門及作業，以及研發團隊與行銷、業務、客戶研發團隊、工廠、客服、文管、法務、專利、知識管理、大陸研發團隊、供應商研發團隊等部門之往來互動作業，釐清整個研發營運模式、研發資訊流、撈取所有研發資訊資產、評估研發資訊安全控制現況、分析研發資訊資產之風險、提出研發資安風險評估報告與改善計劃，研擬研發資訊安全政策、程序、表單，為客戶建置整個資訊安全管理制度，輔導客戶彙集制度運行之證據，協助客戶選擇認證單位，並陪同客完成認證單位檢查程序，取得資訊安全國際標準 BS7799 認證，並提供教育訓練，進行資訊風險評估技術移轉。 |
| 資訊安全<br>與風險評<br>估 | 台灣某政府機關資訊安全管理制度建置專案：<br>協助政府機關釐清作業流程、釐清系統架構及資訊流、查核資訊控制現況、研擬改善項目、撈取資訊資產、建立資訊資產報告、評估資訊資產風險、撰寫資訊安全政策、程序、表單，為客戶建置整個資訊安全管理制度，輔導客戶彙集制度運行之證據，協助客戶選擇認證單位，並陪同客戶完成認證單位檢查程序，取得資訊安全國際標準 BS7799 認證，並提供教育訓練，進行資訊風險評估技術移轉。 |
| | SAP 資訊風險評估方法論：<br>彙整所有與 SAP 有關之資訊風險評估方法，整理成一套方法論，並為客戶提供 SAP 資訊風險評估服務。 |
| | 某知名日商電子公司 SAP 資訊風險評估<br>為某知名日商電子公司針對其 SAP 系統權限進行風險評估，包含系統權限資料讀取、權限分析、撰寫風險評估報告。在過程中為客戶辨識重大資訊安全漏洞，並協助客戶向日本母公司溝通發現事項，以及採取緊急因應措施。 |

| | |
|---|---|
| | **台灣某積體電路公司 SAP 資訊風險評估**<br>針對 SAP 與其他系統間資料換算，驗證計算正確性。包含釐清 SAP 與其他系統的關係、釐清資訊流與計算過程、規劃驗證計算作業、擷取原始資料、以專業軟體計算資料、將驗算結果與系統成果比對、分析可能之資訊風險，並提出改善建議。 |
| | **台灣某國營石油公司一般資訊作業風險評估**<br>依據國際知名會計師事務所資訊風險評估方法論，針對國內某石油公司一般資訊作業，包含總公司及各區營業據點，進行現況釐清及風險評估，包含檢視相關作業流程、訪談相關資訊主管、檢查作業流程中的各項表單及證據、檢視實體資訊環境、執行測試作業、提出風險評估報告，向客戶說明風險評估結果及應改善項目。 |
| | **台灣某電信公司一般資訊作業風險評估**<br>依據國際知名會計師事務所資訊風險評估方法論，針對國內某電信公司一般資訊作業，進行現況釐清及風險評估，包含檢視相關作業流程、訪談相關資訊主管、檢查作業流程中的各項表單及證據、檢視實體資訊環境、執行測試作業、提出風險評估報告，向客戶說明風險評估結果及應改善項目。 |
| | **台灣某電子公司一般資訊作業風險評估**<br>依據國際知名會計師事務所資訊風險評估方法論，針對國內某電子公司一般資訊作業，進行現況釐清及風險評估，包含檢視相關作業流程、訪談相關資訊主管、檢查作業流程中的各項表單及證據、檢視實體資訊環境、執行測試作業、提出風險評估報告，向客戶說明風險評估結果及應改善項目。 |
| | **台灣某電腦公司一般資訊作業風險評估**<br>依據國際知名會計師事務所資訊風險評估方法論，針對國內某電腦公司一般資訊作業，包含總公司及各區營業據點，進行現況釐清及風險評估，包含檢視相關作業流程、訪談相關資訊主管、檢查作業流程中的各項表單及證據、檢視實體資訊環境、執行測試作業、提出風險評估報告，向客戶說明風險評估結果及應改善項目。 |

| | |
|---|---|
| | **台灣某航運公司一般資訊作業風險評估**<br>依據國際知名會計師事務所資訊風險評估方法論，針對國內某航運公司一般資訊作業，進行現況釐清及風險評估，包含檢視相關作業流程、訪談相關資訊主管、檢查作業流程中的各項表單及證據、檢視實體資訊環境、執行測試作業、提出風險評估報告，向客戶說明風險評估結果及應改善項目。 |
| 知識會計<br>與知識力<br>指標 | **開創知識會計與知識力指標：**<br>以 Arthur Andersen 知識管理方法論為基礎，針對台灣企業在導入知識管理制度遭遇到的瓶頸，開創新的企業知識力分析方法論，主要內容包含：台灣企業導入知識管理現況分析、知識力分析基本概念、12 個知識力指標、知識報表、知識會計理論架構、知識會計原則等。 |
| 流程改善<br>與績效管<br>理 | **軟體業系統開發及導入服務專案管理：**<br>採用 Arthur Andersen 專案管理方法論，為研發管理資訊系統軟體公司規劃完整的專案管理制度，範圍涵蓋軟體行銷、業務活動、客戶需求、系統分析、程式設計、系統測試、系統上線、售後服務等作業活動，並擔任所有資訊系統導入專案之專案經理，包含化工業、電子業、工具機業，管理各專案時程及協調資源分派，確保系統開發工作以及各項跨部門作業及時完成。 |
| | **台灣某電線電纜業採購流程改善專案：**<br>研究並掌握電子商務時代全球運籌管理概念、方法論、及系統工具，包含策略資源統籌（Strategy Sourcing）、供應商資料庫、電子化採購流程、以及電子商務平台等等，並分析台灣某電線電纜業採購流程，繪製流程圖並釐清各管理議題，提出採購電子商務解決方案。 |
| | **台灣某電力公司組織再造案：**<br>協助台灣某電力公司因應民營化壓力，研擬會計部門功能及組織再造方法，包含研究 Arthur Andersen「未來財會功能願景 Future Function of Financial」方法論以掌握財會部門組織再造做法、與客戶商討專案範圍及目標、針對該公司核能發電廠、火力發電廠、水力發電廠、工程、業務等二十多個主要單位的會計部門主管進行訪談，瞭解其對財會部門未來之期望；研擬該公司會計部門未來功能建議、撰寫研究報告、並向客戶呈報。 |

| |
|---|
| 台灣某電信公司系統與流程整合專案：<br>針對該公司導入 Oracle ERP 資訊系統引發作業流程及控管問題，訪談所有 ERP 系統使用部門，包含財務、會計、預算等等，瞭解問題點並釐清作業流程現況，研擬作業與資訊系統功能整合方案。 |
| 台灣某電信公司內部控制制度改善專案：<br>針對該公司現行內部控制制度，包含銷貨及收款循環、採購及付款循環、薪工循環、固定資產循環、維運循環，覆核所有內控制度文件並檢視其合理性、與訪談相關部門主管以瞭解落實情形及現況，研擬改善方案並修改整個內控制度。 |
| 台灣某電信公司應收帳款及收款流程改善專案：<br>針對該公司現行之應收帳款、收款、出帳等作業流程，進行流程分析以釐清現況，並與相關部門主管訪談找出導致作業無效率之問題點，並研擬改善計劃，規劃能提升效率的作業流程。 |
| 台灣某知名熱水器製造商電子商務流程設計專案：<br>針對該公司打算提供家用水電叫修之電子商務服務，訪談該公司相關部門主管，以瞭解現行熱水器後續維修服務之組織、人力、作業流程、以及收款結帳方式，並針對計程車叫車派車、以及快遞業叫派等進行異業作業方式標竿比較；然後依營運模式分析、流程分析等方法工具，研擬家用水電叫修之電子商務服務之營運模式及所有作業流程，包含料件供應商合約、合作水電工招募及簽約、網路叫修流程、派工流程、領料流程、服務完成及品質確認、結帳流程。<br>同時掌握現行資訊、網路、通信科技，包含電子商務網站功能、派工及領料通訊功能等等，提出可行解決方案。 |
| 銀行業作業制成本制度：<br>研習作業成本制度相關方法論，瞭解銀行業收單作業相關流程，學習銀行收單作業成本制度規劃及建置之做法。 |
| 半導體業作業制成本制度：<br>研習半導體製程、製作訓練簡報資料、提供半導體製程教育訓練；於必要時協助台灣某半導體代工大廠作業制成本制度之規劃與建置工作。 |

商業企管類　PI0021

# 風險管理之預警機制

作　　者 / 韓孝君
責任編輯 / 鄭伊庭
圖文排版 / 楊家齊
封面設計 / 陳佩蓉

發 行 人 / 宋政坤
法律顧問 / 毛國樑　律師
印製出版 / 秀威資訊科技股份有限公司
　　　　　 114 台北市內湖區瑞光路 76 巷 65 號 1 樓
　　　　　 電話：+886-2-2796-3638　傳真：+886-2-2796-1377
　　　　　 http://www.showwe.com.tw
劃撥帳號 / 19563868　戶名：秀威資訊科技股份有限公司
　　　　　 讀者服務信箱：service@showwe.com.tw
展售門市 / 國家書店（松江門市）
　　　　　 104 台北市中山區松江路 209 號 1 樓
　　　　　 電話：+886-2-2518-0207　傳真：+886-2-2518-0778
網路訂購 / 秀威網路書店：http://www.bodbooks.com.tw
　　　　　 國家網路書店：http://www.govbooks.com.tw
圖書經銷 / 紅螞蟻圖書有限公司
　　　　　 114 台北市內湖區舊宗路二段 121 巷 28、32 號 4 樓
　　　　　 電話：+886-2-2795-3656　傳真：+886-2-2795-4100

2012 年 8 月 BOD 一版
定價：480 元
版權所有　翻印必究
本書如有缺頁、破損或裝訂錯誤，請寄回更換

國家圖書館出版品預行編目

風險管理之預警機制 / 韓孝君著. -- 一版. -- 臺北市：秀威資
訊科技, 2012.08
　　面 ；　公分. -- (商業企管類 ; PI0021)
BOD 版
ISBN 978-986-221-978-2(平裝)


1. 風險管理

494.6                                           101012614

# 讀 者 回 函 卡

感謝您購買本書,為提升服務品質,請填妥以下資料,將讀者回函卡直接寄回或傳真本公司,收到您的寶貴意見後,我們會收藏記錄及檢討,謝謝!如您需要了解本公司最新出版書目、購書優惠或企劃活動,歡迎您上網查詢或下載相關資料:http:// www.showwe.com.tw

您購買的書名:_____

出生日期:_____年_____月_____日

學歷:□高中 (含) 以下　　□大專　　□研究所 (含) 以上

職業:□製造業　□金融業　□資訊業　□軍警　□傳播業　□自由業
　　　□服務業　□公務員　□教職　　□學生　□家管　□其它_____

購書地點:□網路書店　□實體書店　□書展　□郵購　□贈閱　□其他

您從何得知本書的消息?

　　□網路書店　□實體書店　□網路搜尋　□電子報　□書訊　□雜誌
　　□傳播媒體　□親友推薦　□網站推薦　□部落格　□其他_____

您對本書的評價:(請填代號　1.非常滿意　2.滿意　3.尚可　4.再改進)

　　封面設計____　版面編排____　內容____　文/譯筆____　價格____

讀完書後您覺得:

　　□很有收穫　□有收穫　□收穫不多　□沒收穫

對我們的建議:_____

_____

_____

_____

11466
台北市內湖區瑞光路 76 巷 65 號 1 樓

**秀威資訊科技股份有限公司**　　　收

BOD 數位出版事業部

......................................................................................

（請沿線對折寄回，謝謝！）

姓　　名：_____　年齡：_____　性別：□女　□男

郵遞區號：□□□□□

地　　址：_____

聯絡電話：(日) _____　(夜) _____

E-mail：_____